U0148473

普通高等教育“十二五”重点规划教材　计算机系列

中国科学院教材建设专家委员会“十二五”规划教材

Visual Basic 程序设计

范通让　王学军　主编

科 学 出 版 社

北 京

内 容 简 介

本书以 Visual Basic 6.0 为背景，较为全面地介绍了高级语言程序设计的基本方法。全书共分 12 章，主要内容包括面向对象程序设计的基本概念及 Visual Basic 6.0 集成开发环境、Visual Basic 程序设计基础、Visual Basic 程序设计结构、数组、过程、常用控件及界面设计、图形的基础和常用的绘图方法、文件及文件操作、数据库及应用、多媒体和网络编程等。全书在编排上采用循序渐进、逐步扩展提高的方法，同时辅以大量的示例，以提高学生的分析问题和解决问题的能力。

本书同时配有《Visual Basic 程序设计 实训教程》和多媒体课件，可以作为高等院校非计算机专业程序设计课程的教材，也可供从事计算机应用开发的各类人员使用。

图书在版编目（CIP）数据

Visual Basic 程序设计/范通让，王学军主编. —北京：科学出版社，2012

（普通高等教育“十二五”重点规划教材·计算机系列 中国科学院教材建设专家委员会“十二五”规划教材）

ISBN 978-7-03-033447-3

Ⅰ. ①V… Ⅱ. ①范… ②王… Ⅲ. ①BASIC 语言－程序设计－高等学校－教材 Ⅳ. ①TP312

中国版本图书馆 CIP 数据核字（2012）第 015360 号

责任编辑：赵丽欣／责任校对：刘玉靖

责任印制：吕春珉／封面设计：东方人华平面设计部

科学出版社 出版

北京东黄城根北街 16 号

邮政编码：100717

http://www.sciencep.com

骏杰印刷厂 印刷

科学出版社发行 各地新华书店经销

*

2012 年 2 月第 一 版 开本：787×1092 1/16

2012 年 2 月第一次印刷 印张：20 3/4

字数：504 000

定价：34.00 元

（如有印装质量问题，我社负责调换〈骏杰〉）

销售部电话 010-62142126 编辑部电话 010-62134021

普通高等教育“十二五”重点规划教材

中国科学院教材建设专家委员会“十二五”规划教材

“计算机系列”学术编审委员会

前言

计算机技术的发展促进了程序设计语言的发展，特别是面向对象的程序设计语言的出现，极大地改进了传统的程序设计方法。在众多的程序设计语言中，Visual Basic 得到了广泛的应用。

Visual Basic 是一个功能强大的应用程序开发工具，它具有可视化的界面设计技术、面向对象的程序设计方法、事件驱动的编程机制、支持动态数据交换（DDE）技术和对象的链接与嵌入（OLE）技术、支持数据库的访问、支持多媒体和网络开发等特点。因此 Visual Basic 已经成为应用程序开发的主要工具之一。目前国内很多高校将 Visual Basic 作为各专业的必修课或选修课。

参加本书编写的教师具有多年的计算机语言教学经验和丰富的心得体会。全书在编排上采用循序渐进、逐步扩展提高的方法，同时辅以大量的示例，以加深学生对内容的理解，提高学生分析问题和解决问题的能力。

本书共 12 章，第 1 章主要包括程序设计语言的基本知识和 Visual Basic 6.0 简介；第 2 章主要包括面向对象设计的基本概念、Visual Basic 6.0 集成开发环境及开发 Visual Basic 应用程序的步骤；第 3 章主要包括窗体对象及常用的对象，如标签对象、命令按钮对象、文本框对象等；第 4 章主要包括 Visual Basic 基本数据类型、常量、变量、运算符和表达式、常用函数及基本语句；第 5 章主要包括顺序结构、选择结构和循环结构；第 6 章主要包括数组的概念、数组的声明、数组的基本操作、控件数组和数组的应用；第 7 章主要包括过程的分类、过程的定义和调用、过程的参数传递、过程的作用域和常用算法举例；第 8 章主要包括 Visual Basic 常用的控件介绍、菜单设计、多文档窗体等；第 9 章主要包括图形的基础和常用的绘图方法；第 10 章主要包括文件的分类、文件的读写操作、文件和目录操作函数、文件系统控件；第 11 章主要包括数据库的基础知识、结构化查询语言 SQL、使用 Data 控件访问数据库、使用 ADO 控件访问数据库及报表制作；第 12 章主要包括常用的多媒体和网络编程控件的使用方法。

本书第 1、2 章由郭芳编写，第 3、4 章由李静编写，第 5、6 章由张玉梅编写，第 7、10 章由韩立华、范通让编写，第 8、9 章由沈蒙波编写，第 11、12 章由王学军编写。参加本书的审校和收集资料等工作的还有胡畅霞、郭芳、李建华、石玉晶、韩艳峰、杨子光、刘丹等。本书的编写得到了各级领导的关心和支持，在此一并表示深深的感谢。

为了方便教学，本书配有免费电子课件，有需要的读者可以到科学出版社网站 www.abook.cn 下载。

限于编者水平，加之时间仓促，不当之处敬请广大读者批评指正，以使本书不断完善。

目　录

第1章 概 述

本章重点

☑ Visual Basic 6.0 的特点。

☑ 启动与退出 Visual Basic 6.0 的方法。

☑ Visual Basic 6.0 帮助系统的使用。

本章难点

☑ 程序设计语言的发展过程。

☑ 面向对象的可视化程序设计的特点。

Visual Basic（简称 VB）是微软公司推出的一种面向对象的可视化程序设计语言。利用 Visual Basic 可以快速开发基于 Windows 的应用系统。本章主要介绍计算机程序设计语言的基础知识，Visual Basic 的特点、启动和退出，以及 Visual Basic 的联机帮助系统。

1.1 程序设计语言

从程序设计语言的发展过程这个角度来分类，计算机程序设计语言可分为：机器语言、汇编语言和高级语言。高级语言又分为面向过程的高级语言和面向对象的高级语言。

1.1.1 机器语言

机器语言是机器指令的集合，以 0、1 组成的二进制代码表示这些指令。用机器语言编写的程序可以由计算机直接执行，并且执行速度很快。但是，机器指令难于记忆，机器语言程序难以阅读。而且，机器语言程序完全依赖于计算机硬件。不同的计算机有不同的指令系统，在一台计算机上编写的机器语言程序在另一台使用不同指令系统的计算机上根本无法运行，需要重新编写程序才能实现对同一问题的求解。

1.1.2 汇编语言

汇编语言采用助记符表示机器指令中的操作码，用地址符表示机器指令中的操作数。用汇编语言编写的程序不能直接在计算机上执行，必须经过汇编程序的翻译，转换成二进制的机器语言程序才能运行。一般情况下，汇编语言的指令和机器语言的指令是一一对应的。汇编语言指令比机器指令易于记忆，但是，汇编语言程序仍然依赖于计算机的硬件。

1.1.3 面向过程的高级语言

高级语言是面向问题的语言，用高级语言描述要解决的问题，然后把高级语言程序映射成等价的机器语言程序，用计算机求解。这种映射过程又分为两种方式：编译和解释。采用编译方式的高级语言，由编译系统把整个源程序翻译成等价的机器语言程序，然后在计算机上执行；采用解释方式的高级语言，由解释系统读入一句源程序、翻译成等价的机器语言程序、执行；再读入下一句、再翻译、再执行……直到程序结束。

比较流行的高级语言有 C、PASCAL、Basic 等。

C 语言是 20 世纪 70 年代发展起来的，它不仅具有高级语言的特点，还具有控制硬件的能力，在系统软件的开发上应用很广。执行一个 C 语言程序首先要进行编译，把用 C 语言编写的源程序翻译成计算机能够识别的机器语言程序，然后再执行。Basic 语言诞生于 20 世纪 60 年代，具有简单易学、人机对话方便等特点。Basic 语言程序采用解释方式执行。

C、PASCAL、Basic 等语言擅长描述用计算机求解问题的解决过程，属于面向过程的高级语言。

1.1.4 面向对象的高级语言

随着面向对象技术的发展，面向对象程序设计语言的应用日益广泛。C++、Java 等均属于面向对象的高级语言。

C++是在 C 语言的基础上发展起来的，与 C 语言兼容。C++在 C 语言的基础上增加了类的功能，使它成为一种面向对象的语言。也就是说，C++是由原来面向过程的语言改造而来的。而 Java 则是一种纯面向对象的语言。Java 程序可跨平台执行，可移植性好，并具有很好的稳定性和安全性，语言简单，还提供了可视开发环境（如 JBuilder）。

Visual Basic 以 Basic 语言为基础，是一种可视化的面向对象的程序设计语言，它采用可视化的方式建立程序的用户界面及应用程序中的对象，大大简化了 Windows 环境下编写图形用户界面程序的工作，为程序设计人员提供了一种快捷方便的编程方式。

1.2 Visual Basic 6.0 简介

VB 是伴随着 Windows 操作系统的发展而发展起来的。1991 年美国微软公司推出了 Visual Basic 1.0，随后，又相继推出了 Visual Basic 2.0、Visual Basic 3.0。这些最初的 VB 版本大多基于 Windows 3.X 操作系统。Visual Basic 4.0 于 1995 年推出，配合 Windows 95 操作系统，可用于编写 Windows 95 下的 32 位应用程序。1997 年，Visual Basic 5.0 推出，该版本扩展了数据库、ActiveX 和 Internet 方面的功能。而 Visual Basic 6.0 是于 1998 年推出的，与 Windows 98 操作系统配合，进一步加强了数据库、Internet 和创建控件等方面的功能。本节主要对 Visual Basic 6.0 的特点、版本、安装方法等做简要的介绍。

1.2.1 Visual Basic 6.0 的特点

Visual Basic 6.0 集成了 Visual Basic 可视化编程、简单易学等优点，并在之前版本功能的基础上做了很大的扩展。Visual Basic 6.0 的主要特点如下。

1. 面向对象的可视化设计工具

Visual 的意思是“可见的”、“形象化的”，在 Visual Basic 中，它是指对象是可视的。在设计用户界面时，程序设计人员只需使用设计工具，在屏幕上以图形的方式“画”出界面上的各个对象，再为每个对象设置各自的属性即可，设计程序的效率大大提高。

2. 事件驱动的编程机制

VB采用的是事件驱动的编程机制。程序执行时，用户的动作即事件发生的先后次序，决定了程序执行的流程。当某事件被触发时，相对应的事件过程中的代码就会被执行。程序设计人员在编写程序时，只需要考虑程序应该响应哪些事件，并编写这些事件过程的代码即可。事件驱动的编程机制使得程序的编写和维护都更加容易。

3. 易学易用的应用程序集成开发环境

VB集成开发环境为程序设计人员提供了多种设计和调试程序的工具，只要掌握了这些工具的用法，就能得心应手地设计VB应用程序。VB能开发的软件种类很多，如数据库管理软件、多媒体软件、网络应用软件等。

4. 结构化程序设计语言

VB提供了许多标准函数，支持模块化、结构化的程序设计方法，使得程序结构清晰。

5. 强大的数据库操纵功能

VB在数据库方面提供了强大的功能和丰富的工具，利用VB可以方便、快速地开发出数据库应用系统。

6. 网络功能

VB 6.0提供了DHTML（Dynamic HTML）设计工具，可以动态地创建和编辑Web页面，开发网络应用软件。

7. 多个应用程序向导

VB提供了应用程序向导、安装向导、数据窗体向导及IIS应用程序和DHTML应用程序等，通过这些向导可以更方便快捷地创建不同类型的应用程序。

8. 完备的联机帮助功能

通过VB 6.0主窗口中的“帮助”菜单或者按F1功能键，均可以方便快捷地得到MSDN（Microsoft Developer Network）Library中关于VB的编程技术信息。这些帮助信息中还提供了许多示例代码，为学习使用VB提供了极大的方便。

1.2.2 Visual Basic 6.0的版本

VB 6.0有学习版、专业版和企业版3种不同的版本。

1）学习版可以用来开发Windows 9x和Windows NT的应用程序，主要是为初学者了解基于Windows的应用程序开发而设计的。

2）专业版为专业编程人员提供了一整套功能完备的软件开发工具，主要是为专业人员创建客户/服务器应用程序而设计的。

3）企业版供专业编程人员开发功能强大的分布式、高性能的客户/服务器或基于

Internet/Intranet 的应用程序。

本书使用的是 VB 6.0 中文企业版，但其内容也适合于专业版和学习版，所有程序均可以在专业版和学习版中运行。

1.2.3 Visual Basic 6.0 及帮助系统的安装

安装 VB 6.0 的方法如下。

1）把 VB 6.0 的安装光盘放入计算机的光驱中，执行安装光盘根目录下的 Setup.exe 安装文件，启动“Visual Basic 6.0 中文企业版安装向导”，如图 1-1 所示。

2）在这个对话框中，单击“下一步”按钮，打开“最终用户许可协议”对话框，在该对话框中选中“接受协议”单选按钮，单击“下一步”按钮。

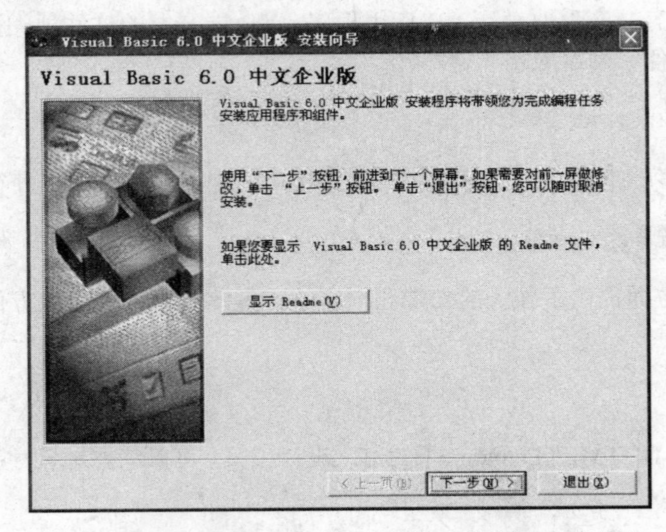

图 1-1 “Visual Basic 6.0 中文企业版安装向导”对话框

3）在如图 1-2 所示的安装向导对话框中，按 VB 安装程序的要求输入产品 ID 号、用户姓名和公司名称，然后单击“下一步”按钮。

图 1-2 输入产品 ID 号、用户姓名和公司名称

4）在安装程序对话框中勾选“安装 Visual Basic 6.0 中文企业版”复选框，单击“下一步”按钮。

5）选择安装路径。VB 默认的安装路径是“C:\Program Files\Microsoft Visual Studio\Common”，如图 1-3 所示。

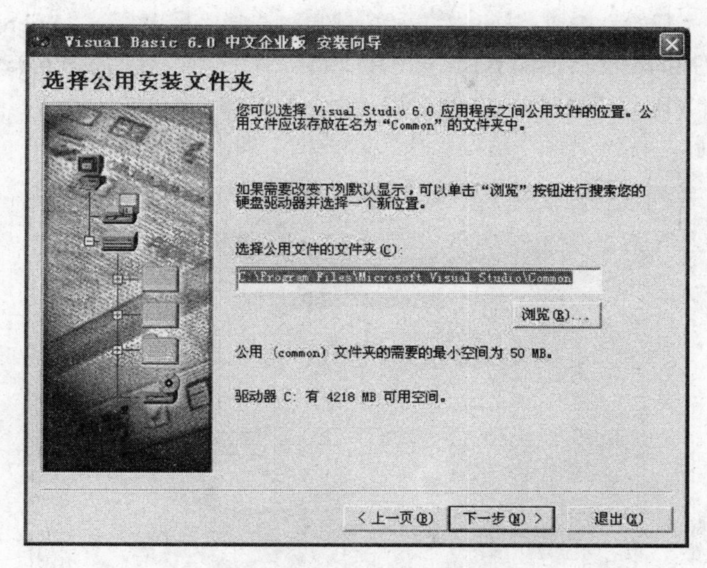

图 1-3　设置安装路径

6）接下来安装程序要求用户选择安装类型。安装程序为用户提供了两种选择：“典型安装”和“自定义安装”，如图 1-4 所示。“典型安装”将安装一组最典型的组件，无需用户设定。“自定义安装”则打开“自定义安装”对话框，供用户选择所需要的组件。在这里选择“典型安装”。

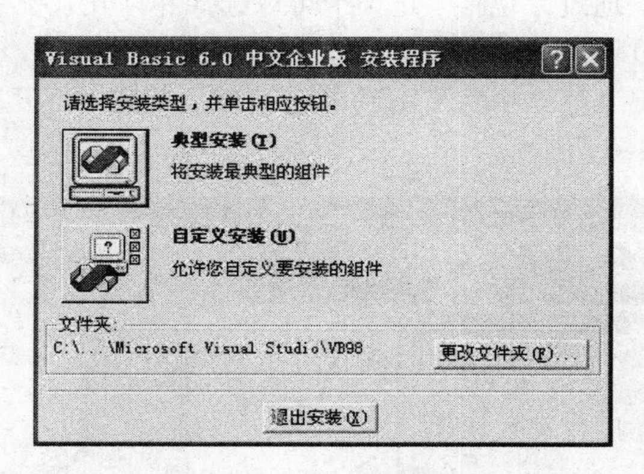

图 1-4　选择安装类型

7）完成以上工作后，安装程序将把文件复制到计算机的硬盘中。

8）最后，系统提示重新启动计算机以完成全部安装工作。

注 意

MSDN Library 提供了包含 VB 的帮助信息，在 VB 6.0 安装过程中，重新启动计算机后，安装程序会提示安装 MSDN，也可以单独安装 MSDN。

1.2.4 Visual Basic 6.0 的启动和退出

1. *启动 VB 6.0 的方法*

方法 1：单击“开始”按钮，打开“开始”菜单，选择“程序”→“Microsoft Visual Basic 6.0 中文版”→“Microsoft Visual Basic 6.0 中文版”命令即可启动 VB 6.0。

方法 2：双击 VB 6.0 的快捷方式图标启动。

启动 VB 6.0 后，首先出现“新建工程”对话框，如图 1-5 所示。

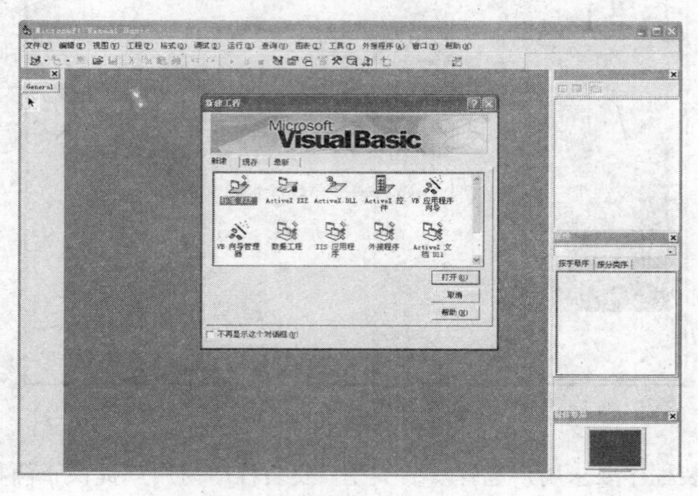

图 1-5 “新建工程”对话框

该对话框包含“新建”、“现存”和“最新”3 个选项卡，通过“新建”选项卡，可以建立新的工程或应用程序；通过“现存”选项卡可以选择并打开系统中现存的工程文件；“最新”选项卡中列出了最近使用过的工程文件。

在“新建”选项卡中选中“标准 EXE”图标，然后单击“打开”按钮，打开 VB 6.0 开发环境的主窗口，如图 1-6 所示。

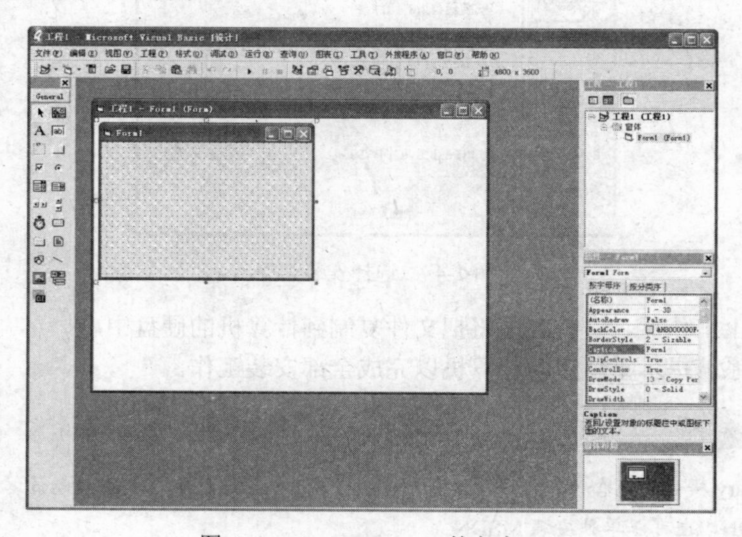

图 1-6 Visual Basic 6.0 的主窗口

2. 退出 VB 6.0 的方法

方法1：在“文件”菜单中选择“退出”命令。
方法2：单击 VB 6.0 主窗口右上角的“关闭”按钮。

1.2.5 Visual Basic 6.0 的联机帮助系统

在 VB 6.0 的主窗口的“帮助”菜单中选择“内容”、“索引”或者“搜索”命令，都可以打开 MSDN 窗口，如图 1-7 所示。

MSDN 窗口分左、右两个窗格，左窗格为定位窗格，右窗格为信息窗格。左窗格中有 4 个选项卡：“目录”、“索引”、“搜索”和“书签”。

- “目录”选项卡：“目录”选项卡以一本书的形式表示帮助主题，并用“书”打开与否形象地表示是否显示子标题。用户单击选择左侧窗格中的主标题或子标题，右窗格中即显示该标题的帮助内容。为了进一步说明该标题，还可以单击“相关主题”图标，在弹出的对话框内选择浏览感兴趣的主题。
- “索引”选项卡：“索引”选项卡适用于用户知道要寻求帮助的主题名称，但不清楚它在什么地方的情况。该选项卡的内容就像一本书后附的索引，分成主标题和子标题，而且是按拼音字母的相应英文字母顺序排列的。用户输入关键字（一般是头几个字符），就可以查找到相关的主题。在下面的列表框内双击要查看的主题，或先选择该主题，然后单击“显示”按钮，即可查看相应的帮助。
- “搜索”选项卡：“搜索”选项卡用于按内容中包含的文字搜索帮助信息。
- “书签”选项卡：利用“书签”选项卡可以将感兴趣的经常访问的帮助主题添加到书签，以后就可以在“书签”选项卡中快速浏览该帮助主题。

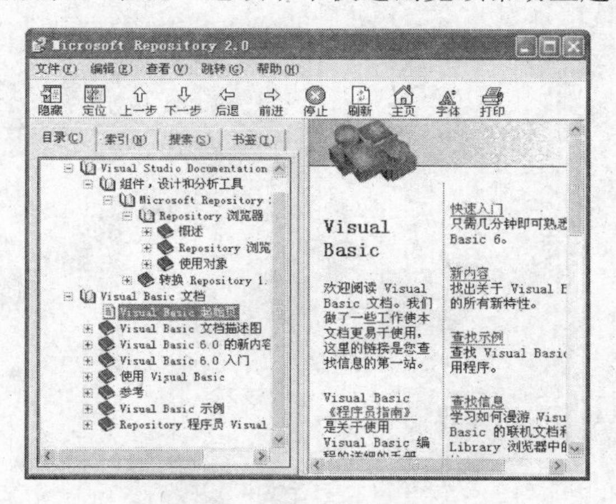

图 1-7 MSDN 窗口

1.3 习 题

1. 选择题

（1）下面列出的程序设计语言中________是面向问题的语言。

A. 机器语言　　　　B. 汇编语言

C．高级语言　　　　D．0-1 二进制语言

（2）下面列出的程序设计语言中________不是面向对象的语言。

A．C　　　　B．C++

C．Java　　　　D．VB

（3）下列________不属于 VB 6.0 的版本。

A．学习版　　　　B．专业版

C．企业版　　　　D．共享版

2．填空题

（1）从程序设计语言发展过程的角度来分类，计算机程序设计语言分为__________、__________和__________。

（2）VB 6.0 采用了__________的编程机制。

（3）启动 VB 6.0 后，可以从__________选项卡中选择并打开系统中现存的工程文件。

3．简答题

（1）启动 VB 6.0 的常用方法有哪几种？简述每种方法的具体操作步骤。

（2）简述新建 VB 工程的方法。

（3）简述 VB 6.0 联机帮助中“搜索”选项卡的使用方法。

第2章 简单的 Visual Basic 程序设计

本章重点

☑ 面向对象程序设计的基本概念。
☑ VB 6.0 集成开发环境。
☑ 创建 VB 应用程序的步骤。

本章难点

☑ 面向对象程序设计的基本概念。
☑ VB 6.0 集成开发环境。

VB 6.0 的主窗口给用户提供了开发 VB 应用程序的环境。本章主要介绍面向对象程序设计的基本概念、VB 集成开发环境及利用 VB 开发应用程序的简单步骤。

2.1 面向对象程序设计的基本概念

2.1.1 对象与类

对象是具有某些特定性质和行为的实体，类是对象共同的性质和行为的描述，是一种模板，而对象则是类的实例。在现实世界中，类和对象比比皆是。例如，一辆轿车的四个轮胎分别称为四个对象，每个轮胎对象都具有宽度、高宽比（即高度与宽度的比值，是汽车轮胎的重要参数）、内径和速度极限等特征。一辆卡车的轮胎也具有以上各方面的特征，但是，卡车轮胎在这些方面的特征值和轿车轮胎会有很大不同。这些轮胎都属于轮胎类，都是轮胎类的对象或者说是轮胎类的实例。而把宽度、高宽比、内径和速度极限等性质抽象出来，就构成了轮胎类。

面向对象的程序设计需要根据实际情况自己设计类、建立类的对象，或者应用已有的类去建立程序所需的对象。VB 中的对象包括窗体和控件。建立 VB 应用程序，需要建立窗体对象和各种控件对象，并对它们各方面性质的取值进行设置。

2.1.2 属性

对象某一方面的性质称为对象的属性。例如，VB 中的窗体具有窗体大小、位置、背景颜色和图片、窗体标题等各种属性，属性的取值称为属性值。用 VB 语句设置对象属性的格式如下：

```
对象名称.属性名称=属性值
```

例如，要把窗体对象的大小设置为 4800×5600，VB 语句如下：

```
Form1.Height=4800
Form1.Width=5600
```

Form1 是一个窗体对象的名称，Height 是它的一个属性，用来表示窗体的高度，4800 是高度值；Width 是窗体对象的另一个属性，用来表示窗体的宽度，5600 是宽度值。

2.1.3 方法

这里所说的方法是 VB 的一个术语，是指 VB 提供的已经封装好的具有特定功能的一段通用子程序，可供对象直接调用。调用语句格式如下：

```
对象名称.方法名称 [方法参数]
```

例如，要在图片框中输出“欢迎使用 VB!”，VB 语句如下：

```
Picture1.Print "欢迎使用 VB!"
```

Picture1 是一个图片框控件对象的名称，Print 是方法名称，“欢迎使用 VB!”是 Print 方法的参数。

2.1.4 事件

事件是指 VB 预先定义的、能被对象识别的动作，如单击、双击、获得焦点、失去焦点等。当程序执行时，某个事件被触发，应用程序对这个事件做出反应，实际上就是执行一段程序代码，这段程序代码就是一个事件过程。VB 中不同类的对象能识别不同的事件，拥有不同的事件过程。编写 VB 应用程序的主要工作就是在已建立的对象所拥有的事件过程中选取符合程序设计要求的事件过程，然后为这些事件过程编写代码。

例如，要求双击窗体时在图片框中输出“欢迎使用 VB!”。

因为窗体要响应双击事件，所以，首先需要选取窗体（假定名称为 Form1）的双击事件过程：

```
Private Sub Form_DblClick()
End Sub
```

然后按上面的要求编写代码，整个事件过程的代码为：

```
Private Sub Form_DblClick()
   Picture1.Print "欢迎使用 VB!"
End Sub
```

事件过程名称的格式为“对象名称_事件名称 （[事件过程参数]）”，当对象是一个窗体时，“对象名称”始终为“Form”。

2.2 Visual Basic 集成开发环境

前面已经介绍了 VB 6.0 的启动方法，启动后的主窗口给用户提供了开发 VB 程序的开发环境，如图 2-1 所示。与 Windows 操作系统所提供的风格相同，主窗口包含标题栏、菜单栏、工具栏，另外还包含一些工具箱和子窗口，如控件工具箱、窗体设计器、“属性”窗口、代码编辑器、工程资源管理器、“窗体布局”窗口等。

下面逐一介绍 VB 6.0 集成开发环境的主要组成部分。

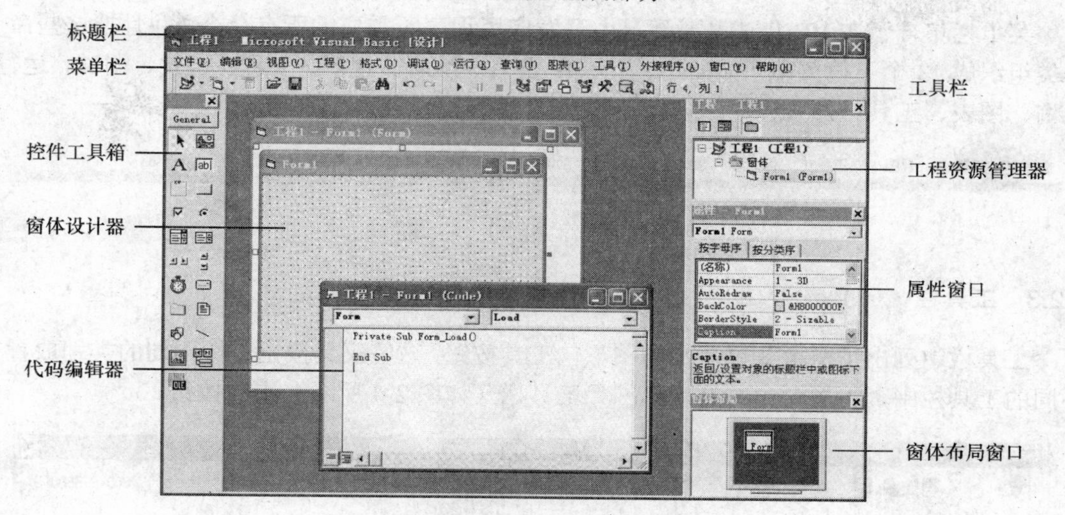

图 2-1　VB 6.0 主窗口的组成

2.2.1　标题栏

标题栏中包含有窗口控制菜单图标，窗口标题，“最小化”、“最大化”（“还原”）和“关闭”按钮。同 Window 风格相一致，窗口控制菜单图标用于打开窗口控制菜单，对主窗口进行最小化、最大化（还原）、关闭等操作。直接使用标题栏中的“最小化”、“最大化”（“还原”）和“关闭”按钮，也可以实现这几种操作，而且更加方便和快捷。窗口标题包含了当前工程的名称和 VB 集成开发环境所处的工作状态。启动 VB 6.0 后新建工程时，当前工程的默认名称是“工程 1”， VB 集成开发环境处于“设计”状态，窗口标题显示为“工程 1 - Microsoft Visual Basic　[设计]”，如图 2-2 所示。

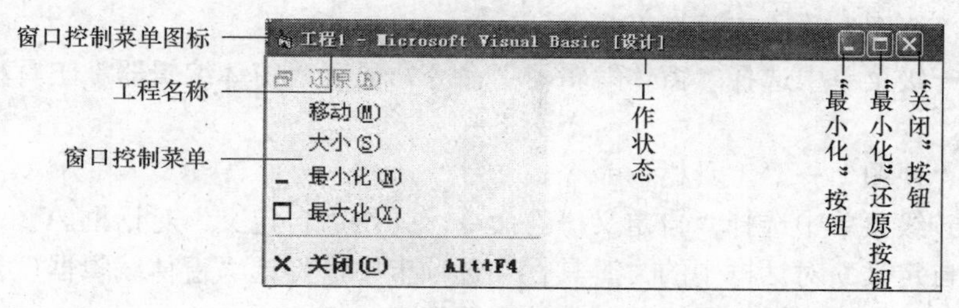

图 2-2　标题栏

VB 6.0 的工作状态有 3 种，分别是设计、运行和中断。

当 VB 集成开发环境处于设计状态时，可以在开发环境中进行用户界面设计、代码编写等一系列应用程序的开发工作。当 VB 集成开发环境处于运行状态时，说明应用程序正在运行，可以看到程序运行的情况，但是不能编辑用户界面，也不能编辑代码。当对应用程序进行调试时，需要根据程序的运行情况来编辑、修改程序代码，这时 VB 会暂时中断应用程序的执行，允许程序设计者编辑、修改程序代码，VB 集成开发环境处于中断状态。需要注意的是，在中断状态下只能编辑程序代码，而不能编辑用户界面。在中断状态下，按 F5 功能键或单击“继续”按钮▸，继续运行程序；单击“结束”按钮■，结束程序的运行。

2.2.2 菜单栏

菜单栏集合了在 VB 集成开发环境中开发应用程序所需要的所有命令，并且把这些命令分类组织成 13 个下拉菜单（如图 2-3 所示）：文件、编辑、视图、工程、格式、调试、运行、查询、图表、工具、外接程序、窗口、帮助。

文件(F) 编辑(E) 视图(V) 工程(P) 格式(O) 调试(D) 运行(R) 查询(U) 图表(I) 工具(T) 外接程序(A) 窗口(W) 帮助(H)

图 2-3 菜单栏

2.2.3 工具栏

工具栏中列出了常用菜单命令的图形化工具按钮，这些工具按钮也按不同的类别放置在不同的工具栏中，下面列出的是“标准”工具栏（如图 2-4 所示）中的按钮。

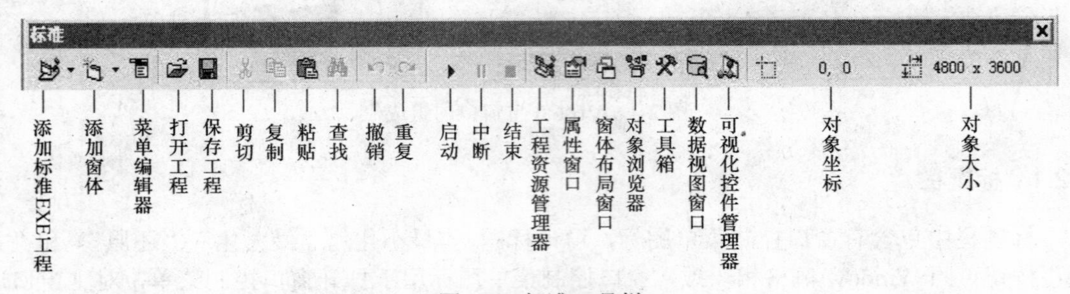

图 2-4 标准工具栏

除了“标准”工具栏之外，VB 6.0 还提供了编辑、窗体编辑器、调试等其他工具栏。默认情况下，主窗口中仅显示“标准”工具栏。实际上，所有的工具栏都可以根据需要显示或隐藏。例如，如果需要显示“窗体编辑器”工具栏，有如下 3 种方法。

方法 1：

1）选择“视图”→“工具栏”命令。

2）在下一级菜单中选择“窗体编辑器”命令，显示“窗体编辑器”工具栏。

方法 2：

1）选择“视图”→“工具栏”命令。

2）在下一级菜单中选择“自定义…”命令，弹出“自定义”对话框。

3）在“自定义”对话框中的“工具栏”选项卡中，勾选“窗体编辑器”复选框。

4）单击“关闭”按钮，显示“窗体编辑器”工具栏。

方法 3：

右击主窗口的菜单栏或工具栏，在弹出的快捷菜单中选择“窗体编辑器”命令，打开“窗体编辑器”工具栏。

关闭工具栏的方法和显示时类似，在“视图”菜单或“自定义”对话框的“工具栏”选项卡中取消选中即可，或者单击工具栏右上角的“关闭”按钮关闭该工具栏。

2.2.4 控件工具箱

控件工具箱如图 2-5 所示，包含了 20 个标准控件图标和 1 个指针图标。标准控件图标用于在窗体上建立各种控件对象，指针图标用于选择窗体上的控件以及移动控件的位置、调整控件的大小等。选择"工程"菜单中的"部件"命令，弹出"部件"对话框，还可以在控件工具箱中添加其他 ActiveX 控件或可插入对象。

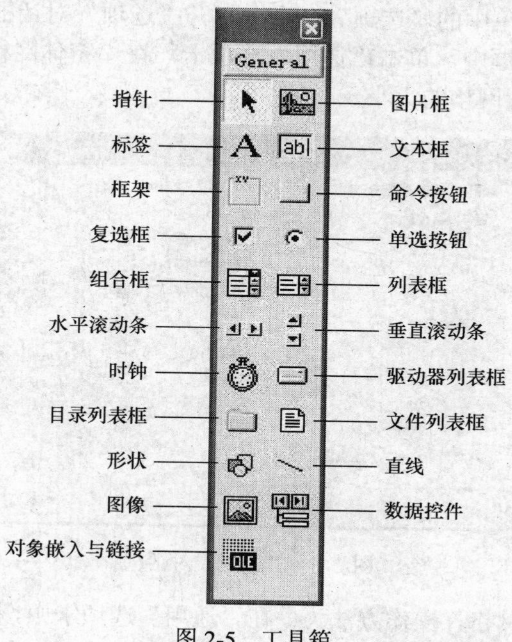

图 2-5　工具箱

通过选择"视图"菜单中的"工具箱"命令或者单击"标准"工具栏中的"工具箱"按钮可以打开控件工具箱，通过单击控件工具箱右上角的"关闭"按钮可以关闭它。

2.2.5　窗体设计器

窗体是 VB 应用程序界面的主要组成部分，是用户通过交互方式控制应用程序运行的界面。

窗体设计器（见图 2-6）的标题栏中显示出当前窗体对象所属的工程（工程 1）和它的名称（Form1），窗体名后面的括号内的"Form"表示窗体对象 Form1 是窗体类的对象。每个窗体必须有自己的名称，而且在同一个工程中每个窗体的名称都是唯一的。每新建一个窗体，系统都会给予其一个默认名称：Form1、Form2、Form3……

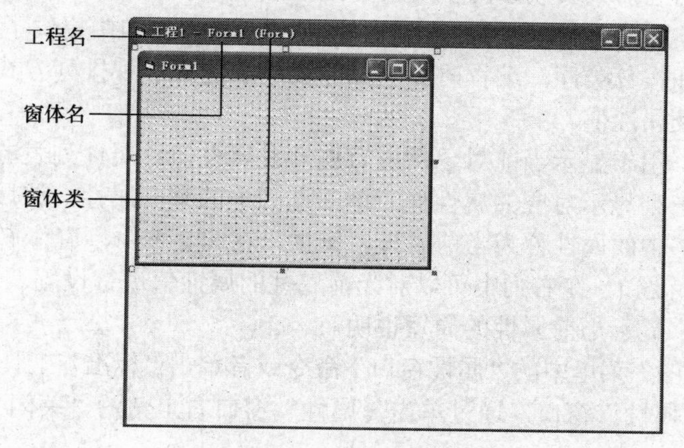

图 2-6　窗体设计器窗口

通过窗体四周的句柄可以调整窗体的大小，设计时所看到的窗体大小和程序运行时窗体的大小相同。

窗体上的网格用于对齐控件，可以根据需要调整网格的大小，方法如下。

1）选择“工具”菜单中的“选项”命令，打开“选项”对话框（如图 2-7 所示）。

2）在“选项”对话框中，单击“通用”选项卡，在“窗体网格设置”选项组中输入网格的高度和宽度值，设置网格的大小。

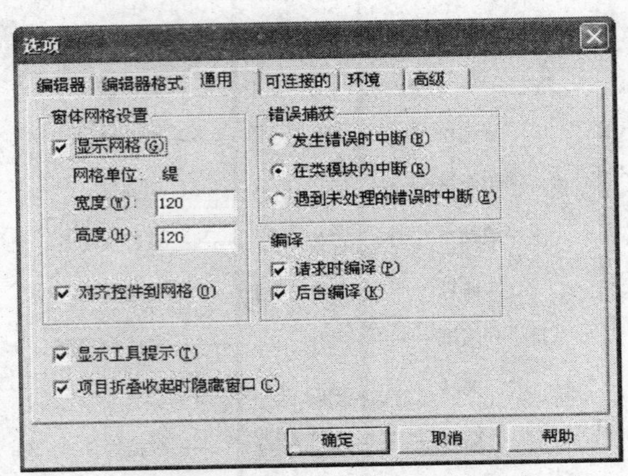

图 2-7 “选项”对话框

可以隐藏窗体上的网格，操作方法为：在“通用”选项卡中，取消对“显示网格”复选框的勾选，单击“确定”按钮后窗体上的网格即被隐藏。

通过选择“视图”菜单中的“对象窗口”命令可以打开窗体设计器，通过单击窗体设计器（而不是窗体）右上角的“关闭”按钮可以关闭它。

2.2.6 “属性”窗口

“属性”窗口（见图 2-8）包含 4 个部分：对象下拉列表框、属性排列方式选项卡、属性列表和属性说明。

- 对象下拉列表框：用于显示当前对象的名称及其所属的类。可以通过选择其中的列表项来切换当前对象，也可以在窗体设计器中选择某个对象设为当前对象，这时该列表框中的当前列表项会同步发生变化。在图 2-8 中，当前对象为窗体 Form1。
- 属性排列方式选项卡：为了便于程序设计，“属性”窗口中提供了两种属性排列方式：按字母序和按分类序。编程时可根据需要单击选择一种排列方式来查看当前对象的所有属性及属性值。
- 属性列表：用于显示当前对象的所有属性及属性值。属性列表的左边一列显示属性名，右边一列显示对应的属性值。单击左列中的某个属性，该属性被选中，呈反显显示。被选中的属性称为当前属性。例如，在图 2-8 中，窗体 Form1 的当前属性为 Caption（标题）。在右列中可以对当前属性的属性值进行设置。
- 属性说明：显示当前属性的简短说明。

通过选择“视图”菜单中的“属性窗口”命令或者单击“标准”工具栏中的“属性窗口”按钮可以打开“属性”窗口，通过单击“属性”窗口右上角的“关闭”按钮可以关闭它。

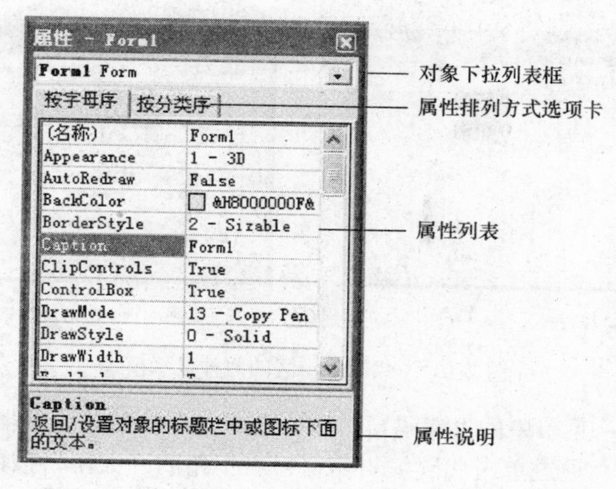

图 2-8　“属性”窗口

2.2.7　代码编辑器

代码编辑器用于编写程序代码。代码编辑器窗口（见图 2-9）中包含了 3 部分：对象下拉列表框、过程下拉列表框和代码编辑区。

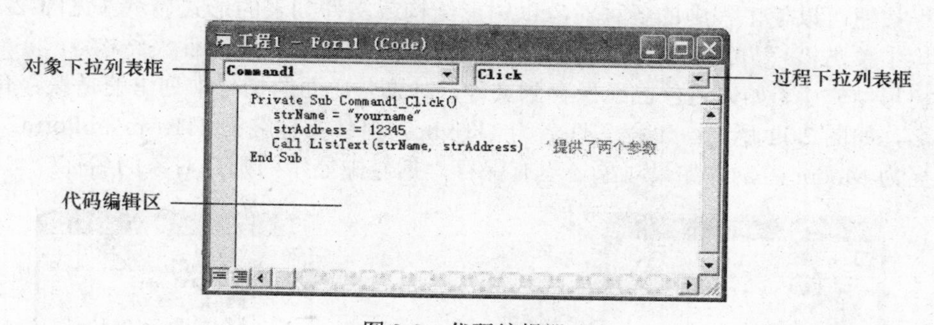

图 2-9　代码编辑器

- 对象下拉列表框：用于列出当前窗体及这个窗体上的所有控件对象的名称。其中，无论当前窗体的名称是什么，在对象下拉列表框中总显示为 Form。这个下拉列表框中的“(通用)”项表示与特定对象无关的代码，一般用于声明模块级变量、自定义过程等。
- 过程下拉列表框：用于列出当前对象所拥有的全部事件的名称。需要为哪个事件过程编写代码，就在该列表框中选择哪个事件。当对象下拉列表框中显示为“(通用)”时，过程下拉列表框中会显示为“(声明)”或自定义过程名。
- 代码编辑区：代码编辑区的显示模式有两种：过程查看和全模块查看（见图 2-10）。通过单击代码编辑器左下角的“过程查看”按钮和“全模块查看”按钮可以在这两种模式间切换。在过程查看模式下，代码编辑区中单独显示当前对象的当前事件过程的代码或模块级变量的声明或自定义过程的代码。在全模块查看模式下，则显示组成整个窗体模块的所有代码，各个过程之间、过程与模块级变量的声明之间由横线隔开。

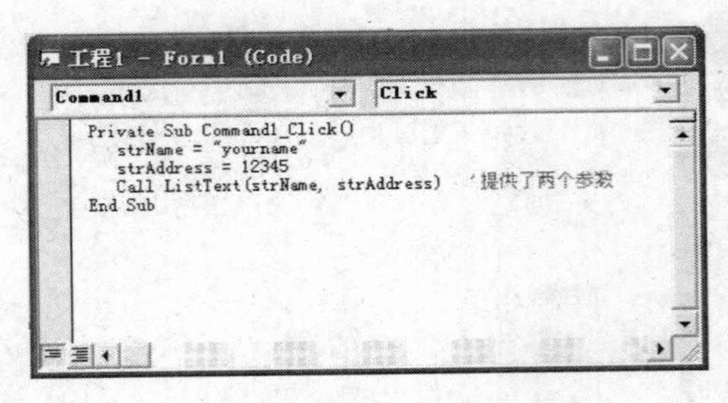

（a）过程查看

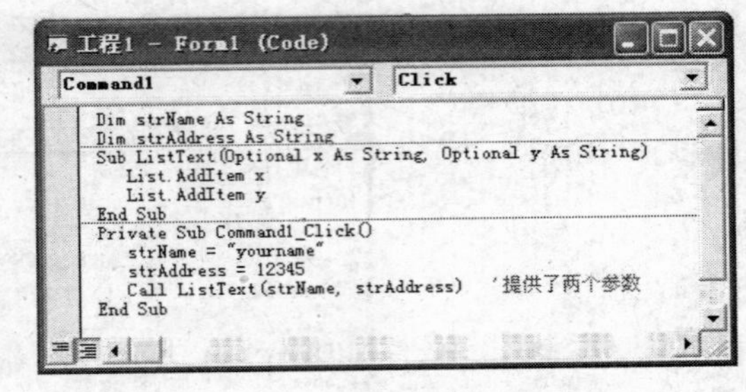

（b）全模块查看

图 2-10　代码编辑区的两种显示模式

通过选择“视图”菜单中的“代码窗口”命令或者双击窗体设计器中的窗体或控件对象可以打开代码编辑器，通过单击代码编辑器窗口右上角的“关闭”按钮可以关闭它。

2.2.8 工程资源管理器

工程资源管理器窗口（见图 2-11）中包含 3 个工具按钮：“查看代码”按钮、“查看对象”按钮和“切换文件夹”按钮。单击“查看代码”按钮可以打开代码窗口，在工程资源管理器中选中窗体对象后再单击“查看对象”按钮可以打开窗体设计器窗口，单击“切换文件夹”按钮可以使工程中的各种对象以树形结构或文件列表的形式显示（见图 2-11）。在树形结构中单击“+”可以展开文件夹结构，单击“-”可以收缩文件夹结构。

在树形结构中，如果对象已经保存到文件，对象名后面的括号中列出的是保存有该对象的文件名，如图 2-11 所示，工程文件名为 111.vbp，窗体文件名为 111.frm 和 Form2.frm，模块文件名为 Modue1.bas。如果对象还没有保存，括号中显示的则是对象的名称。

（a）展开树形结构

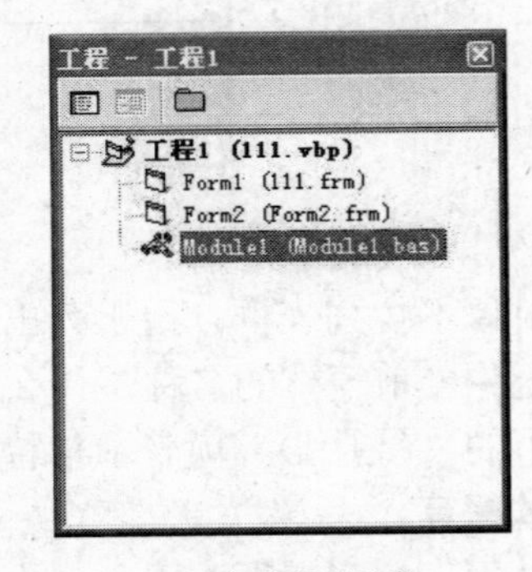

（b）文件列表形式

图 2-11　工程资源管理器窗口

通过选择“视图”菜单中的“工程资源管理器”命令或者单击“标准”工具栏中的“工程资源管理器”按钮可以打开工程资源管理器，通过单击工程资源管理器右上角的“关闭”按钮可以关闭它。

2.2.9 “窗体布局”窗口

“窗体布局”窗口（见图 2-12）用于显示程序运行时窗体的初始位置，拖动该窗口中的窗体对象，能很方便地调整窗体运行时的初始位置。

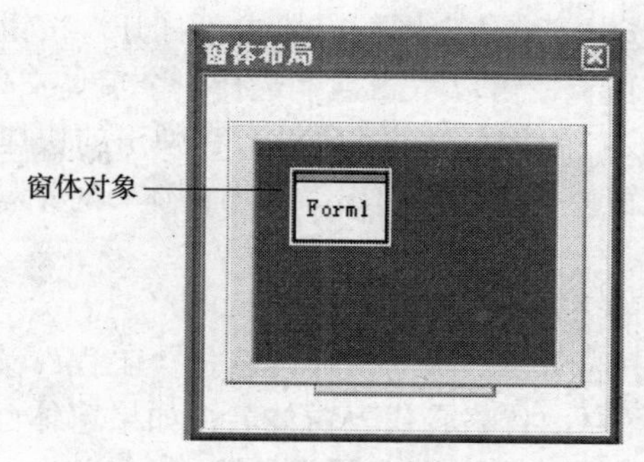

图 2-12　“窗体布局”窗口

通过选择“视图”菜单中的“窗体布局窗口”命令或者单击“标准”工具栏中的“窗体布局窗口”按钮可以打开“窗体布局”窗口，通过单击“窗体布局”窗口右上角的“关闭”按钮可以关闭它。

2.3　Visual Basic 6.0 的工程管理

Visual Basic 6.0 的一个应用程序称为一个工程。一个工程是各种类型文件的集合，包括：工程文件（.vbp）、窗体文件（.frm）、标准模块文件（.bas）、类模块文件（.cls）、资源文件（.res）、ActiveX 文档（.dob）、ActiveX 控件（.ocx）、用户控件文件（.ctl）等。但是并不是每一个工程都必须包括上述各种类型的文件。可以在一个 VB 工程中添加、移除以上各种类型的文件。VB 应用程序以工程文件的形式保存，工程文件的扩展名为.vbp。

2.3.1　窗体文件

窗体文件的扩展名为.frm，用来存储窗体上使用的所有控件对象和它们的属性、事件过程、程序代码。

向 VB 工程中添加窗体的方法如下。

1）选择“工程”菜单中的“添加窗体”命令，弹出“添加窗体”对话框，如图 2-13 所示。

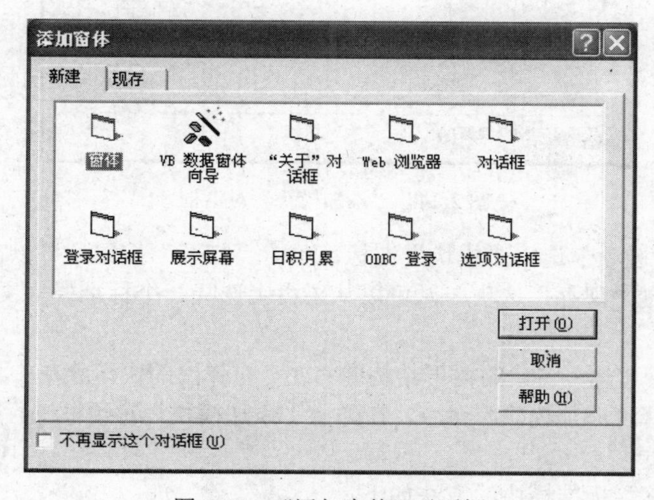

图 2-13　“添加窗体”对话框

2）在“新建”选项卡选中“窗体”图标，单击“打开”按钮，可以在 VB 工程中添加一个窗体；通过“现存”选项卡，可以从磁盘上选择一个窗体文件添加到当前 VB 工程中。

在“工程资源管理器”窗口的树形结构中右击，在弹出的快捷菜单中选择“添加”命令，在下一级菜单中选择“添加窗体”命令，弹出“添加窗体”对话框，在该对话框中进行操作也可以向工程中添加窗体。

从 VB 工程中移除窗体的方法如下。

- 在工程资源管理器中选中要移除的窗体，选择“工程”菜单中的“移除……”命令（如果窗体还没有保存，省略号代表窗体名；如果窗体已经被保存，省略号则代表窗体文件名），可以把这个窗体从工程中移除。
- 直接右击要移除的窗体，在弹出的快捷菜单中选择“移除……”命令（省略号的含义同上）也可以移除窗体。

如果窗体文件已经保存在磁盘上，在移除窗体时这个窗体文件并不会被删除，仍然保存在磁盘中。

2.3.2 其他类型的文件

对 VB 工程中的其他类型的文件，如标准模块文件（.bas）、类模块文件（.cls）等，添加、移除的方法与添加、移除窗体文件的方法类似。例如，向 VB 工程中添加标准模块文件，操作方法如下。

1）选择“工程”菜单中的“添加模块”命令，弹出“添加模块”对话框，如图 2-14 所示。

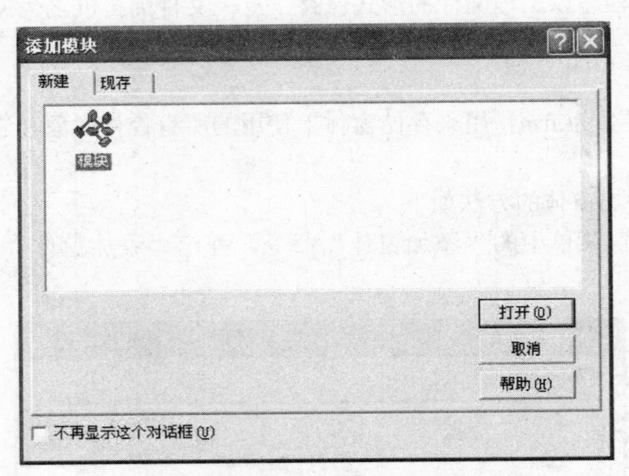

图 2-14 “添加模块”对话框

2）在“新建”选项卡选中“模块”图标，单击“打开”按钮，可以在 VB 工程中添加一个标准模块；通过“现存”选项卡，可以从磁盘上选择一个标准模块文件添加到当前 VB 工程中。

在“工程资源管理器”窗口的树形结构中右击，在弹出的快捷菜单中选择“添加”命令，在下一级菜单中选择“添加模块”命令，在弹出“添加模块”对话框进行操作也可以向工程中添加模块。

从 VB 工程中移除标准模块的方法如下。

- 在工程资源管理器中选中要移除的标准模块，选择“工程”菜单中的“移除……”命令（如果标准模块还没有保存，省略号代表模块名；如果标准模块已经被保存，省略号则代表标准模块文件名），可以把这个标准模块从工程中移除。
- 直接右击要移除的标准模块，在弹出的快捷菜单中选择“移除……”命令（省略号的含义同上）也可以移除标准模块。

如果标准模块文件已经保存在磁盘上，那么，在移除标准模块时，这个标准块文件并不会被删除，仍然在磁盘中存在。

2.4　创建 Visual Basic 应用程序的步骤

创建 VB 应用程序主要包括以下几个步骤。

1）建立应用程序界面。

2）设置对象属性。

3）编写应用程序代码。

4）保存文件。

5）运行并调试应用程序。

6）形成可执行文件和打包工程。

下面通过一个简单的例子来说明创建 VB 应用程序的步骤。

【例】 创建一个电子时钟程序。程序运行后显示系统当前时间；单击“黑色”按钮，时间以黑色显示；单击“彩色”按钮，时间以一种随机颜色显示；单击“退出”按钮，程序结束运行。

程序运行界面如图 2-15 所示。

图 2-15　电子时钟程序运行界面

2.4.1　建立应用程序界面

建立应用程序界面的工作主要包括建立窗体和向窗体中添加控件对象。按照程序设计要求，首先要建立电子时钟应用程序的界面。操作方法是：新建 VB 工程，此时新建窗体的默认名称为 Form1，向窗体上添加标签控件对象 Label1、3 个命令按钮控件对象（Command1、Command2、Command3）和时钟控件对象 Timer1。

设计界面如图 2-16 所示。

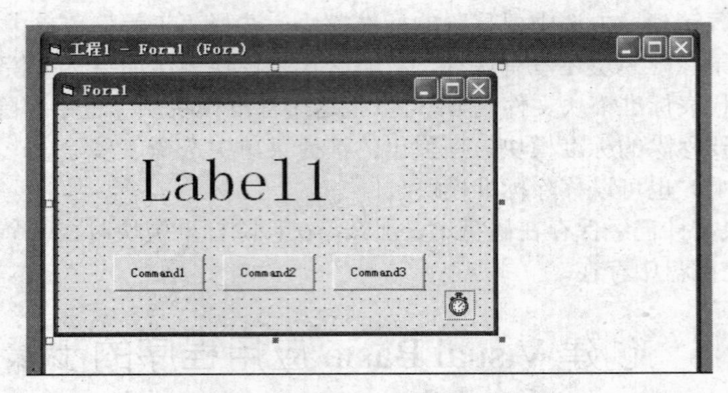

图 2-16　电子时钟程序的界面设计

2.4.2　设置对象属性

建立应用程序界面的工作完成之后，需要根据程序设计的要求设置每个对象的属性，这一步也可以和上一步交叉进行，即建立一个对象之后，立即设置它的属性，再建立下一个对象，设置属性，依此类推。

本例中用到的窗体和控件对象及其属性值如表 2-1 所示。

表 2-1　程序中的对象及其属性

对象类别	对象名	属性名	属性值
窗体	Form1	Caption（标题）	电子时钟
标签	Label1	Font（字体）	宋体，初号
命令按钮	Command1	Caption（标题）	黑色
命令按钮	Command2	Caption（标题）	彩色
命令按钮	Command3	Caption（标题）	退出
时钟	Timer1	Interval（时间间隔）	1000

2.4.3　编写应用程序代码

以上两步完成之后，需要编写代码，这部分工作主要是编写对象的事件过程，也包括编写各种函数过程和子程序过程及其他必要的代码。就本例而言，只需要编写事件过程即可。

本程序的所有代码如下：

```
Private Sub Form_Load()
   Randomize                                   ' 初始化随机数生成器
End Sub

Private Sub Command1_Click()
   Label1.ForeColor = vbBlack                  ' 时间显示为黑色
End Sub

Private Sub Command2_Click()
   ' 设置时间显示为随机颜色
   Dim r As Integer, g As Integer, b As Integer
   r = Int(Rnd * 256)
```

```
    g = Int(Rnd * 256)
    b = Int(Rnd * 256)
    Label1.ForeColor = RGB(r, g, b)
End Sub

Private Sub Command3_Click()
    End                                    ' 结束程序运行
End Sub

Private Sub Timer1_Timer()
    Label1.Caption = Hour(Now) & ":" & Minute(Now) & ":" & _   ' 显示时间
        Second(Now)
End Sub
```

2.4.4　保存文件

代码编写完成后，需要保存前面所作的设计工作。保存文件的顺序是：先保存窗体文件、标准模块文件等，最后保存工程文件。通常可以通过以下两种方法保存文件。

方法 1：

按照保存顺序的要求，分别保存窗体文件、标准模块文件、工程文件。以电子时钟应用程序为例，方法如下。

1）保存窗体文件。选择“文件”菜单中的“保存 Form1”命令，在弹出的“文件另存为”对话框中输入窗体文件名 Clock.frm，单击“保存”按钮保存窗体文件。

2）保存工程文件。选择“文件”菜单中的“保存工程”命令，在弹出的“工程另存为”对话框中输入工程文件名 Clock.vbp，单击“保存”按钮保存工程文件。

方法 2：

直接保存工程文件，VB 会自动按顺序先后弹出“文件另存为”和“工程另存为”对话框分别保存窗体文件和工程文件。以电子时钟应用程序为例，方法如下。

1）选择“文件”菜单中的“保存工程”命令，打开“文件另存为”对话框。

2）在“文件另存为”对话框中输入窗体文件名 Clock.frm，单击“保存”按钮。

3）在随后弹出的“工程另存为”对话框中输入工程文件名 Clock.vbp，单击“保存”按钮保存工程文件。

2.4.5　运行并调试应用程序

创建好应用程序之后，需要运行程序以检验程序的实际运行效果是否和程序设计要求相一致、程序的运行是否有错。如果在运行中出现错误，还要进行调试，直到程序能正确运行为止。

单击工具栏上的“启动”按钮▸或按 F5 功能键，开始执行程序。在程序执行过程中，单击“中断”按钮⏸，可以进入中断状态。这时，打开代码编辑器可以对程序代码进行编辑、修改。例如，对 Timer1_Timer()事件过程中的语句进行修改：把两处“:”分别修改为“时”和“分”，在秒数之后加上“秒”，然后再单击“继续”按钮▸（和“启动”按钮是同一个按钮），继续执行程序。观察程序的运行结果，时间显示变成了“hh 时 mm 分 ss 秒”的形式。

当程序的逻辑较复杂时，也可以在程序运行前事先设置断点，程序执行到断点处，会自动进入中断状态，等待程序设计人员调试。例如，打开代码编辑器，找到 Timer1_Timer()事件过程，在这条语句前单击，会出现的断点标志（在本例中由于续行符“_”的存在，断点标志会有两个，如果去掉续行符“_”并把两行合并成一行，断点标志也就只剩下一个，如图 2-17 所示），运行程序后，当执行到这条语句时，VB 就会进入中断状态，这时可以编辑、修改代码。单击“继续”按钮▶，继续执行程序。单击“结束”按钮■，可以结束程序的执行，VB 又回到设计状态，程序设计人员不仅可以重新编辑代码，也可以对程序的用户界面重新进行编辑，比如重新设置控件的属性（位置、大小等）。反复运行、修改程序，最终得到符合设计要求的结果。

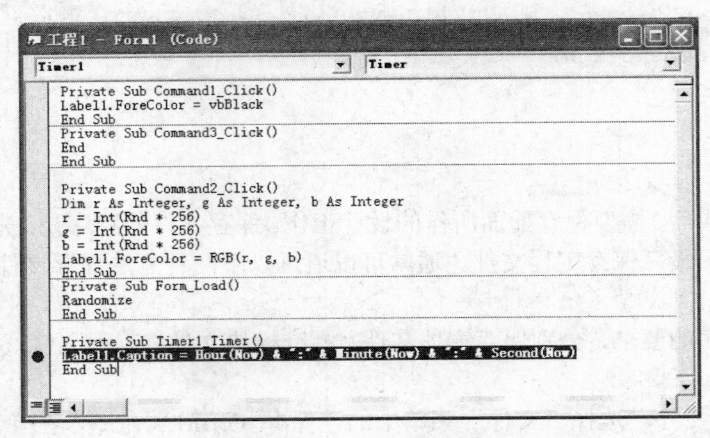

图 2-17 程序中的断点

2.4.6 生成可执行文件和打包工程

程序调试完成之后可以生成一个可执行文件（.exe），这样应用程序就可以脱离 VB 环境执行。以电子时钟应用程序为例，操作方法如下。

选择“文件”菜单中的“生成 Clock.exe”命令，弹出“生成工程”对话框（如图 2-18 所示），系统默认可执行文件名与当前工程文件同名，也可以为可执行文件重新命名。

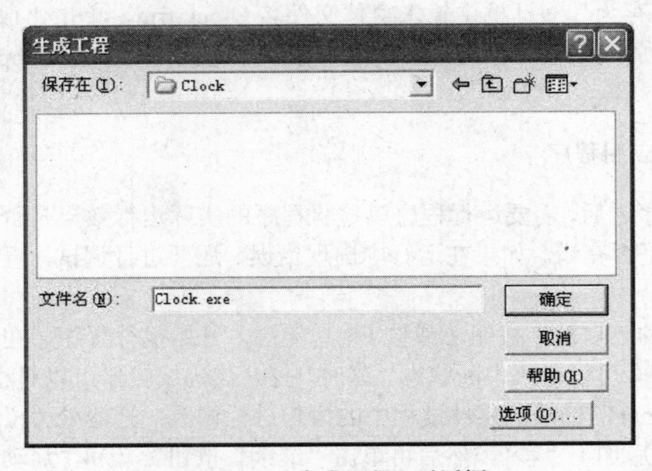

图 2-18 “生成工程”对话框

2.5　习　　题

1. 选择题

（1）如果窗体对象的名称为 Form1，BackColor 是窗体对象的一个属性，用来设置窗体的背景色，那么设置窗体背景色为蓝色的语句正确的是________。

A．Form1.BackColor=vbBlue

B．BackColor=Blue

C．Form1= vbBlue

D．Form1's BackColor is Blue.

（2）下面方法中，不能打开代码编辑器的是________。

A．选择“视图”菜单中的“代码窗口”命令

B．双击窗体设计器中的窗体或控件

C．选中窗体设计器中的窗体或控件，单击工程资源管理器中的“查看代码”按钮

D．选中窗体设计器中的窗体或控件，单击“标准”工具栏中的“代码窗口”按钮

（3）新建 VB 工程，然后保存 VB 应用程序，下列方法中正确的是________。

A．应先保存窗体文件，再保存工程文件

B．应先保存工程文件，再保存窗体文件

C．直接保存窗体文件，系统会自动按顺序先保存窗体文件再保存工程文件

D．直接保存窗体文件，系统会自动按顺序先保存工程文件再保存窗体文件

2. 填空题

（1）VB 工程文件的扩展名是__________，窗体文件的扩展名是__________。

（2）选中工程资源管理器中的窗体对象，再单击__________按钮能打开窗体设计器。

（3）在 VB 中，按下__________键可运行程序。

3. 简答题

（1）简述面向对象程序设计中类和对象的概念并说明类和对象的关系。

（2）简述编写 VB 应用程序的步骤。

（3）怎样打开控件工具箱？

第3章 Visual Basic 窗体和常用控件

本章重点

☑ 窗体对象的常用属性、事件和方法。

☑ 标签对象的常用属性、事件和方法。

☑ 文本框对象的常用属性、事件和方法。

☑ 命令按钮对象的常用属性、事件和方法。

本章难点

☑ 常用控件对象的方法应用。

☑ 常用控件对象的事件应用。

VB 最主要的对象是窗体和控件。它们是编写应用程序的基础，也是 VB 作为可视化编程的重要工具。本章主要介绍窗体和 VB 中的几个基本控件，如标签、文本框和命令按钮。通过本章的学习，读者可以进行简单的应用程序设计。

3.1 窗 体 对 象

窗体是设计 VB 应用程序的“工作台”，是设计用户界面的“画布”。程序运行时，窗体是用户与应用程序之间进行交互的窗口。窗体可以看成是控件的容器，几乎所有的控件都是添加在窗体上的。

窗体是对象的一种，在本节中将介绍窗体的属性、事件和方法。

3.1.1 创建窗体对象

启动 VB 程序后，会在屏幕上显示一个窗体。VB 的窗体结构和 Windows 环境下的应用程序窗口一样。窗体结构如图 3-1 所示。

窗体在默认设置下具有控制菜单图标、“最小化”按钮、“最大化”按钮/“还原”按钮、“关闭”按钮。控制菜单图标位于窗体的左上角。单击控制菜单图标，将显示下拉控制菜单，通过控制菜单可对窗体进行移动、最大化/还原、最小化及关闭的操作。如果双击控制菜单图标，则可关闭窗体。

标题栏显示窗体的标题。单击窗体右上角的“最大化”按钮可以使窗体扩大至整个屏幕，单击“最小化”按钮则把窗体缩小成一个图标，单击“关闭”按钮将关闭窗体。窗体的这些元素可以通过窗体属性进行设置。

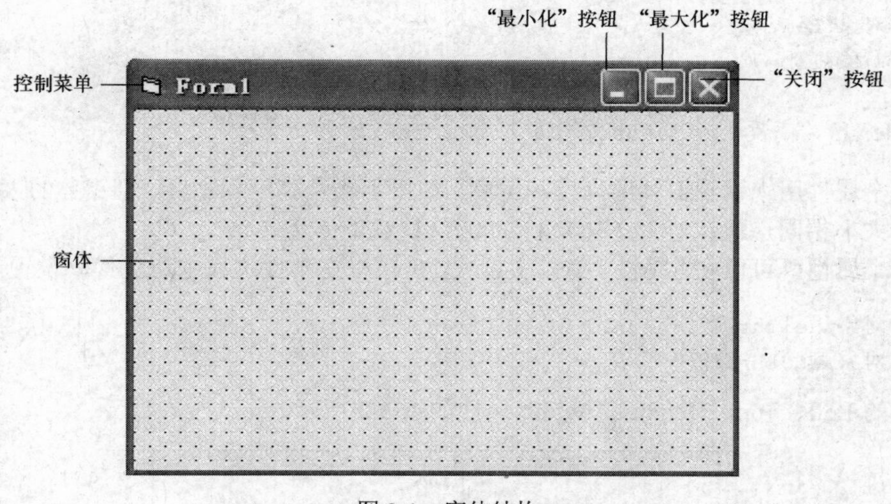

图 3-1　窗体结构

3.1.2　窗体的常用属性

窗体的属性决定了窗体的外观和操作。窗体的属性可以通过"属性"窗口设置，也可以在程序代码中设置。前者称为在设计阶段设置属性，后者称为在运行阶段设置属性。绝大多数属性既可以在设计阶段设置又可以在运行阶段设置，而有些属性则只能在设计阶段设置，如 Name、BorderStyle 等属性，因此称这些属性为"只读属性"。还有一些属性只能在运行期间设置，如 CurrentX、CurrentY 等属性。下面介绍窗体的常用属性，这些常用属性大部分也适用于其他对象。

1. Name（名称）属性

每一个对象都有 Name 属性，Name 属性用于设置窗体的名称。窗体在创建时默认名称为 Form1。窗体名称必须以字母开头，可以包含数字、下划线，最多不能超过 40 个字符。设置窗体名称最好"见名知意"，以增强程序的可读性。

Name 属性为只读属性。

2. Caption（标题）属性

Caption 属性用于设置窗体显示的标题。窗体的默认标题是窗体的名称。该属性既可以在属性窗口中设置，也可以在事件过程中通过代码设置。例如：

```
Form1.Caption= "录入窗体"
```

3. Left（左边）和 Top（顶边）属性

Left 和 Top 属性用来设置窗体在屏幕中的位置。Left 属性是指窗体左边界与屏幕左边界的相对距离，Top 属性是指窗体顶边与屏幕顶边的相对距离。如果是控件对象，Left 和 Top 指控件的左边和顶边相对于窗体左边和顶边的距离。窗体的 Left 和 Top 的默认值是（0，0），默认单位是 twip，其中 1twip=1/20 点=1/1440 英寸=1/567 厘米。

这两个属性既可以在"属性"窗口中设置，也可以在事件过程中通过代码设置。格式为：

```
对象.Left=x
对象.Top=y
```

4. Height（高度）和 Width（宽度）属性

这两个属性用来设置窗体的高度和宽度。如果不指定高度和宽度，则窗体的大小与设计时窗体的大小相同，默认值为（3600，4800），默认单位是 twip。

这两个属性既可以在“属性”窗口中设置，也可以在事件过程中通过代码设置。格式为：

```
对象.Height=数值
对象.Width=数值
```

窗体的 Left、Top、Height 和 Width 属性如图 3-2 所示。

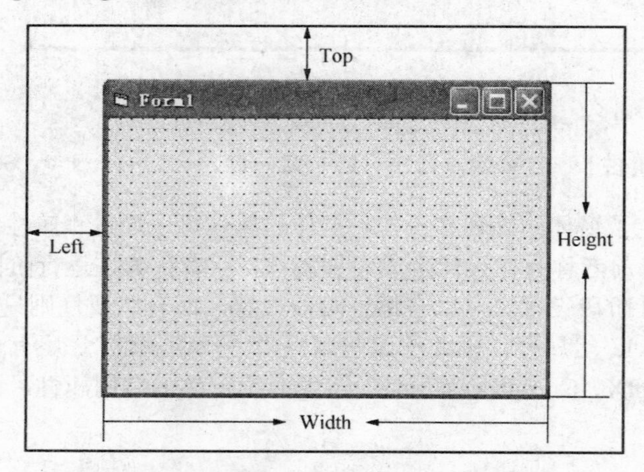

图 3-2 窗体的 Left、Top、Height 和 Width 属性

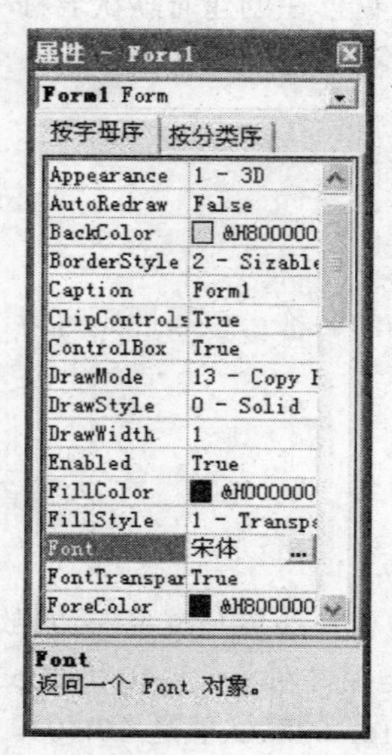

图 3-3 字体属性

5. Enabled（允许）属性

该属性用于设置对象是否可用。它的属性值为逻辑型 True 或 False。如果设置为 True，表示允许用户进行操作，并对操作做出相应响应；如果设置为 False，表示禁止用户操作，运行时对象呈暗淡颜色。

该属性既可以在“属性”窗口中设置，也可以在事件过程中通过代码设置。格式为：

```
对象.Enabled=Boolean 值
```

6. Font（字体）属性

Font 是属性组，用来设置窗体上正文的字体。可以在“属性”窗口中打开“字体”对话框设置字体、字型、字号和效果等，如图 3-3 所示。

也可以在代码中给各属性赋值，各个属性表示的含义如下。

- FontName：设置窗体上显示文本的字体名称（默认为宋体），字符型。
- FontSize：设置窗体上显示文本的字体大小（默认为小五号），整型。
- FontBold：设置窗体上显示文本的字体是否是粗体（默认为常规），逻辑型。
- FontItalic：设置窗体上显示文本的字体是否是斜体（默认为常规），逻辑型。
- FontStrikeThru：设置窗体上显示文本的字体是否加一条删除线，逻辑型。
- FontUnderLine：设置窗体上显示文本的字体是否带下划线，逻辑型。

7. BorderStyle（边框类型）属性

设置窗体的边框风格。该属性的设置值如表 3-1 所示。

表 3-1 BoderStyle 属性值

设定值	常量	定义
0	None	无边框，无法移动及改变大小
1	FixedSingle	单线边框，可移动但不可以改变窗口大小
2	Sizable	双线边框，可移动并可以改变窗体大小
3	FixedDouble	固定边框，不可以改变窗体大小
4	FixedToolWindow	有“关闭”按钮，不可以改变窗体大小
5	SizableToolWindow	有“关闭”按钮，可以改变窗体大小

8. ForeColor（前景色）和 BackColor（背景色）属性

ForeColor 属性用于设置窗体显示文本的前景色，BackColor 属性用于设置窗体的背景色。ForeColor 和 BackColor 的值可以直接在“属性”窗口中使用调色板设置，也可以在代码中使用 RGB（R,G,B）函数或 QBColor 函数设置颜色。表 3-2 列出了一些常见的标准颜色。

表 3-2 RGB 颜色方案

颜色	红色值	绿色值	蓝色值
黑色	0	0	0
蓝色	0	0	255
绿色	0	255	0
青色	0	255	255
红色	255	0	0
洋红色	255	0	255
黄色	255	255	0
白色	255	255	255

9. Icon（图标）属性

Icon 属性用来设置窗体最小化时的图标。在设计阶段，从“属性”窗口中单击该属性右边的触发按钮，在弹出的“加载图标”对话框中选择一个图标文件（通常是.ICO 格式）装入。也可以在程序代码中使用 LoadPicture()函数给 Icon 属性赋值。

注 意

此属性只适用于窗体。

10. ControlBox（控制框）属性

ControlBox 属性用于设置窗体是否有控制菜单。True 表示为有控制菜单，False 表示为没有控制菜单。

注 意

此属性只适用于窗体。

11. Picture（图形）属性

Picture 属性用于设置窗体的背景图片。在设计阶段，从“属性”窗口中单击该属性右边的触发按钮，在弹出的“加载图片”对话框中选择一个图形文件装入。也可以在程序代码中使用 LoadPicture()函数装入图形文件。

12. Visible（可视性）属性

Visible 属性用来设置窗体是否可见。如果该属性值设置为 True，运行时窗体可见；如果设置为 False，则运行时窗体隐藏。Visible 属性也可以在代码中设置，格式为：

```
对象.Visible=Boolean 值
```

需要提醒的是，此属性只有在程序运行时才起作用。即使在设计阶段把该属性设置为 False，对象仍然可以看到。

13. MaxButton（“最大化”按钮）和 MinButton（“最小化”按钮）属性

这两个属性用来设置窗体右上角的“最大化”按钮和“最小化”按钮是否显示，默认为 True。一般窗口都会显示这两个按钮。在设计对话框时，如果想防止对话框运行时被最大化或最小化，会将这两个属性设置为 False。

注 意

这两个属性只适用于窗体。

3.1.3 窗体的常用事件

窗体作为对象能对事件做出响应。常用的窗体事件如下。

1. Load（装载）事件

当窗体加载到内存时发生，该事件由系统自动触发。常在 Load 事件里对变量或属性进行初始化。

2. Unload（卸载）事件

当从内存中卸载窗体时发生，是与 Load 事件对应的事件，也是由系统触发。

3. Initialize（初始化）事件

当应用程序创建窗体的实例时发生，它发生在 Load 事件前，是程序运行时发生的第一个事件。

4. Activate（活动）事件和 Deactivate（非活动）事件

当窗体成为活动窗体时触发的事件。用户单击某个窗体或在程序代码中用 Show 方法显示窗体，或用 SetFocus 把焦点设置在某个窗体上时都能使该窗体成为活动窗口，此时触发 Activate 事件。在另一个窗体变为活动窗口前触发 Deactivate 事件。

5. Click（单击）事件

用鼠标左键单击窗体时发生的事件。

6. DblClick（双击）事件

用鼠标左键双击窗体时发生的事件。实际上，双击时触发了两个事件，第一次按鼠标键时产生 Click 事件，第二次产生 DblClick 事件。

3.1.4 窗体的常用方法

窗体有许多方法，通过在代码中调用来执行。常用的方法如下。

1. Show 方法

Show 方法是窗体最常用的方法，用于显示窗体。如果调用 Show 方法时指定的窗体没有装载，VB 将自动装载该窗体。如果窗体被遮住，调用 Show 方法可以将窗体显示在屏幕最上层。
格式：[窗体名].Show

2. Hide 方法

该方法用于隐藏一个窗体，但并不把窗体从内存中卸载。
格式：[窗体名].Hide

3. Refresh 方法

该方法用于对窗体进行刷新，使窗体显示新的内容。
格式：[窗体名].Refresh

4. Cls 方法

Cls 方法用来清除在窗体上显示的文本或图形。
格式：[窗体名].Cls

5. Move 方法

Move 方法可以移动窗体，并可以改变窗体的大小。

格式：[窗体名].move　Left,[Top[,Width[,Height]]]

> **注意**
>
> 窗体名称也可以用 Me 关键字来代替。Me 关键字是窗体的通用称呼，在某一时刻 Me 代表当前窗体。例如：Me.FontName="隶书"，表示将当前窗体的字体设置为隶书。

【例 3.1】 设计窗体，窗体没有最大化按钮和最小化按钮，窗体标题为“窗体示例”。窗体装入时背景颜色为红色，窗体上以黄色、楷体、30 号字显示“单击我会变色”；当用户单击窗体时，窗体背景显示青色，窗体上的文字变为蓝色、隶书、36 号字的“双击试试看”；当用户双击窗体时，窗体位置移动，窗体上的文字变为红色、黑体、15 号字的“了解窗体的事件和方法了吗？”。最后将窗体文件以 3-1.frm 为名保存。

（1）程序界面设计

新建一个窗体，按表 3-3 设置窗体的属性。

表 3-3　窗体对象的属性设置

属性名称	属性值	属性名称	属性值
Name	frmlx	MaxButton	False
Caption	窗体示例	MinButton	False

（2）代码设计

```
Private Sub Form_Load()
    Show
    BackColor = RGB(255, 0, 0)        ' 设置背景色为红色
    ForeColor = RGB(255, 255, 0)      ' 设置前景色为黄色
    FontSize = 30                     ' 设置字号
    FontName = "楷体_GB2312"           ' 设置字体
    Print "单击我会变色"
End Sub

Private Sub Form_Click()
    BackColor = RGB(0, 255, 255)      ' 设置背景色为青色
    ForeColor = RGB(0, 0, 255)        ' 设置前景色为蓝色
    FontSize = 36
    FontName = "隶书"
    Print "双击试试看"
End Sub

Private Sub Form_DblClick()
    Cls
    ForeColor = RGB(255, 0, 0)
    FontSize = 15
```

```
        FontName = "黑体"
        Print "了解窗体的事件和方法了吗？"
        Move frmlx.Left + 40, frmlx.Top + 40
    End Sub
```

运行程序，结果如图 3-4 所示。

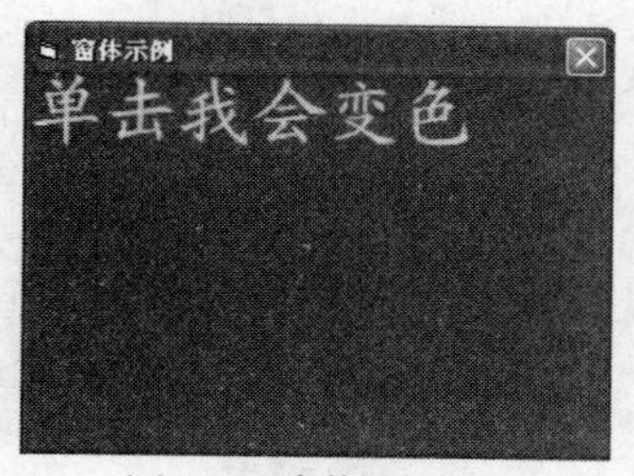

（a）Load 事件运行效果

（b）Click 事件运行效果

（c）DblClick 事件运行效果

图 3-4　窗体示例的运行结果

① 程序中属性和方法前均省略了对象名，默认为当前窗体。
② 窗体事件的名称均为 Form_事件名。
③ 在窗体的 Load 事件中使用 Print 方法时一定要先调用 Show 方法。

3.2　标 签 对 象

标签（Label）用于显示不需要用户修改的文本。一般在窗体上使用标签进行文字性说明，例如为文本框或列表框添加描述性文字。标签上显示的内容只能在 Caption 属性中设置或修改，不能直接编辑，因此不能作为录入信息的界面。

3.2.1　标签的常用属性

标签的部分属性与窗体和其他控件相同，这里不再重复。下面介绍标签的几个特有的属性。

1. Alignment 属性

该属性用来设定标签中文本的对齐方式。可以设置为 0、1 或 2，表示意义如下。

- 0：左对齐（默认值）。
- 1：右对齐。
- 2：居中。

2. AutoSize 属性

该属性设定标签是否根据标签内容自动调整大小。其属性值为逻辑型，如果把 AutoSize 属性设置为 True，则标签大小自动调整以适应内容；如果设置为 False，则标签将保持设计时的大小，一旦内容太长，标题会显示不全。

3. BackStyle 属性

BackStyle 属性用于设定标签的背景模式。共有两个值：其中 0 表示标签重叠显示在背景上，即标签是“透明”的；1 表示显示标签时把背景覆盖掉，是该属性的默认值。

4. BorderStyle 属性

BorderStyle 属性设定标签的边框形式。可以取两种值：0 或 1，其表示含义如下。

- 0：无边框（默认值）。
- 1：单线框。

标签边框的样式与 Appearance 属性相关。当 Appearance 属性设为平面时，边框为单直线形；当 Appearance 属性设为三维时，边框为凹陷形。

5. Caption 属性

Caption 属性用来设定在标签上显示的文本内容，是标签的重要属性。它的值是任意的字符串。

6. DataField 和 DataSource 属性

DataField 和 DataSource 属性用于设定标签和数据源的连接。DataSource 用来指定数据库，DataField 用来指定字段。标签上直接显示数据库内容，并随着数据库的操作而自动更新，详细信息将在第 11 章介绍。

7. Index 属性

如果标签是一个控件数组，则该属性可设定它在数组中的下标。Index 值是一个非负整数。生成控件数组时，系统会自动给每一个控件分配一个 Index 值。用户也可以修改 Index 值，来调整控件数组的顺序。默认情况下，该属性值为空。

8. TabIndex 属性

该属性用于设置标签控件在它所在容器中的 Tab 顺序。

9. WordWrap 属性

WordWrap 属性用来设定标签中的文本在显示的时候是否能够自动换行。如果属性值设置为 True 表示文本可以自动换行，标签将在垂直方向上变化大小以适应标题文本，水平方向上与设计时一样保持不变。如果设置为 False，则没有自动换行功能，如果此时标签内容太多，一行显示不下，内容就会被截断。

为了使 WordWrap 起作用，必须把 AutoSize 属性设置为 True。

3.2.2 标签的常用事件

标签的事件很少使用，其主要事件有 Click 事件和 DblClick 事件。

1. Click 事件

当用户用鼠标单击标签时触发 Click 事件。

2. DblClick 事件

当用户用鼠标双击标签时触发 DblClick 事件。

3.2.3 标签的常用方法

标签的常用方法有 Move 和 Refresh。

1. Move 方法

Move 方法可移动标签的位置。

2. Refresh 方法

该方法用来刷新标签的内容。

【例 3.2】 利用标签制作文字的阴影效果。设置窗体背景图片为 c:\windows\Rav800b. bmp（也可以自己选择图片，但注意将图片的完整路径写出）。程序运行后，窗体上显示出带阴影的文字“同一个世界，同一个梦想！”。

（1）程序界面设计

新建一个工程。在窗体上添加两个标签，设置各对象的属性。属性值参见表 3-4。

表 3-4 程序中对象的属性设置

对象	名称	属性	属性值
窗体	Form1	Caption	标签示例
标签	Label1	Caption	同一个世界，同一个梦想！
		BackStyle	0—透明
标签	Label2	Caption	同一个世界，同一个梦想！
		BackStyle	0—透明

（2）代码设计

```
Private Sub Form_Load()
    Picture = LoadPicture("c:\windows\Rav800b.bmp")     ' 加载背景图片
    Label1.FontSize = 16
    Label2.FontSize = 16
    Label1.FontBold = True
    Label2.FontBold = True
    Label1.ForeColor = vbBlack                ' 设置阴影为黑色
    Label2.ForeColor = vbRed                  ' 设置文字为红色
    Label1.Left = Label2.Left + 40            ' 启动时文字与阴影重合
    Label1.Top = Label2.Top - 40
End Sub
```

运行程序，结果如图 3-5 所示。

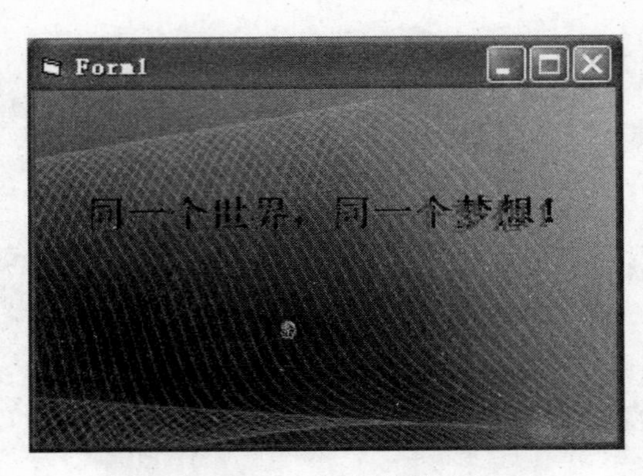

图 3-5 运行结果

3.3 文本框对象

文本框（Text）用于接收用户输入的信息，或显示系统提供的文本信息。文本框是一个文本编辑区域，就像一个简单的文本编辑器，用户可以在该区域输入、编辑、修改和显示文本内容。

3.3.1 文本框的常用属性

文本框除了具有一些前面介绍过的属性，如 Name、Enabled、Font、Alignment、BoderStyle、ForeColor、BackColor、Height、Width、Left、Top 等常用属性外，还具有以下这些特有属性。

1. Text 属性

Text 属性用于设置或取得文本框中显示的文本。这是文本框的重要属性。它可以在设计阶段设置值，也可以在程序中设置。程序执行时，用户通过键盘输入的正文内容，VB 会自动将其保存在 Text 属性中。

2. MaxLength 属性

MaxLength 属性用于设定文本框中能输入的正文的最大长度。设置 0 表示可容纳任意多个字符，是该属性的默认值。如将其设置为某一正整数值，则该数表示文本框中可容纳的字符数。

注 意

在 VB 6.0 中一个英文字符和一个汉字均作为一个字符处理。

3. MultiLine 属性

MultiLine 属性用于设定文本框是否允许显示和输入多行文本。它是一个逻辑值。如果设置为 True，表示允许显示和输入多行文本，当显示或输入的文本超过文本框的右边界时，文本自动换行，输入时也可按 Enter 键强制换行。MultiLine 属性的默认值为 False，表示只能输入一行。当要输入或显示的文本超过文本框的边界时，将只显示一部分内容，而且输入时也不能使用 Enter 键换行。

4. ScrollBars 属性

ScrollBars 属性用于设置文本框中是否带滚动条。该属性与 MultiLine 属性相关，当 MultiLine 属性设置为 True 时，ScrollBars 属性才有效。这个属性有 4 个值可供选择，各个值的含义如下。

- 0—None：无滚动条。
- 1—Horizontal：加水平滚动条。
- 2—Vertical：加垂直滚动条。
- 3—Both：同时加水平和垂直滚动条。

> **注 意**
>
> 在文本框中加入滚动条后，文本框中的文本将不能自动换行，只能使用 Enter 键换行。

5. PasswordChar 属性

PasswordChar 属性用来设置如何在文本框中显示输入的字符。默认情况下，该属性值为空字符串，表示显示用户输入的每一个字符。如果把 PasswordChar 属性值设置为一个非空的字符串时，则在文本框中输入字符时，文本框中显示的不是键入的字符，而是设置的字符。通常利用这一特性，将文本框设定为输入口令的对话框。

6. TabStop 属性

TabStop 属性用于设定在程序运行时，用户能不能使用 Tab 键跳入该文本框。该属性值为逻辑型，True 表示可以跳入，False 表示不能跳入。

7. Locked 属性

Locked 属性设定文本框能否被编辑。该属性也是逻辑值。True 表示文本框被锁定，框中文本不能被编辑；False 表示可以编辑文本。默认值为 False。

8. SelStart、SelLength、SelText 属性

在程序运行时，可以对文本框中的文本进行选择，这时用这三个属性标识用户选定的文本。SelStart、SelLength 和 SelText 属性的含义如下。

- Selstart：选定的正文的开始位置，0 表示选择的开始位置在第一个字符之前。
- Sellength：选定文本的长度。该属性可以设置为整数值。
- SelText：选定的正文内容。

设置了 SelStart 和 SelLength 属性后，VB 将选定的正文送入 SelText 属性。这三个属性一般用于在文本编辑器中选择字符串等，并且常和剪贴板一起使用，完成文本的复制、剪切、粘贴等。

3.3.2 文本框的常用事件

文本框可以识别多个事件，这里只介绍几个重要的事件。

1．Change 事件

当用户向文本框中输入新信息，或程序改变了文本框的 Text 属性时会触发 Change 事件。程序运行时，在文本框中每输入一个字符，就会触发一次 Change 事件。

2．KeyPress 事件

当用户按下并且释放键盘上的一个键时，会引发焦点所在控件的 KeyPress 事件。该事件会返回一个 KeyAscii 参数，也就是该字符的 ASCII 值。KeyPress 事件与 Change 事件一样，每输入一个字符就会触发该事件。该事件常用来对输入的字符进行判断，例如判断按下的键是否为 Enter 键（其 KeyAscii 值为 13），如果是则表示文本的输入结束。

3．GotFocus 事件

GotFocus 事件是当文本框得到焦点时触发的。通常情况下，触发 GotFocus 事件有下面几种情况。

- 按 Tab 键，焦点跳到文本框。
- 用鼠标单击文本框。
- 用 SetFocus 方法激活文本框。

4．LostFocus 事件

当对象失去焦点时发生 LostFocus 事件。该事件主要用来对数据的更新进行验证和确认。通常情况下，触发 LostFocus 事件有下面几种情况。

- 按 Tab 键，跳出该编辑框。
- 用鼠标单击其他控件。
- 在程序代码中用 SetFocus 方法激活其他控件。

3.3.3 文本框的常用方法

SetFocus 是文本框最有用的方法。该事件可以把光标移动到指定的文本框中。

格式：[对象.]SetFocus

激活文本框的方法有以下几种。

- 按 Tab 键，使文本框获得焦点。
- 鼠标单击文本框。
- 在程序代码中，用 SetFocus 方法。

【例 3.3】 设计一个计算应付款的程序。程序运行后，用户可输入商品的“单价”、“数量”和“折扣”，然后双击窗体将显示“应付款”。

（1）程序界面设计

新建一个工程。在窗体上添加 4 个标签、4 个文本框。属性设置如表 3-5 所示。

表 3-5 程序中各对象的属性

对 象	名 称	属 性	属 性 值
窗体	Form1	Caption	计算
标签	Label1	Caption	单价
		Font	宋体、五号

续表

对　象	名　称	属　性	属 性 值
标签	Label2	Caption	数量
		Font	宋体、五号
标签	Label3	Caption	折扣
		Font	宋体、五号
标签	Label4	Caption	应付款
		Font	宋体、五号
文本框	Text1	Text	空
		Font	宋体、五号
文本框	Text2	Text	空
		Font	宋体、五号
文本框	Text3	Text	空
		Font	宋体、五号
文本框	Text4	Text	空
		Font	宋体、五号

（2）代码设计

```
Private Sub Form_DblClick()
    If Text1.Text = "" Then
        MsgBox "至少要输入单价！", 48, "警告！" ' 如果没有输入单价，显示警告信息
        Text1.SetFocus                          ' 输入单价的文本框获得焦点
        Exit Sub
    End If
    If Text2.Text = "" Then Text2.Text = 1  ' 如果没有输入数量或折扣均认为 1
    If Text3.Text = "" Then Text3.Text = 1
    Text4.Text = Text1.Text * Text2.Text * Text3.Text
End Sub
```

运行程序，结果如图 3-6 所示。

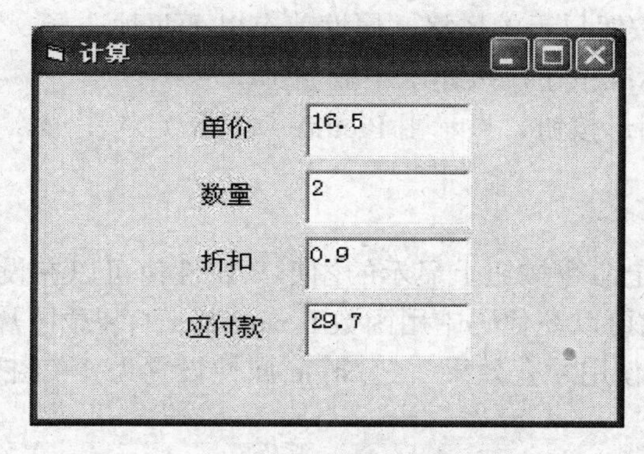

图 3-6　运行结果

3.4 命令按钮对象

命令按钮是最常用的控件，用于控制程序的进程，如控制程序的启动、中断或结束。前面介绍的属性大多数都可适用于命令按钮，下面介绍其特有的几个常用属性。

3.4.1 命令按钮的常用属性

1. Caption 属性

Caption 属性用来设定命令按钮的标题。如果在设置 Caption 属性时，在某个字母前加上字符&，则程序运行时标题中的这个字母带有下划线。这个字母就成为快捷键。当用户按下 Alt+快捷键时，便可激活该按钮。

2. Cancel 属性

Cancel 属性是命令按钮独有的。它用来设定该命令按钮是否为按 Esc 键默认的命令按钮。该属性值为逻辑型。如果该属性设置为 True，按 Esc 键相当于用鼠标单击了该按钮。在一个窗体里只能有一个按钮的 Cancel 属性设置为 True。

3. Default 属性

Default 属性也是命令按钮仅有的。该属性用于设定该命令按钮是否为默认按钮。该属性值为逻辑型。当一个命令按钮的 Default 属性被设置为 True 时，按 Enter 键相当于用鼠标单击该按钮。在一个窗体上，仅能有一个按钮的 Default 属性设置为 True。

4. Value 属性

Value 属性用于检查该按钮是否被按下。该属性在设计阶段无效，只能在程序运行期间设置或引用。其属性值为逻辑型，值为 True 表示该按钮被按下，如果为 False 则表示命令按钮未被按下。

5. Style 属性

Style 属性设定命令按钮显示的风格。属性值有以下两种选择。

- 0：表示按钮为标准按钮，按钮上不能显示图形。
- 1：表示按钮为图形按钮，显示由 Picture 属性指定的图形。

6. Picture 属性

Picture 属性用于设定命令按钮上显示的图形。属性值可以在设计阶段选择一个后缀名为.bmp 或.ico 的图形，也可以在代码中用函数 LoadPicture()装载图片。但需注意，Picture 属性必须与 Style 属性联合使用才有效果，把 Style 属性设置为 1（图形格式），命令按钮上才会显示图形。

7. ToolTipText 属性

ToolTipText 属性用来设定图形按钮的提示文字，与 Picture 属性同时使用。当命令按钮设置为图形按钮时，可利用该属性设置简单的文字，对命令按钮进行解释说明。当程序运行时，把鼠标指向命令按钮，会出现提示文字。

3.4.2　命令按钮的常用事件

命令按钮最重要的事件是 Click 事件。以下情况可产生 Click 事件。

- 用鼠标单击命令按钮。
- 焦点在命令按钮上时按空格键或 Enter 键。
- 在代码中将命令按钮的 Value 属性设置为 True。
- 如果该命令按钮有快捷键，在运行时按快捷键。
- 如果命令按钮设置为取消按钮，按 Esc 键。

注 意

命令按钮不支持 DblClick 事件。当用户双击命令按钮时，将分解为两次单击。

3.4.3　命令按钮的常用方法

命令按钮的常用方法有 Move 方法、SetFocus 方法，功能与其他控件类似，这里不再赘述。

【例 3.4】 设计程序，单击标题为“显示”的命令按钮，窗体上显示内容为“欢迎使用 Visual Basic”的标签，同时命令按钮的标题改为“隐藏”。单击“隐藏”按钮，标签隐藏，同时命令按钮的标题改为“显示”。单击“关闭”按钮，程序结束运行。

（1）程序界面设计

在窗体上添加 1 个标签（Label）、2 个命令按钮（CommandButton）。属性设置如表 3-6 所示。

表 3-6　程序中各对象的属性

对 象	名 称	属 性	属 性 值
窗体	Form1	Caption	命令按钮示例
标签	Label1	Caption	欢迎使用 Visual Basic
		Font	隶书、三号
命令按钮	Command1	Caption	&Y 隐藏
命令按钮	Command2	Caption	&E 关闭

（2）代码设计

```
Private Sub Command1_Click()
    If Command1.Caption = "&X 显示"  Then
        Label1.Visible = True
        Command1.Caption = "&Y 隐藏"
    Else
        Label1.Visible = False
        Command1.Caption = "&X 显示"
    End If
End Sub
```

```
Private Sub Command2_Click()
    End                             ' 结束程序执行
End Sub
```

运行程序，结果如图 3-7 所示。

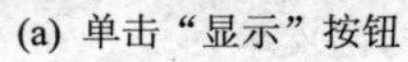
(a) 单击“显示”按钮

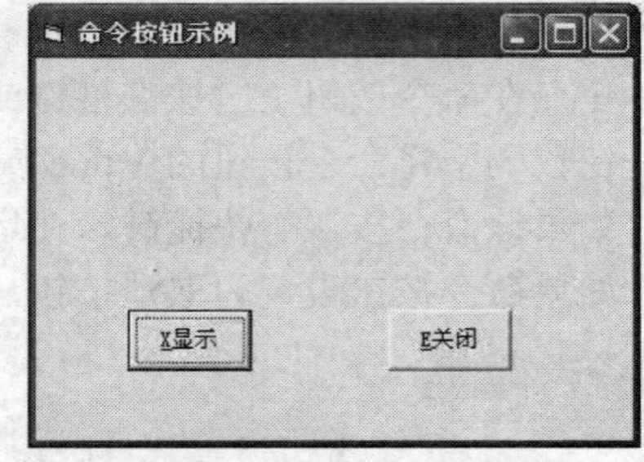

(b) 单击“隐藏”按钮

图 3-7 例 3-4 运行结果

3.5 习 题

1. 选择题

（1）在设计阶段，当双击窗体上的某个控件时，所打开的窗口是________。

A. 工程资源管理器窗口　　B. 工具箱窗口
C. 代码窗口　　D. “属性”窗口

（2）新建一个工程，将其窗体的名称属性设置为 MyFirst，则默认的窗体文件名为________。

A. Form1.frm　　B. 工程 1.frm
C. MyFirst.frm　　D. Form1.vbp

（3）下列叙述中正确的是________。

A. 只有窗体才是 VB 中的对象
B. 只有控件才是 VB 中的对象
C. 窗体和控件都是 VB 中的对象
D. 窗体和控件都不是 VB 中的对象

（4）设置窗体最小化时的图标可通过________属性来实现。

A. MouseIcon　　B. Image
C. Icon　　D. Picture

（5）设置标签边框的属性是________。

A. BorderStyle　　B. BackStyle
C. AutoSize　　D. Alignment

（6）文本框没有________属性。

A. Enable　　B. Visible
C. BackColor　　D. Caption

（7）下列操作中不能触发命令按钮的 Click 事件的是________。

A．在按钮上单击鼠标左键

B．在按钮上单击鼠标右键

C．把焦点移至按钮上，然后按 Enter 键

D．使用该按钮的快捷键

（8）将文本框的________属性设置为 True 时，文本框可以输入或显示多行文本，且会在输入的内容超出文本框的宽度时自动换行。

A．MultiLine　　B．ScrollBars

C．Text　　D．Enabled

（9）如果将文本框的________属性设置为 True，则运行时不能对文本框中的内容进行编辑。

A．Locked　　B．MultiLine

C．TabStop　　D．Visible

（10）设窗体上有一个文本框，名称为 Text1，程序运行后，要求该文本框不能接收键盘输入，但能输出信息，以下属性设置正确的是________。

A．Text1.MaxLength=0　　B．Text1.Enabled=False

C．Text1.Visible=False　　D．Text1.Width=0

（11）不论何控件，共同具有的是________属性。

A．Text　　B．Name

C．ForeColor　　D．Caption

（12）________控件是不可设置焦点的控件。

A．文本框　　B．命令按钮

C．组合框　　D．图像框

（13）以下叙述中正确的是________。

A．窗体的 Name 属性指定窗体的名称，用来标识一个窗体

B．窗体的 Name 属性的值是显示在窗体标题栏中的文本

C．可以在运行期间改变对象的 Name 属性的值

D．对象的 Name 属性值可以设置为空

（14）按下 Enter 键时便可执行命令按钮的 Click 事件，则需要设置该命令按钮的________属性。

A．Value　　B．Default　　C．Cancel　　D．Enabled

（15）如果设计时在“属性”窗口将命令按钮的________属性设置为 False，则运行时按钮不能响应用户的鼠标事件。

A．Visible　　B．Enabled

C．DisabledPicture　　D．Default

（16）________语句将按钮（Command1）的标题赋值给文本框（Text1）的 text 属性。

A．Text1＝Command1　　B．Text1.text＝Command1.caption

C．Text1.text =Command1　　D．Text1.text=str（Command1）

（17）要使某控件在运行时不可显示，应对________属性进行设置。

A．Enable　　B．Visible

C．BackColor　　D．Caption

（18）下列的________对象不支持 Dblclick 事件。

A．文本框　　B．命令按钮

C．标签　　D．窗体

（19）确定一个控件在窗体上的位置的属性是________。

A．Width 和 Height　　B．ScaleWidth 和 ScaleHeight

C．Top 和 Left　　D．ScaleTop 和 ScaleLeft

（20）下列说法正确的是________。

A．Move 属性用于移动窗体或控件，但不可改变其大小

B．Move 属性用于移动窗体或控件，并可改变其大小

C．Move 方法用于移动窗体或控件，并可改变其大小

D．Move 方法用于移动窗体或控件，但不可改变其大小

2. 填空题

（1）VB 的控件通常分为三种类型，即__________、__________和__________。

（2）在属性窗口中，有些属性具有预定值，在这些属性上双击属性值可以__________。

（3）控件和窗体的 Name 属性只能通过__________设置，不能在__________期间设置。

（4）要使窗体在运行时不可改变窗体的大小和没有最大化、最小化按钮，需要设置的属性是__________。

（5）要使标签所在处能透明的显示背景，应将__________属性值设置为 0。

（6）文本框的__________属性用于设置或取得文本框中显示的文本。

（7）要使文本框出现滚动条，除了设置__________属性以外，还必须设置 MultiLine=True。

（8）如果要将命令按钮的背景设置为某种颜色，或者要在命令按钮上粘贴图形，应将命令按钮的__________属性设置为 1—Graphical。

（9）当程序运行时，系统自动执行启动窗体的事件过程是__________。

（10）在文本框中，通过__________属性能获得当前插入点所在的位置。

3. 简答题

（1）窗体的特有属性有哪些？

（2）标签和文本框都可以显示内容，两者有何不同之处？

（3）要对窗体的 BackColor 和 Picture 属性进行设置，哪个优先？

（4）设计如图 3-8 所示的学生成绩录入界面，并编写程序计算出学生的总分。

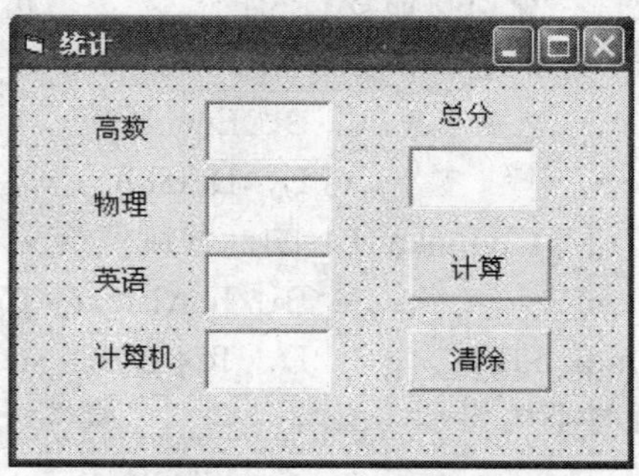

图 3-8　窗体设计

第4章 Visual Basic 语言基础

本章重点

☑ Visual Basic 的基本数据类型。
☑ 变量的命名规则及声明方法。
☑ 常用内部函数的使用。
☑ Visual Basic 的运算符和表达式。
☑ 常用的输入/输出方法。
☑ InputBox()函数和 MsgBox()函数的使用。

本章难点

☑ Visual Basic 表达式的计算。
☑ MsgBox()函数和 MsgBox 语句。
☑ 数据的输入/输出方法。

本章主要介绍利用 VB 编写程序时用到的一些基础知识，包括 VB 程序的语句和编码规则、VB 的基本数据类型、常量和变量、运算符和表达式及常用内部函数。

4.1 基本数据类型

数据是程序的组成部分，也是程序处理的对象。数据类型体现了数据结构的特点。VB 提供了系统定义的数据类型，并允许用户根据需要定义自己的数据类型。

VB 提供的基本数据类型有数值型、字符型、货币型、日期型、布尔型、对象型、变体型和字节型。

1. 数值型（Numeric Type）

数值型数据由数字（0～9）、小数点和正负号组成，是可以参加算术运算的符号序列。VB 的数值型数据分为整型数和浮点数，其中整型数分为整型（Integer）和长整型（Long），浮点数分为单精度浮点数（Single）和双精度浮点数（Double）。

（1）整型数

整型数是不带小数点和指数符号的数。整型和长整型用于保存整数，可以是正整数、负整数或者 0。

- 整型数在计算机中用两个字节存储，可表示的数值范围为-32768～+32767。
- 长整型在计算机中用四个字节存储，可表示的数值范围为-2147483648～+2147483647。

（2）浮点数

浮点数也称实型数或实数，是带有小数部分的数值。

- 单精度浮点型：在计算机中用 4 个字节存储，可表示数的范围为$\pm 1.401298\times 10^{-45}$～$\pm 3.402823\times 10^{38}$。单精度浮点数可精确到 7 位有效数字。如果整数部分的绝对值大于 999999，该数将用科学记数法表示。例如，1.234E3 或 1.234E+3 表示为1.234×10^{3}。
- 双精度浮点型：在计算机中用 8 个字节存储，可表示数的范围为$\pm 4.94065\times 10^{-324}$～$\pm 1.79769313486231 6\times 10^{308}$。双精度浮点数可精确到 15 位有效数字。双精度浮点数的科学记数法格式与单精度类同，只是指数部分用 D 或 d 来表示。例如，6346.721D-3 或 6346.721d-3 表示为 6.346721。

2. 字符型（String Type）

字符型是由双引号（""）括起来的字符序列。在计算机中每个字符都以 ASCII 编码表示，一个字符占一个字节。在 VB 中字符型数据要用双引号括起来，称为字符串，例如：

```
"Hello"
"Visual Basic程序设计"
""    '空字符串
```

VB 中的字符串分为定长字符串和变长字符串。其中变长字符串的长度是不确定的，最大长度不超过 2^{31} 个字符，定长字符串的最大长度不超过 2^{16} 个字符。

例如：Str 为可变长度的字符串。

```
Dim Str As String
Str="中华人民共和国"
```

例如：Name 为固定长度的字符串。

```
Dim Name As String*10
```

如果固定长度的字符串字符少于 10 个，则用空格将不足部分填满。如果字符串的长度太长，则截去超出部分的字符。

3. 货币型（Currency Type）

货币型是专门为处理货币而表示的数据类型，是数值型数据的一种特殊形式。该数据类型用 8 个字节存储。小数点前保留 15 位数，每三位用逗号分隔。小数点后只保留 4 位数，小数位若超过 4 位，系统将会按四舍五入的原则自动截取。货币型数据的范围为-922337203685477.5808～+922337203685477.5807。

4. 日期型（Date Type）

日期型是由一对“#”号括起来的用于表示时间的数据。在计算机中按 8 个字节的浮点数存储，表示从公元 100 年 1 月 1 日到公元 9999 年 12 月 31 日的日期，表示的时间范围从 0 点 0 分 0 秒到 23 点 59 分 59 秒。

日期型数据可以是单独日期的数据，也可以是单独时间的数据，还可以是日期和时间的组合。例如：

```
#10/01/2009#
#2009,10,01#
#2009-10-31 12:00:00 pm#
```

日期型数据的表示有多种形式，最常用的格式为 mm/dd/yyyy。

在 VB 6.0 中，输出年份时通常只输出后两位，例如，“1999”输出时为“99”，2000 年后的年份输出“01”、“02”等，用户可根据需要做出处理（如在前面加上“20”）。

5. 布尔型（Boolean Type）

布尔型数据由于表示逻辑判断的结果，只有“真”（True）和“假”（False）两个值。默认值为 False。若变量的值只有“True/False”、“Yes/No”、“On/Off”，则可以将它声明为布尔型。

布尔型数据可以转换成整型数据，即 True 为-1，False 为 0。

数值型的数据可以转换成布尔型，即非 0 为 True，0 为 False。

6. 对象型（Object Type）

对象型数据用来存储 OLE 对象，OLE 对象可以是电子表格、文档、图片等，用 4 个字节存储。

7. 变体型（Variant Type）

变体型能够存储系统定义的所有类型的数据，是一种可变的数据类型。在没有说明数据类型时，变量为变体型。变体型的数据在进行运算时不需要人为的进行转换，VB 会自动完成必要的转换。例如：

```
Dim  SomeValue                     ' SomeValue 未声明类型则为变体型
SomeValue="17"                     ' SomeValue 值为"17"
SomeValue= SomeValue-15            ' SomeValue 值为 2
SomeValue="U"& SomeValue           ' SomeValue 值为"U2"
```

变体型包含三种特定值：Empty、Null 和 Error。变体型数据在计算机中占用的空间比较大，一般用于用户在编程时无法确定运算结果类型的情况。建议在应用程序中应尽量少用变体型数据。

8. 字节型（Byte Type）

字节型用来存储二进制数，表示八位的无符号整数，其取值范围为 0～255。

表 4-1 列出了每种基本数据类型的存储空间和表示范围。

表 4-1 Visual Basic 的基本数据类型

数据类型	关键字	类型符	存储空间（字节）	取值范围
字节型	Byte	无	1	0～255
逻辑型	Boolean	无	2	True 或 False
整型	Integer	%	2	-32 768～32 767
长整型	Long	&	4	-2 147 483 648～2 147 483 647

续表

数据类型	关键字	类型符	存储空间（字节）	取值范围
单精度浮点型	Single	!	4	负数：-3.402823E38～-1.401298E-45 正数：1.401298E-45～3.402823E38
双精度浮点型	Double	#	8	负数：-1.79769313486232E308～-4.94065645841247E-324 正数：4.94065645841247E-324～1.79769313486232E308
货币型	Currency	@	8	-922 337 203 685 477.5808～922 337 203 685 477.5807
日期型	Date	无	8	100 年 1 月 1 日～9999 年 12 月 31 日
对象型	Object	无	4	任何 Object 引用
字符型	String	$	定长字符串为字符串的长度 变长字符串为 10 个字节加字符串长度	定长字符串为 0 到大约 20 亿 变长字符串为 1 到大约 65 535
变体型	Variant	无	按变量的值分配	按变量的值分配

4.2　常　量

在整个应用程序的执行过程中，值保持不变的量就是常量。常量分为一般常量和符号常量。

4.2.1　一般常量

一般常量包括数值常量、字符常量、逻辑常量和日期常量。

1. 数值常量

数值常量有字节型数、整型数、长整型数、定点数及浮点数。其中字节型数、整数和长整型数都是整型常量，可用三种数制表示：十进制整数、十六进制整数和八进制整数。十进制数按常用的方法来表示，十六进制数前加“&H”，八进制数前加“&O”。例如：100、&H68、&O347 等。

定点常量是带小数点的正数或负数，如 3.1415、-123.456 等。

浮点常量也称为实数，分为单精度浮点常量和双精度浮点常量，它们由尾数符号、尾数、指数符号和指数四部分组成。其中尾数符号代表了浮点数的正负，尾数本身是一个浮点数，指数是整数。例如：-23.598E-5、6.37D3。

VB 在判断常量的类型时有时存在多义性。例如，值 5.34 可以是单精度类型，也可以是双精度类型或货币型。在默认情况下，VB 将选择需要内存容量最小的表示方法。如值 5.34 通常被作为单精度数处理。

2. 字符串常量

字符串常量是由双引号括起来的一串字符。例如：

```
"Basic"             ' 长度为 5 的字符串
"程序设计"           ' 长度为 4 的字符串
```

在 VB 中汉字被认为是一个字符。

3. 逻辑常量

逻辑常量只有两个：逻辑真 True 和逻辑假 False。

4. 日期常量

日期常量有多种格式，如#mm-dd-yy#。例如：#01-12-09#表示 2009 年 1 月 12 日。

4.2.2 符号常量

在 VB 程序设计中，经常会用到一些反复使用的数值。我们可以用一个符号来表示这个数，即符号常量。使用符号常量可以增加代码的可读性并方便今后程序的修改。

在程序中使用自定义的符号常量应当先使用 Const 语句说明，其语法格式为：

```
Const 符号常量名 [As 类型]=表达式[，符号常量名=表达式...]
```

例如：

```
Const PI=3.1415926
Const Str As String ="程序设计"
```

注意

① 符号常量必须以字母开头，不能包含句号或者类型声明字符，不能超过 255 个字符。
② 符号常量名不能是 VB 中的保留字，如 If、Print 等。
③ 符号常量在声明时其值已确定，在程序中不能再改变。
④ 符号常量中的字母不区分大小写，但为了与其他变量名相区别，符号常量用大写字母表示。

4.3 变　量

变量是在程序运行期间值可以变化的量。在 VB 执行应用程序期间，用变量临时存储数据。每一个变量都有一个名称，用来标识存储数值的内存单元的地址。每一个变量还要定义数据类型，以决定存储何种类型的数值。变量是内存中的临时单元，可以保留程序执行过程中的中间结果和最后结果。

4.3.1 变量的命名规则

变量名代表数据的名称，通过变量引用它所存储的值。变量的命名必须遵守如下的规则。

- 变量名由字母、数字和下划线组成。
- 变量名必须以字母（或汉字）开头，不得以数字或其他字符开头。
- 变量名最长不能超过 255 个字符。
- 变量名不能和 VB 的关键字相同，如 If、And、Mod、Len 和 Print 等。
- 变量名中不能包含空格等标点符号和类型声明字符（%、$、@、#、&、!）。

VB 不区分变量名中字母的大小写。为了便于区分，一般变量名首字母用大写字母，其余用小写字母表示。也可以大小写混合使用组成变量名，每个单词的开头字母用大写，例如：

PrintText。为了增加程序的可读性，常在变量名前加上一个表示该变量数据类型的前缀，例如：intNumber。

4.3.2 变量的数据类型

任何变量都属于一定的数据类型，包括基本数据类型和用户自定义的数据类型。VB 中变量的数据类型多达 11 种。包括 Integer（整型）、Long（长整型）、Single（单精度浮点型）、Double（双精度浮点型）、String（字符型）、Boolean（布尔型）、Date（日期时间型）、Currency（货币型）、Object（对象型）、Variant（变体型）、Byte（字节型）。变量的数据类型决定变量能够存储哪种类型的数据。

4.3.3 变量的声明

变量声明就是定义变量名称及类型。在 VB 中，可以用下面几种方式来规定一个变量的类型。

1. 显式说明

（1）声明变量时声明变量的类型

格式：

```
[Dim|Private|Static|Public|ReDim] <变量名1>[As <类型>][,<变量名2>[As <类型>]]…
```

说 明

① 语句格式中的[Dim|Private|Static|Public|ReDim]是 VB 中的关键字，不同的关键字决定了变量的作用范围和生命周期不同。这些将在后续章节中详细介绍。

② Dim: 用于在标准模块、窗体模块或过程中定义变量。注意一个 Dim 语句定义多个变量时，每个变量都要用 As 子句声明其类型，否则该变量被看作是变体类型。例如:

```
Dim Num1 as integer,Num2 as Single 'Num1定义为整型变量，Num2定义为单精度型变量
Dim Num1 ,Num2 as Single 'Num1定义为变体型变量，Num2定义为单精度型变量
```

③ Static: 一般用在过程中定义静态变量。用 Static 定义的变量在过程或函数执行结束后，它的值继续保留。而用 Dim 定义的变量在过程或函数执行结束后，变量值会被重新设置（数值变量重新设置为 0，字符串变量被设置为空）。

④ Public: 用来在标准模块中定义全局变量。定义的变量作用域为整个应用程序。

⑤ ReDim: 用于定义数组，其用法将在第 6 章中介绍。

⑥ [As <类型>]: 用来指明变量的类型。例如:

```
Dim Str1 As String            ' Str1定义为变长字符串变量
Dim Str2 As Sting*8           ' Str2定义为定长字符串变量，长度为8个字节
```

（2）使用类型说明符标识变量

把类型说明符放在变量名的末尾，可以标识不同的变量类型。类型说明符有：

- %：表示整型。
- &：表示长整型。
- !：表示单精度型。

- #：表示双精度型。
- $：表示字符串型。
- @：表示货币型。

格式：<变量名><类型符>

例如：

```
Average%        ' 定义整型变量
Myname$         ' 定义字符串型变量
Sum!            ' 定义单精度型变量
```

2. 隐式说明

未进行显示声明而通过赋值语句直接使用，或省略了[As <类型>]短语的变量，被系统默认为变体（Variant）类型。VB 允许使用未经过声明的变量，但容易造成数据运算错误，也增加了程序运行的负担，所以建议使用变量前先进行变量的类型声明。

可以规定在使用变量前，必须先用声明语句进行声明，否则 VB 将发出警告"Variable not defined（变量未定义）"，这就是强制显示声明。为实现强制显式声明变量，应在类模块、窗体模块或标准模块的声明段中，加入 Option Explicit 语句。

4.4　运算符与表达式

VB 中有丰富的运算符，包括算术运算符、关系运算符、字符串运算符、逻辑运算符。表达式是由运算符和圆括号将常量、变量和函数按一定规则组合在一起的式子。根据运算符的不同，VB 有算术表达式、关系表达式、字符串表达式、逻辑表达式。

4.4.1　算术运算符与算术表达式

1. 算术运算符

算术运算符用于简单的算术运算。它的操作对象是数值型数据。VB 有 8 个算术运算符，表 4-2 按优先级的高低列出了算术运算符。

表 4-2　算术运算符

运算符	功能	举例	优先级
^	乘方	3^2=9	1
−	负号	−5^2=−25	2
*	乘	7*8=56	3
/	除	9/6=1.5	4
\	整除	9\6=1	5
mod	求余数	5 mod 3=2	6
+	加	20+3=23	7
−	减	6−9=−3	8

表中只有"−"为单目运算符（只有一个操作数），作负号运算，其余符号均为双目运算

（两个操作数）。

VB 中的加、减、乘法运算和代数中的运算相同。除法运算有两种：浮点除法（/）和整数除法（\）。它们的区别是：浮点除法（/）执行标准除法操作，其结果为浮点数；整数除法（\）的操作数一般为整型值，当操作数带有小数时，首先被四舍五入为整型数或长整型数，然后进行整除运算，结果为整型值。例如：4/3=1.33333333333，而 4\3=1。

mod 运算符用来求余数，如果操作数为整型数，则直接运算；如果操作数带有小数，则先四舍五入取整后再求余数。例如：

```
11 mod 2=1
11.5 mod 2.4=0
```

2. 算术表达式

算术表达式是用算术运算符将运算元素连接起来的式子。VB 表达式的书写规则如下。

- 运算符不能相邻。例如，a+-b 是错误的。
- 乘号不能省略。例如，a 乘以 b 应写成 a*b。
- 括号必须成对出现，使用圆括号。
- 表达式从左至右并排书写，不能出现上下标。

4.4.2 关系运算符与关系表达式

1. 关系运算符

关系运算符也称比较运算符，用来对两个表达式的值进行比较，比较的结果为逻辑值。若关系成立返回 True，若关系不成立返回 False。在 VB 中分别用-1 和 0 表示 True 和 False。表 4-3 列出了 VB 的关系运算符。

表 4-3 关系运算符

运算符	说明	举例	结果
=	等于	"ABC"="abc"	False
<>或><	不等于	4<>3*4	True
>	大于	"abc">"ABC"	True
>=	大于等于	3>=2	True
<	小于	"abc"<"abd"	True
<=	小于等于	15+10<=15	False

关系运算符的优先级相同。

2. 关系表达式

关系表达式是用关系运算符将两个比较元素连接起来的式子。比较元素可以是变量、常量和任何表达式。比较时注意以下规则。

- 当关系表达式中的两个操作数均为数值型时，按数值的大小比较。
- 当关系表达式中的两个操作数均为日期型时，前面的日期小于后面的日期。
- 当关系表达式中的两个操作数均为逻辑型时，逻辑假大于逻辑真。

- 当关系表达式中的两个操作数均为字符型时，按字符的 ASCII 码值从左到右逐个比较，即首先比较两个字符串的第一个字符，ASCII 码值大的字符串大，若第一个字符相同，则比较第二个字符，依此类推，直到比较出大小为止。

4.4.3　逻辑运算符与逻辑表达式

1. 逻辑运算符

逻辑运算符是执行逻辑运算的运算符。逻辑运算也称布尔运算，运算结果是逻辑真（True）或逻辑假（Fasle）。VB 提供了 6 种逻辑运算符，其符号及优先级见表 4-4 所示。

表 4-4　逻辑运算符

运算符	说明	举例	结果	优先级
Not	非	Not T	False	1
And	与	F And T	False	2
Or	或	T And F	True	3
Xor	异或	（8>3）Xor （5<6）	False	3
Eqv	等价	T Eqv T	True	4
Imp	蕴含	T Imp T	True	5

2. 逻辑表达式

逻辑表达式是用逻辑运算符将逻辑变量连接起来的式子。逻辑运算规则如表 4-5 所示。

表 4-5　逻辑表达式运算规则

A	B	Not A	A And B	A Or B	A Xor B	A Eqv B	A Imp B
T	T	F	T	T	F	T	T
T	F	F	F	T	T	F	F
F	T	T	F	T	T	F	T
F	F	T	F	F	F	T	T

说明

① Not 运算是单目运算，返回操作数的相反逻辑值。

② And 是双目运算，当两个操作数都为真时，运算结果才是真，其他情况均为假。

③ Or 是双目运算，只要有一个操作数为真，运算结果就为真，只有两个操作数均为假时结果才为假。

④ Xor 是双目运算，两个操作数的逻辑值相同时，运算结果为假；当两个操作数的逻辑值不同时，运算结果为真。

⑤ Eqv 是双目运算，两个操作数的逻辑值相同时，运算结果为真；当两个操作数的逻辑值不同时，运算结果为假。

⑥ Imp 是双目运算，只有当第一个操作数为真，第二个操作数为假时，运算结果为假；其他任何情况运算结果均为真。

4.4.4 字符串运算符与字符串表达式

1. 字符串运算符

VB 的字符串运算符只有“&”和“+”两个（见表 4-6），基本功能是连接两个字符串。两者的区别是：“&”运算符用来强制两个表达式作字符串连接，而“+”运算符既可以作字符串连接又可以进行加法运算。

表 4-6 字符串运算符

运算符	说明	举例	结果
&	字符串连接	"Micro" & "soft"	Microsoft
+	字符串连接、计算和	"100"+123	223

2. 字符串表达式

字符串表达式是用字符串运算符将字符型变量连接起来的式子。运算时应注意：

①“&”用作强制字符串连接，即两边的表达式无论是字符型还是数值型，均先转换成字符型，然后再连接。使用运算符“&”时，变量与运算符“&”之间要留有一个空格。因为“&”既是字符串连接符，又是长整型的类型符，当变量名和符号“&”连在一起时，VB 首先把&作为类型符号处理，因此会出现错误。

②“+”可以作为数值连接，如果被连接的表达式中有一个是数字字符串，另一个是数值型数据则进行加法运算。如果一个操作数为数值型，另一个为字符型数据，运行时报错。

例如：

```
"123"+"456"        ' 结果为“123456”
"123"+456          ' 结果为 579
"123"+"abc"        ' 结果为“123abc”
123+"abc"          ' 报错
"123" & "456"      ' 结果为“123456”
"123" & 456        ' 结果为“123456”
"123" & "abc"      ' 结果为“123abc”
123 & "abc"        ' 结果为“123abc”
```

4.4.5 表达式的执行顺序

一个表达式中可能含有多种运算符，系统会按照预先确定的顺序进行计算，这个顺序称为运算符的优先顺序。

VB 的优先顺序（从高到低）如下：

算术运算→字符串运算→关系运算→逻辑运算

1）算术运算符的优先顺序如下：

^（乘方）→ -（负号）→ *，/ → \（整除）→ mod（求余）→ +，-

2）字符串运算符“&”和“+”的优先级相同，按从左到右顺序进行。

3）关系运算符的优先级相同，按从左到右顺序进行。

4）逻辑运算符的优先顺序如下：

Not → And → Or → Xor → Eqv → Imp

注 意 

如果表达式中操作数具有不同的数据精度，则将较低精度转换为操作数中精度最高的数据精度。

4.5　常用内部函数

VB 提供了大量的内部函数，用来完成各种功能的运算。内部函数在表达式中调用。

调用格式：

函数名([参数表])

说 明 

① 函数名是系统规定的函数名称。

② 参数表是函数的参数。参数的个数、排列次序和数据类型应当与系统规定的函数参数完全相同。

③ 函数具有返回值，应当注意函数返回值的类型。

VB 系统为用户提供了数学函数、字符串函数、日期函数、类型转换函数、测试函数、格式输出函数、颜色函数和路径函数。本节仅介绍常用的内部函数的格式与功能，其他内部函数可查阅帮助。

4.5.1　数学函数

数学函数用于各种数学运算，包括三角函数、开方函数、指数函数、取整函数等。常用的数学函数见表 4-7。

表 4-7　常用数学函数

函 数 名	功 能	返回值类型	举 例
Abs(x)	返回 x 的绝对值	与 x 相同	Abs(−3.04)=3.04
Exp(x)	返回以 e 为底、以 x 为指数的值	Double	Exp(2)=7.389
Log(x)	返回 x 的自然对数	Double	Log(10)=2.3
Sgn(x)	返回 x 的符号	Integer	Sgn(−5)=−1，Sgn(0)=0，Sgn(5)=1
Sqr(x)	返回 x 的平方根（x>=0）	Double	Sqr(2)=1.414
Int(x)	返回不大于 x 的最大整数	Integer	Int(−32.65)=−33
Fix(x)	返回 x 的整数部分	Integer	Fix(−32.65)=−32
Cint(x)	四舍五入取整	Integer	Cint(99.8)=100
Rnd(x)	产生一个 0～1 之间的随机数	Double	Rnd　产生 0～1 之间的数
Sin(x)	返回 x 的正弦值	Double	Sin(0)=0，x 为弧度
Cos(x)	返回 x 的余弦值	Double	Cos(0)=1，x 为弧度
Tan(x)	返回 x 的正切值	Double	Tan(0)=0，x 为弧度
Atn(x)	返回 x 的反正切值	Double	Atn(0)=0，x 为弧度

说 明

① X 可以是数值型常量、数值型变量，返回值是数值型常量的函数和算术表达式，而且数值函数的返回值仍然是数值型常量。

② 三角函数的自变量 x 是以弧度为单位的，如果以角度给出，可以用下面的公式进行转换：1 度=π/180=3.14159/180（弧度）。

③ 用 Rnd 函数可以产生随机数，但是如果程序不断地使用随机数时，同一序列的随机数会反复出现，可以用随机数种子来消除这种情况。其语法格式为：Randomize（x），其中 x 是一个整型数，它是随机数发生器的“种子数”可以省略。

④ 函数的验证可以在立即窗口中进行。

4.5.2　字符串函数

VB 系统提供了丰富的字符串函数，使用十分方便灵活，给编程中的字符处理带来极大的方便。常用的字符串函数如表 4-8 所示。

表 4-8　常用字符串函数

函 数 名	功　能	返回值类型	举　例
Ltrim(C)	删除字符串左边的前导空格	String	Ltrim(" 123")="123"
Rtrim(C)	删除字符串右边的尾随空格	String	Rtrim("123 ")="123"
Trim(C)	删除字符串的前导和尾随空格	String	Trim(" 123 ")="123"
Left(C,N)	从字符串的左边取出 N 个字符	String	Left("abc",2)= "ab"
Right(C,N)	从字符串的右边取出 N 个字符	String	Right("abc",2)= "bc"
Mid(C,M,[N])	从字符串的 M 位开始向右边取出 N 个字符	String	Mid("abc",2,2)= "bc"
Len(C)	返回字符串的长度	Integer	Len("abc")=3
Instr(C1,C2)	返回字符串 2 在字符串 1 中的位置	Integer	Instr("abc","bc")=2
Space(N)	返回 N 个空格字符组成的字符串	String	Space(3)= " "
String(N,C)	返回 N 个指定字符组成的字符串	String	String(5, "#")="#####"
Lcase(C)	返回以小写字母组成的字符串	String	Lcase("AbC")="abc"
Ucase(C)	返回以大写字母组成的字符串	String	Ucase("AbC")="ABC"
StrComp(C1,C2,[M])	字符串 1<字符串 2，返回-1 字符串 1=字符串 2，返回 0 字符串 1>字符串 2，返回 1	Integer	StrComp("abc","abd")=-1

说 明

① C 可以是字符型常量、字符型变量，函数的返回值可以是字符型常量也可以是数值型常量。

② VB 中字符串长度是以字为单位的，也就是每个西文字符和每个汉字字符都作为一个字，在内存中占两个字节。Len（C）函数就是以字符个数为长度单位的。

4.5.3　日期和时间函数

日期和时间函数主要用来测试和设置系统的日期和时间，表 4-9 给出了常用的日期和时间函数。

表 4-9　常用的日期时间函数

函数名	功能	返回值类型	举例
Date[()]	返回计算机系统当前的日期（年-月-日）	Date	Date=2011-10-25
Day(D)	返回月中的第几日（1～31）	Integer	Day(now)=25
Hour(D)	返回小时（0～23）	Integer	Hour(#5:12:17 PM#)=17
Month(D)	返回月份（1～12）	Integer	Month(#2011/11/1#)=11
Year(D)	返回年份（yyyy）	Integer	Year(#2011/11/1#)=2011
Now[()]	返回系统的日期和时间	Date	Now=2011-10-26 11:12:36
Time[()]	返回系统的当前时间	Date	Time()=11:12:36
WeekDay(D)	返回星期几（1～7），1 表示星期天	Integer	WeekDay(#2011/11/1#)=3

4.5.4　类型转换函数

转换函数主要用于数值型数据与字符型数据之间的转换。表 4-10 给出了常用的类型转换函数。

表 4-10　常用类型转换函数

函数名	功能	返回值类型	举例
Asc(C)	返回 C 的第一个字符的 ASCII 码值	Integer	Asc("A")=65
Chr(N)	返回 ASCII 对应的字符	String	Chr(67)= "C"
Str(N)	将数值型转换成字符型	String	Str(123)= "123"
Val(C)	将字符型转换成数值型	Integer	Val("98.66")=98.66

4.5.5　其他函数

除了上面介绍的常用函数外，VB 中还有一些常用的测试函数、与文件有关的函数等。表 4-11 给出的是一些常用的测试函数和其他函数。

表 4-11　常用测试函数和其他函数

函数名	功能	返回值类型	举例
VarType(V/E)	测试变量或表达式的类型，返回是数值	Long	VarType(a%)=2
TypeName(V/E)	测试变量或表达式的类型，返回是类型名	String	TypeName(a%)=Integer
IsArray(E)	测试变量或表达式是否为数组	Boolean	Dim A(10) IsArray(A)=True
IsDate(E)	测试变量或表达式是否为日期型	Boolean	IsDate(2009-1-1)=False
IsNumeric(E)	测试变量或表达式是否是数值型	Boolean	IsNumeric("123"+345)=True
Eof()	测试文件的指针是否到了文件尾	Boolean	
Ubound(A,[n])	返回一个指定数组维可用的最大上标	Long	
Lbound(A,[n])	返回一个指定数组维可用的最小下标	Long	

4.6 Visual Basic 基本语句

4.6.1 Visual Basic 的语句和编码规则

VB 中的一行代码称为一条程序语句，简称语句。语句是执行具体操作的指令。程序语句是由 VB 关键字、属性、函数、运算符以及能够生成 VB 编辑器可识别指令的符号的任意组合。例如：

```
<变量名>=InputBox(<提示内容> [,<对话框标题>] [,<默认内容>])
```

一个完整的语句可以简单到只有一个关键字。例如：

```
End                 '结束语句
```

1. 语句格式的符号约定

语句格式中有一些符号约定如下。

- [ ]：用户可选项，括号内的内容可写可不写。
- <>：用户必选项，括号内的内容必须由用户来写。
- |：任选其一项，竖杠两边的参数，选择其中一个。
- {}：任选其一项，括号内的多个参数，选择其中一个。

2. 编码规则

VB 语言和任何程序设计语言一样，编写代码时都有一定的书写规则，其主要规则如下。

（1）VB 的标识符

标识符是一个字符序列，是用户定义的名字，包括常量名、变量名、控件名、自定义的过程名和函数名等。用户通过标识符对相应的对象进行操作。标识符的定义应做到"简单明了，见名知意"。标识符的使用应符合以下规则。

- 不能使用关键字。关键字又称保留字，是语法上有固定意义的字母组合。包括：命令名、函数名、数据类型名、属性名、方法名、事件名和系统提供的标准过程名等。例如：Print、Sin、String、Name、Move、Active 和 Static 等。
- 变量名、函数名和过程名的字符数应不超过 255 个，控件名、窗体名和模块名在 40 个字符内，以字母开头，允许有字母、数字和下划线。VB 允许使用汉字作为标识符。
- 标识符中不能出现空格、逗号、分号等。

（2）VB 代码中不区分字母的大小写

- 对于 VB 中的关键字，首字母总被转换成大写，其余字母被转换成小写。
- 若关键字由多个英文单词组成，系统自动将每个单词首字母转换成大写。
- 对于用户自定义的变量、过程名，VB 以第一次定义的为准，以后输入的自动向首次定义的转换。

（3）语句书写自由

- 在同一行上可以书写多条语句，语句间用冒号"："分隔。
- 一行长语句可分若干行书写，只需在本行后加入续行符（空格和下划线"_"）。

- 一行允许多达 1023 个字节。
- VB 源程序也接受行号与标号，但这不是必须的。标号是以字母开始而以冒号结束的字符串。

（4）语句中可以使用注释

程序注释是对编写的代码加以说明和注解。在程序中使用注释非常有用，可以说明代码的功能或所声明的变量的用途，既方便了程序员自己阅读修改程序，也为今后阅读此程序提供了方便。

4.6.2　赋值语句

赋值语句是 VB 中最基本、最常用的语句。赋值语句可为变量提供数据，还可以设置对象的属性。

格式：[Let] 变量名=表达式

[Let] [对象名.]属性名=表达式

功能：先计算表达式的值，再将其值赋给变量或指定对象的属性。

说　明

① Let 是赋值语句的关键字，是可选项，通常省略。

② 表达式可以是变量（简单变量或下标变量）、常量、函数和表达式。

③ 赋值语句兼有计算与赋值双重功能。“=”与代数式中的等号不同，它是赋值号。例如：A=A+1 表示将变量 A 的值加上 1 再赋给 A 变量。

④ 赋值语句中的“=”与关系运算符中的“=”不同，赋值运算符左边只能是一个变量，而不能是表达式，执行的是给变量赋值的操作；关系表达式中的“=”可以出现在表达式中的任何位置，用来判断两边的值是否相等。例如：

```
A=3=6
```

第一个“=”是赋值号，第二个“=”是关系运算符，该语句先比较 3 是否等于 6，再把结果“False”赋给变量 A。

⑤ 赋值号两边的数据类型必须一致。例如，同时为数值型或同时为字符型。当同时为数值型但精度不相同时，强制转换成左边的精度。例如：

```
A%=3.14     ' A是整型变量，所以A的值为3
```

⑥ 当表达式和变量的类型不同时，会出现编译错误。

赋值语句举例：

```
MyName="John"
Form1.caption="程序举例"
A=128
```

4.6.3　注释语句

注释语句用于在代码中添加注释。仅对程序的有关内容起注释作用，它不被编译，也不执行，只是为了方便开发者提高程序的可读性。VB 提供了两种添加注释的方法。

格式一：Rem 注释内容

格式二：'注释内容

功能：用于在程序中为语句添加注释和说明。

说明

① 采用格式一的注释语句可以作为单独的一个语句行，也可以放在其他语句的后面，之间用冒号隔开；采用格式二的注释语句可以作为单独的一个语句行，也可以直接放在其他语句的后面。

② 注释语句不能放在续行符的后面。

注释语句举例：

```
Private Sub Command1_Click() : Rem 单击命令按钮
```

或

```
' 打印功能
Private Sub MyPrint_Click()
```

4.6.4 结束语句

End 语句用来结束一个程序的执行。

格式：End

功能：终止当前程序的执行，重置所有变量，并关闭所有数据文件。

① End 语句提供的是一种强迫中止程序的方法。在过程中关闭代码执行、关闭以 Open 打开的文件并清除变量，停止程序执行。

② End 可以放在过程中的任何位置。

4.6.5 过程终止语句

Stop 语句用来暂停程序的执行。使用 Stop 语句，就相当于在程序代码中设置断点，类似于执行“运行”菜单中的“中断”命令。当执行 Stop 语句时，将自动打开立即窗口。

格式：Stop

功能：暂时停止程序的执行。

① Stop 语句用来暂停程序的执行，不关闭任何文件或清除任何变量。

② Stop 语句可放在程序的任何地方，相当于设置断点。

③ 在调试程序时常用 Stop 语句设置断点，以便对程序进行检查和调试。但是经 VB 系统编译后的可执行文件运行时，该功能失效。因此程序结束后，生成可执行文件之前，应删去代码中的所有 Stop 语句。

4.6.6 数据输入语句

VB 利用 InputBox 函数实现数据的输入。InputBox 函数产生一个能接收用户输入的对话框，等待用户输入数据，并返回用户在对话框中输入的信息。在默认情况下，InputBox 的返回值是一个字符串。

格式：

```
InputBox(<提示内容> [,<对话框标题>] [,<默认内容>][,<X 坐标位置,Y 坐标位置>])
```

功能：产生一个对话框，等待用户输入数据，并返回输入的内容。

说 明

① <提示内容>是一个字符串，最大长度为 1024 个字符。它是在对话框中显示提示信息，用来提示用户输入。提示信息可以自动换行，如果想按自己的要求换行，需要在每行末使用回车符（Chr（13））和换行符（Chr（10））或字符常量 vbCrLf。

② <对话框标题>是一个字符串，用来在对话框标题栏上显示对话框的标题。如果省略标题，则把应用程序名显示在标题栏中。

③ <默认内容>是字符串，是显示在文本框中的信息。如果用户没有输入任何信息，则可用此字符串作为输入的内容。如果省略<默认内容>，则文本框为空。

<X 坐标位置，Y 坐标位置>是整型表达式，用来指定对话框在屏幕上的位置。X 坐标位置指定对话框的左边与屏幕左边的水平距离，Y 坐标位置指定对话框的上边与屏幕上边的垂直距离。如果省略该项，则对话框在水平方向居中，在垂直方向距下边大约三分之一处。

注 意

① 函数中的各项参数的次序必须一一对应，除了<提示内容>不可省略，其余各项均可省略。如果省略某个参数，必须加入相应的逗号分隔。

② 每执行一次 InputBox 函数，只能输入一个数据。

③ InputBox 函数的返回值是一个字符串，程序中如果需要数值型数据，必须用 Val 函数转换，否则可能得到不正确的结果。

【例 4.1】 使用 InputBox 函数，接收用户输入的数据。

程序代码如下：

```
Private Sub Form_Click()
    Dim Msg1 As String, Msg2 As String, Msg As String
    Msg1 = "请输入你的学校："
    Msg2 = ""
    Msg = Msg1 + Chr(13) + Chr(10) + Msg2
    Title$ = "InputBox 函数的例子"
    D$ = "石家庄铁道大学"
    MyValue$ = InputBox(Msg, Title, D$)
    Print MyValue$
End Sub
```

运行程序，单击窗体，结果如图 4-1 所示。

说 明

该过程建立一个输入对话框，对话框中默认显示的内容为“石家庄铁道大学”，用户如需更改，直接键入学校名称即可，如选用默认值，则直接单击“确定”按钮或按 Enter 键。InputBox 函数接收文本框中的字符串，并返回该字符串把它赋给变量 MyValue$，然后在窗体上显示变量的值。

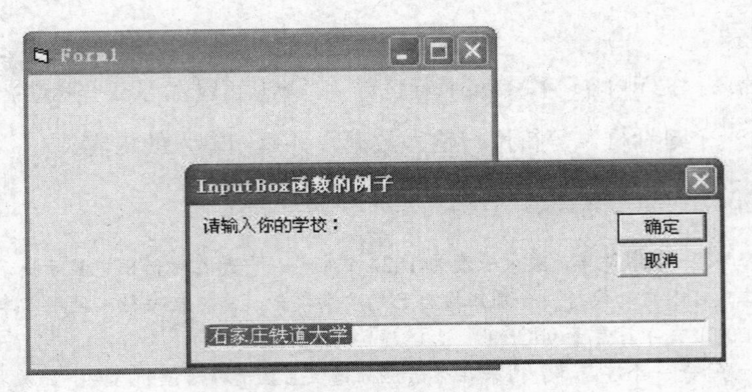

图 4-1 运行结果

4.6.7 输出语句

1. Print 方法

格式：［<对象名称>.］Print[<表达式表>]［,|;］

功能：在指定对象上显示<表达式表>中各元素的值。

说 明

① <对象名称>可以是窗体（Form）、立即窗口（Debug）、图片框（PictureBox）、打印机（Printer）。如果省略“对象名称”，则在当前窗体中输出。

② <表达式表>是一个或多个表达式，可以是数值表达式、字符串表达式、关系表达式和逻辑表达式，各表达式之间用逗号或分号间隔。如果省略此项则输出一个空行。

③ Print 方法的显示格式有标准格式和紧凑格式两种。用“,”表示标准输出格式，用“;”表示紧凑输出格式。标准格式是以 14 个字符位置为单位，把一个输出行分为若干个区段，每个输出项占一个区段的位置。紧凑格式输出时，对于数值型数据，前面有一个符号位，后面有一个空格；对于字符串，各个数据项之间没有间隔。例如：

```
Print "标准格式："
Print 1,2,3,4
Print
Print "紧凑格式："
Print 1; 2; 3; 4
```

输出结果为：

```
标准格式：
 1             2             3             4
紧凑格式：
 1  2  3  4
```

④ 每执行一次 Print 要自动换行。如果不同的 Print 方法想在同一行上输出，则可在上一个 Print 方法的最后一个表达式后加上“,”或“;”。例如：

```
Print "姓名：";
Print "程浩"
```

```
Print "成绩：",
Print 86
```

输出结果为：

```
姓名：程浩
成绩：        86
```

2. 与 Print 方法有关的函数

（1）Tab 函数

格式：Tab（n）

功能：把要显示或打印的位置移到由参数 n 指定的列上。要输出的内容放在 Tab 函数后面，并用分号隔开。

例如：Print Tab（5）;"姓名" ;Tab（15）";年龄"

输出时将在第 5 个字符位置输出“姓名”，在第 15 个字符位置输出“年龄”。

（2）Spc 函数

格式：Spc（n）

功能：在输出中插入 n 个空格。

例如：Print Tab（5）; "姓名 ";Spc（10）; "年龄"

输出时将在第 5 个字符位置输出“姓名”，然后跳过 10 个空格，输出“年龄”。

（3）Space 函数

格式：Space（n）

功能：返回 n 个空格。

例如：Print　"Hello ";Space（5）; "Word！"

输出时将在字符串“Hello”和“World！”之间插入 5 个空格。

3. 格式输出

在 Print 方法中可以使用格式输出函数 Format 将数据按用户指定的格式输出。

格式：Format$（表达式，格式字符串）

功能：按“格式字符串”指定的格式输出“表达式”的值。

说 明

① 表达式可以是数值表达式、日期表达式或字符串表达式。

② “格式字符串”是一个字符串常量或变量，它由一些专门的格式说明字符组成，这些字符决定数据项的显示格式，并指定显示区段的长度。格式说明字符如表 4-12 所示。

表 4-12　格式说明字符

字　符	功　能	字　符	功　能
#	数字，不在前面或后面补 0	%	数值乘 100，加百分比符号
0	数字，在前面或后面补 0	$	加美元符号
.	加小数点	+,−	在数值前强行加正、负号
,	加千位分隔符	E+,E−	用指数形式显示

注意

“#”和“0”的个数决定了显示区段的长度。如果要显示的数值的位数小于格式字符串指定的区段长度，则数值靠区段左端显示，如果使用“#”格式符，多余的位数不补 0，如果使用“0”格式符，多余的位数补 0。如果要显示的数值的位数大于格式字符串指定的区段长度，则数值按实际长度输出。如果小数部分的位数多于格式字符串的位数，则按四舍五入显示。

例如：

```
Print Format(3.1415, "#####.###")
' 输出结果为：3.142
Print Format(3.1415, "000.00")
' 输出结果为：003.14
Print Format(3.1415, "000,000.000")
' 输出结果为： 000,003.142
Print Format(3.1415, "00.0%")
' 输出结果为： 314.2%
Print Format(3.1415, "00.000E-00")
' 输出结果为：31.415E-01
```

在 Print 方法中也可将日期时间、字符串按指定格式输出。例如：

```
Format(#November 10, 2009#,"mm-dd-yyyy")
' 输出结果为：11-10-2009
Format(now, "h:m:s")
' 输出结果为：18:24:9
Format("HELLO","<")
' 输出结果为：hello
```

日期和时间格式符与常用字符串格式符可查阅帮助，在此不再赘述。

4.6.8 MsgBox 函数

MsgBox 函数用于向用户发布提示信息，要求用户做出必要的响应。

1. MsgBox 函数

格式：<变量名>＝MsgBox（<消息内容> [,<对话框类型>] [,<对话框标题>]）

功能：产生一个对话框，在对话框中给出相应的提示和操作按钮，用户可以选择，系统接收后继续执行相应的操作。MsgBox 函数返回一个与所选按钮对应的整数。

说明

① <消息内容>是一个字符串，用于对话框内显示的信息。

② <对话框标题>是一个字符串，是对话框的标题。

③ <对话框类型>指定对话框中出现的按钮和图标，一般有 3 个参数，分别表示按钮数目、图标类型和缺省按钮。参数值可以相加以达到所需要的样式。各项参数含义如表 4-13 所示。

表 4-13　对话框类型的参数取值

分　组	整 数 值	符号常量	含　义
按钮数目	0	vbOkOnly	显示“确定”按钮
	1	vbOkCancle	显示“确定”、“取消”按钮
	2	vbAbortRetryIgnore	显示“终止”、“重试”、“忽略”按钮
	3	vbYesNoCancel	显示“是”、“否”、“取消”按钮
	4	vbYesNo	显示“是”、“否”按钮
	5	vbRetryCancel	显示“重试”、“取消”按钮
图标类型	16	vbCritical	显示停止图标
	32	vbQuestion	显示问号图标
	48	vbExclamation	显示感叹号图标
	64	vbInformation	显示信息图标
默认按钮	0	vbDefaultButton1	第一个按钮是默认值
	256	vbDefaultButton2	第二个按钮是默认值
	512	vbDefaultButton3	第三个按钮是默认值
	768	vbDefaultButton4	第四个按钮是默认值

MsgBox 函数等待用户单击按钮，返回一个整数，告诉用户单击了哪一个按钮。返回值见表 4-14 所示。

表 4-14　MsgBox 函数返回值

操　作	符 号 常 量	返 回 值
单击“确定”按钮	vbOk	1
单击“取消”按钮	vbCancle	2
单击“终止”按钮	vbAbort	3
单击“重试”按钮	vbRetry	4
单击“忽略”按钮	vbIgnore	5
单击“是”按钮	vbYes	6
单击“否”按钮	vbNo	7

2. MsgBox 语句

格式：MsgBox <消息内容> [,<对话框类型>] [,<对话框标题>]

功能：产生一个对话框，在对话框中给出相应的提示和操作按钮，用户可以选择，系统接收后继续执行相应的操作。

说 明

如果不需要返回值，可以使用 MsgBox 语句，常用于较简单的信息显示。

【例 4.2】 设计一个用户名和密码的检验程序。

要求：用户名不超过 6 位字符，密码不超过 4 位。如果输入错误，允许重新输入。密码输入时字符以“*”代替。若输入的密码有误，弹出提示信息。如果单击“重试”按钮则允许再次输入；单击“取消”按钮则程序停止运行。假设用户名为：admin，密码为：yyyy。

（1）程序界面设计

新建一个工程，在窗体上添加两个标签、两个文本框和一个命令按钮。界面如图 4-2 所示，属性设置如表 4-15 所示。

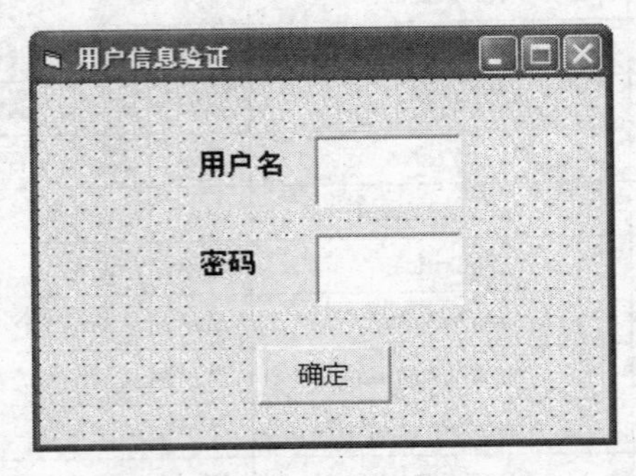

图 4-2　界面设计

表 4-15　程序中对象的属性设置

对　象	名　称	属　性	属 性 值
窗体	Form1	Caption	用户信息验证
标签	Label1	Caption	用户名
		Font	黑体、小四号
标签	Label2	Caption	密码
		Font	黑体、小四号
文本框	Text1、Text2	Text	空
命令按钮	Command1	Caption	确定

（2）代码设计

```
Private Sub Form_Load()
    Text1.MaxLength = 6                  ' 设置输入用户名的文本框中最多 6 位字符
    Text2.MaxLength = 4                  ' 设置输入密码的文本框中最多 4 位字符
    Text2.PasswordChar = "*"
End Sub

Private Sub Text1_LostFocus()
    If Text1.Text <> "admin" Then
        MsgBox "用户名错误！", vbExclamation, "输入用户名"
        Text1.Text = ""
        Text1.SetFocus
    End If
End Sub

Private Sub Command1_Click()
    Dim I As Integer
    If Text2.Text <> "yyyy" Then
        I = MsgBox("密码错误", vbRetryCancel + vbExclamation, "输入密码")
```

```
            If I <> 4 Then                ' 返回值为 4 时，表明单击的是"重试"按钮
                End
            Else
                Text2.Text = ""
                Text2.SetFocus
            End If
        End If
    End Sub
```

运行程序，结果如图 4-3 所示。

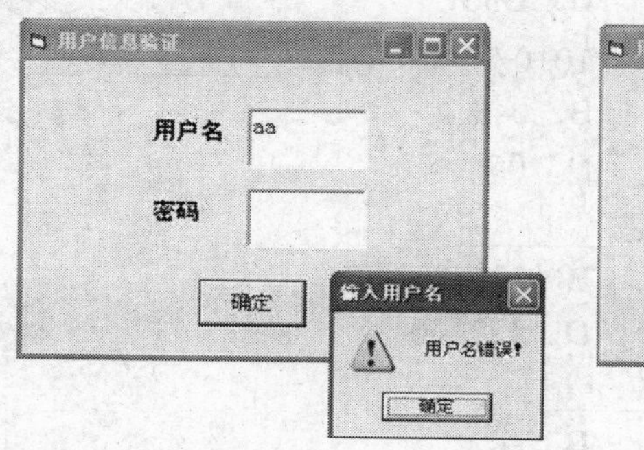

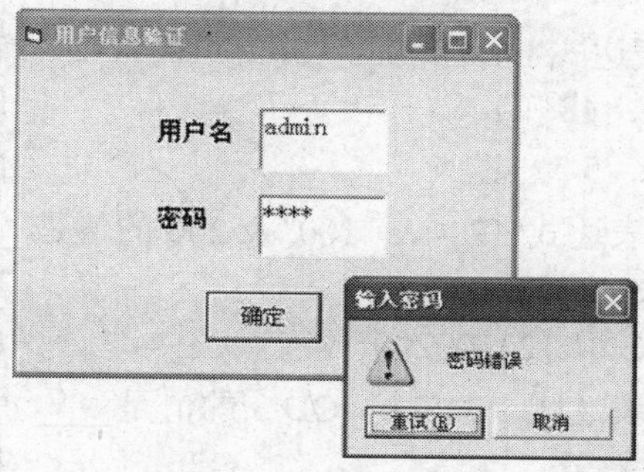

图 4-3　运行结果

4.7　习　　题

1. 选择题

（1）下列叙述中不正确的是________。

A．变量名的第一个字符必须是字母

B．变量名的长度不超过 255 个字符

C．变量名可以包含小数点或者内嵌的类型声明字符

D．变量名不能使用关键字

（2）按变量名的定义规则，________是不合法的变量名。

A．Mod　　B．Mark_2

C．tempVal　　D．Cmd

（3）可作为字符串常量的是________。

A．m　　B．#01/01/99#

C．" m"　　D．True

（4）可作为日期常量的是________。

A．"2/1/02"　　B．22/1/02　　C．#2/1/02#　　D．{2/1/02}

（5）下列符号常量的声明中，不合法的是________。

A．Const a As Single=1.1　　B．Const a As Integer="12"

C．Const a As Double=Sin（1）　　D．Const a="OK"

（6）声明一个长度为 256 个字符的字符串变量 mstr，应使用声明语句是________。

A．Dim mstr　　B．Dim mstr（256）As String

C．Dim mstr As String * 256　　D．Dim mstr As String[256]

（7）VB 认为下面________组变量是同一个变量。

A．A1 和 a1　　B．Sum 和 Summary

C．Aver 和 Average　　D．A1 和 A_1

（8）在 VB 中，下面 4 个数据，数据形式错误的是________。

A．3.456#　　B．236!

C．1.23D-23　　D．D36

（9）表达式 Int（8*Sqr（36）*10^（-2）*10+0.5）/10 的值是________。

A．48　　B．048

C．5　　D．05

（10）表达式"123" & "100" & 200 的值是________。

A．423　　B．123100200

C．“123100200”　　D．123300

（11）表达式 3\3*3/3 MOD 3 的值是________。

A．1　　B．-1

C．3　　D．-3

（12）表示“身高 H 超过 1.7 米且体重 W 小于 62.5 公斤”的布尔表达式为________。

A．H>=1.7 And W<=62.5　　B．H<=1.7 Or W>=62.5

C．H>1.7 And W<62.5　　D．H>1.7 Or W<62.5

（13）Int（100*Rnd（1））产生的随机整数的闭区间是________。

A．[0，99]　　B．[1，100]

C．[0，101]　　D．[1，99]

（14）求一个三位正整数 N 的十位数的方法是________。

A．Int(N/10)−Int(N/100)*10　　B．Int (N/10)−Int(N/100)

C．N−Int(N/100)*100　　D．Int(N−Int(N/100)*100)

（15）函数 Right（" Beijing",4）的值是________。

A．Beij　　B．jing

C．eiji　　D．ijin

（16）函数 Mid（" SHANGHAI",6,3）的值是________。

A．SHANGH　　B．SHA

C．ANGH　　D．HAI

（17）在一个语句行内写多条语句时，语句之间应该用________分隔。

A．逗号　　B．分号

C．顿号　　D．冒号

（18）在 VB 中，注释语句使用________符号来标志。

A．#　　B．*

C．'　　D．@

2. 填空题

（1）一元二次方程 ax2+bx+c=0 有实根的条件是：a≠0，并且 b2−4ac≥0。表示该条件的表达式是__________。

（2）关系式 x≤−5 或 X≥5 所对应的表达式是__________。

（3）假设 x 是正实数，对 x 保留两位小数，第 3 位四舍五入的表达式是__________。

（4）设 A=3.5，B=5.0，C=2.5，D=TRUE，则表达式 A>0 AND A+C>B+3 OR NOT D 值为__________。

（5）表达式(Int(−21.2)+ABS(−21.2)+SGN(21.2))\21 的值为__________。

（6）表达式 Int(Rnd(0)+1)+Int(Rnd(1)−1)的值是__________。

（7）函数 Len（Str（Val（"123.4"）））的值是__________。

（8）有如下程序：

```
A$ = "12"
B$ = "34"
C$ = A$ + B$
D = Val(C$)
Print  D \ 10
```

运行后输出结果是__________。

（9）执行下面程序后，输出结果是__________。

```
X=9^2 MOD 4^3\3^2
PRINT " X=";X
```

（10）以下语句的输出结果是__________。

```
Print Format$(6879.6,"000,000.00")
```

3. 简答题

（1）VB 提供了哪些标准数据类型？其类型关键字分别是什么？其相对应的类型符又是什么？

（2）VB 中系统常量分为哪几类？

（3）什么是符号常量？使用符号常量有什么好处？

（4）表达式分为哪几类？各种表达式的优先顺序是什么？

（5）可以利用哪些控件实现数据的输出？还可以采用什么方法输出数据？

4. 编程题

（1）编写程序，输入三角形的三条边长，计算三角形的面积。要求：使用 InputBox 输入三角形的边长，当输入−1 时结束程序。

（2）输入长方体的长、宽、高，求长方体的表面积和体积。要求：允许重复计算，但清除原来的数据时要利用 MsgBox 进行提醒。

第5章 Visual Basic 程序设计结构

本章重点

☑ If 语句、Select Case 语句的使用。
☑ For-Next、Do While-Loop 和 Do Loop-While 语句的使用。
☑ 多重选择结构及循环嵌套的编程。
☑ 累加、连乘、最大（小）值等算法。

本章难点

☑ Do While-Loop 和 Do Loop-While 语句的使用。
☑ 各种嵌套的编程。

程序流程的控制是通过有效的控制结构来实现的，结构化程序设计有 3 种基本控制结构：顺序结构、选择结构和循环结构。由这 3 种基本结构还可以派生出“多分支结构”，即根据给定条件从多个分支路径中选择执行其中的一个。本章主要介绍顺序结构、选择结构和循环结构。

5.1 顺序结构

顺序结构的特点是：程序按照语句在代码中出现的顺序自上而下地执行；每一条语句都被执行，而且只能被执行一次。顺序结构流程图如图 5-1 所示。顺序结构是程序设计中最简单的一种结构。在顺序结构中，常用 InputBox、Text 文本框对数据进行输入，用标签控件、文本框控件和 Msgbox 语句进行输出和提示。

【例 5.1】 编一程序，当程序运行时从键盘输入两种商品的单价及购买数量，计算并输出购物总价。

（1）程序界面设计

新建工程，在窗体中添加 6 个标签、5 个文本框和一个按钮。界面如图 5-2 所示，属性设置如表 5-1 所示。

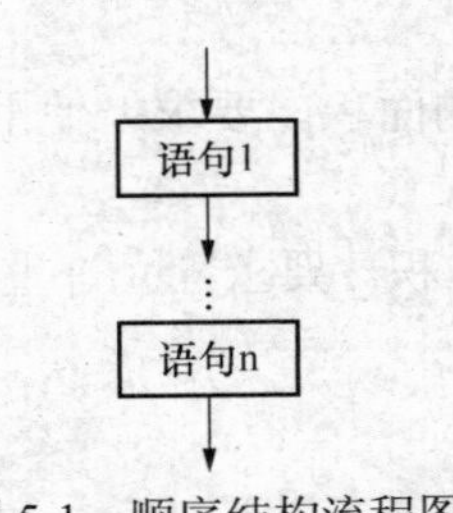

图 5-1 顺序结构流程图

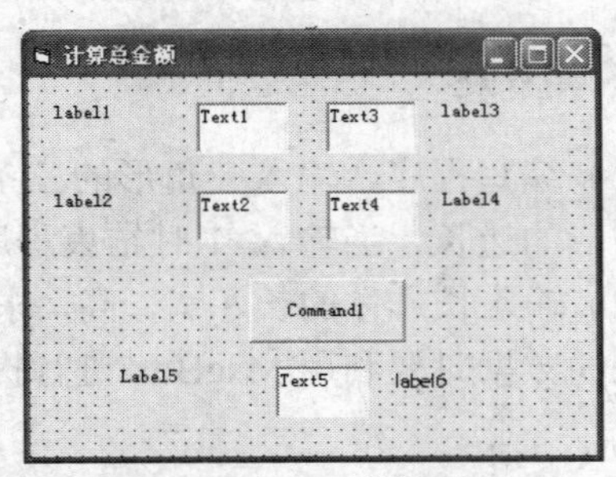

图 5-2 例 5.1 设计界面

表 5-1 例 5.1 对象的属性值

对 象	名称（Name）	属 性	属性值
窗体	Form1	Caption	计算总金额
标签	Label1	Caption	牛奶单价
标签	Label2	Caption	大米单价
标签	Label3	Caption	袋
标签	Label4	Caption	斤
标签	Label5	Caption	总金额
标签	Label6	Caption	元
文本框	Text1	Text	空
	Text2		
	Text3		
	Text4		
	Text5		
命令按钮	Command1	Caption	计算

（2）代码设计

```
Private Sub Command1_Click()
    Dim x As Single, y As Single
    x = Val(Text1.Text) * Val(Text3.Text)
    y = Val(Text2.Text) * Val(Text4.Text)
    Text5.Text = x + y
End Sub
```

运行程序，分别输入 1、12、1.2、25，单击“计算”按钮，结果如图 5-3 所示。

【例 5.2】 编一程序，程序运行前，窗体上显示“欢迎使用 VB6.0”，当程序运行后，单击命令按钮时，窗体上显示“请跟我学习 VB 程序设计”。

（1）程序界面设计

新建工程，在窗体中添加一个标签和一个按钮。界面如图 5-4 所示，属性设置如表 5-2 所示。

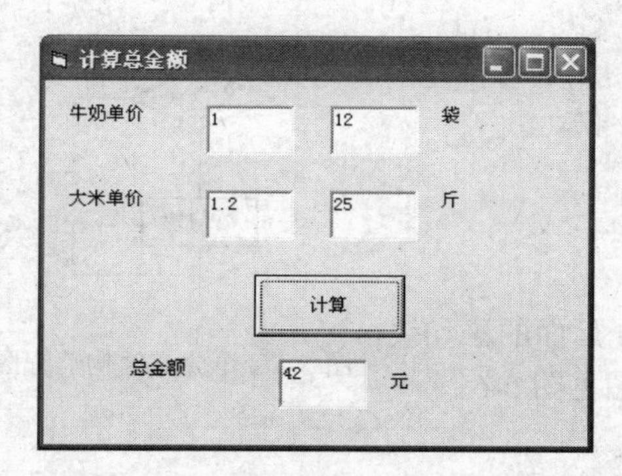

图 5-3 例 5.1 运行效果

图 5-4 例 5.2 设计界面

表 5-2 例 5.2 对象的属性值

对 象	名称（Name）	属 性	属性值
窗体	Form1	Caption	窗体显示
标签	Label1	Caption	欢迎使用 VB6.0
		Font	楷体、加粗、二号
		Forecolor	蓝色
命令按钮	Command1	Caption	切换

（2）代码设计

```
Private Sub Command1_Click()
    Label1.Caption = "请跟我学习 VB 程序设计"
    Label1.FontSize = 16
    Label1.FontBold = True
    Label1.FontName = "宋体"
End Sub
```

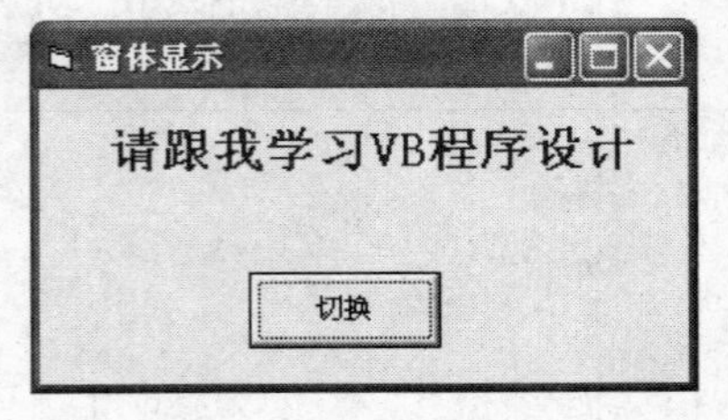

图 5-5 例 5.2 运行效果

运行程序，单击“切换”按钮，结果如图 5-5 所示。

5.2 选 择 结 构

选择结构，即根据所选择条件为真(即判断条件成立)与否，做出不同的选择，从各实际可能的不同操作分支中选择一个且只能选一个分支执行。此时需要对某个条件做出判断，根据这个条件的具体取值情况，决定执行哪个分支操作。

VB 中的选择结构语句分为 If 语句和 Select Case 语句两种。

5.2.1 If 条件语句

If 语句有多种形式，分为单分支、双分支和多分支等。

1. if…then 语句（单分支结构）

格式：

```
If  <表达式> Then
        <语句块>
End If
```

或

```
If  <表达式>  Then  <语句>
```

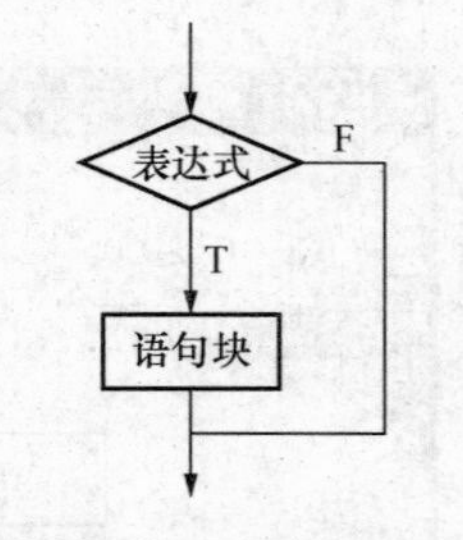

图 5-6 单分支结构流程图

功能：当表达式为 True 或非零时，执行 Then 后面的语句块(或语句)，条件不成立时，不执行 If 语句。流程图见图 5-6。

说 明

① 表达式：一般为关系表达式，也可以是算术表达式。当为算术表达式时，值按非零为 True，零为

False 处理。

② 语句块：可以是一条或多条语句。如果是第二种形式，则只能是一条语句，或用冒号分隔的多条语句，且这些语句必须在一行上。

【例 5.3】 编一程序，当程序运行时，在文本框中输入两个数值进行比较，将较大的值显示在另一文本框中。

程序代码如下：

```
Private Sub Form_Click()
    Dim x As Single, y As Single
    x = Val(Text1.Text)
    y = Val(Text2.Text)
    Text3.Text = y
    If x > y Then Text3.Text = x
End Sub
```

运行程序，在 Text1 和 Text2 中分别输入 25、10，结果如图 5-7 所示。

2. 块 If 语句

格式 1：

```
If <表达式> Then
    <语句块 1>
Else
    <语句块 2>
End If
```

格式 2：

```
If <表达式> Then <语句 1> Else <语句 2>
```

功能：当表达式的值为 True 或非零时，执行 Then 后面的语句块 1（或语句 1），否则，执行 Else 后的语句块 2（或语句 2）。流程图见图 5-8。

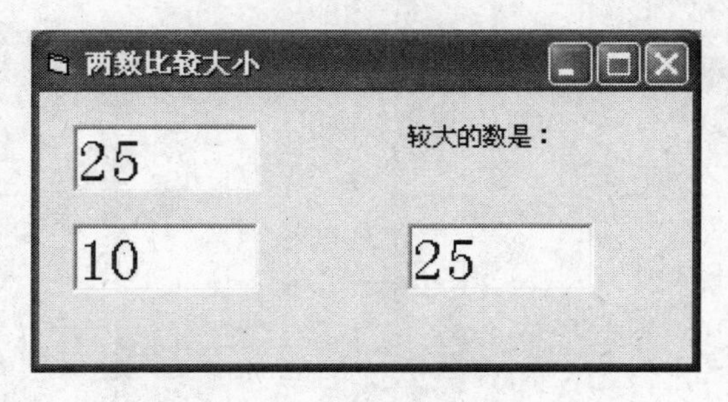

图 5-7 例 5.3 运行效果

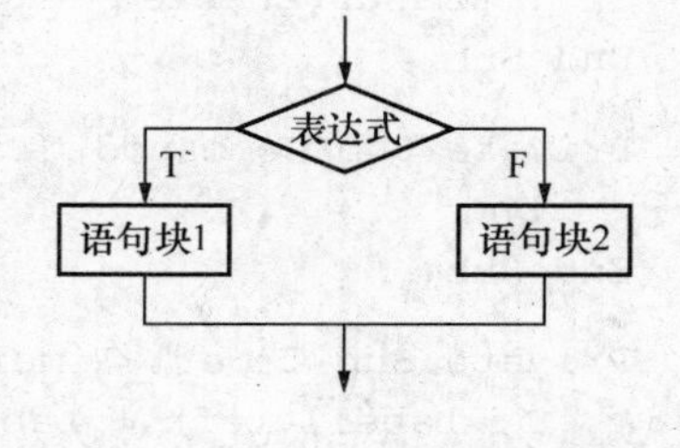

图 5-8 块 IF 语句结构流程图

说明

第二种的格式中的语句只能是一条语句。

【例 5.4】 编一程序，当程序运行时，单击“开始”按钮，标签控件中的文字向左移动，单击“暂停”按钮，停止移动，单击“退出”按钮，退出程序。

（1）程序界面设计

新建工程，在窗体中添加一个 Picture 控件、一个 Timer 控件和三个 Command 控件，并在 Picture 控件内，添加一个 Label 控件。界面如图 5-9 所示，属性设置如表 5-3 所示。

表 5-3 例 5.4 对象的属性值

对　象	名称（Name）	属　性	属性值
窗体	Form1	Caption	电子滚动板
图片框	Picture1	Backcolor	红色
标签	Label1	Caption	热烈欢迎
		Font	楷体、加粗、二号
		Forecolor	黄色
		Alignment	2-center
		Backcolor	红色
命令按钮	Command1	Caption	开　始
命令按钮	Command2	Caption	暂　停
命令按钮	Command3	Caption	退　出
时钟	Timer1	Interval	100

（2）代码设计

```
Private Sub Command1_Click()                    ' 单击“开始”按钮
    Command1.Caption = "继续"
    Timer1.Enabled = True
    Command1.Enabled = False
    Command2.Enabled = True
End Sub
Private Sub Command2_Click()                    ' 单击“暂停”按钮
    Timer1.Enabled = False
    Command1.Enabled = True
    Command2.Enabled = False
End Sub
Private Sub Command3_Click()                    ' 单击“退出”按钮
    End
End Sub
Private Sub Timer1_Timer()
    If Label1.Left + Label1.Width > 0 Then
       Label1.Left = Label1.Left - 20
    Else
       Label1.Left = Picture1 .Width
    End If
End Sub
```

运行程序，单击“开始”按钮，结果如图 5-10 所示。

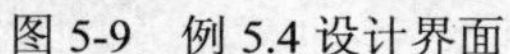
图 5-9　例 5.4 设计界面

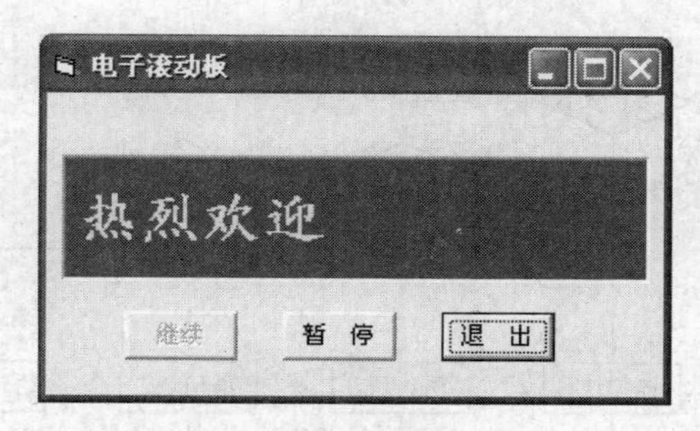

图 5-10　例 5.4 运行效果

问题：

（1）程序中的判断条件为什么用“>0”而不用“=0”？

（2）如果使用 Move 方法完成此功能，程序应该如何修改？

3. If…Then…ElseIf 语句（多分支结构）

格式：

```
If  <表达式 1>  Then
    <语句块 1>
[ElseIf  表达式 2  Then
    <语句块 2 >]
[ElseIf  表达式 3  Then
    <语句块>3]
    ……
[Else
    <语句块 n>]
End If
```

功能：此种格式只在条件不成立时再进行新的判断，测试的顺序为表达式 1、表达式 2……，当某个表达式为 True 时，则执行该表达式下的语句块，并结束整个结构。

流程图如图 5-11 所示。

【例 5.5】 编一程序，计算分段函数的值。

$$y=\begin{cases}x^2+2x-5 & x<-5\\ -2x & -5\leqslant x<0\\ 0 & x=0\\ 5x & 0<x<5\\ x^2-5x+3 & x\geqslant 5\end{cases}$$

（1）程序界面设计

新建工程，在窗体中添加两个 Label 控件、两个 Text 控件和一个 Command 控件。界面如图 5-12 所示，属性设置如表 5-4 所示。

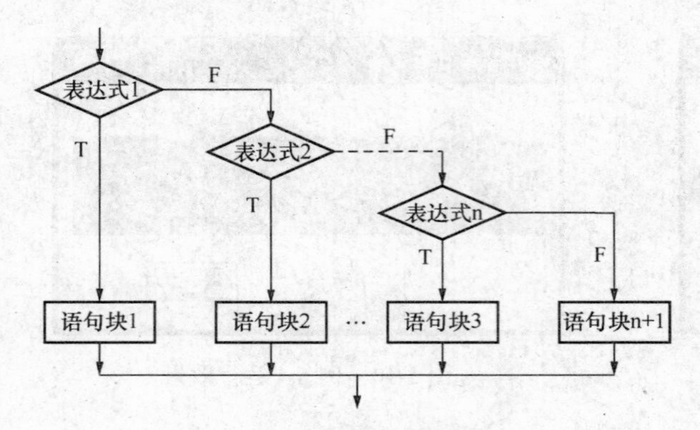

图 5-11 多分支结构流程图

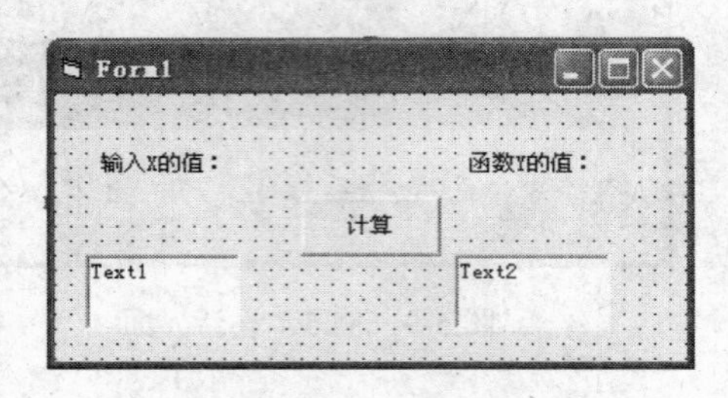

图 5-12 例 5.5 设计界面

表 5-4 例 5.5 对象的属性值

对　象	名称（Name）	属　性	属性值
标签	Label1	Caption	输入 X 的值：
标签	Label2	Caption	函数 Y 的值：
命令按钮	Command1	Caption	计算

（2）代码设计

```
Private Sub Command1_Click()
    Dim x As Single, y As Single
    x = Val(Text1.Text)
    If x < -5 Then
       y = x * x + 2 * x - 5
    ElseIf x > =-5 And x < 0 Then
       y = -2 * x
    ElseIf x = 0 Then
       y = 0
    ElseIf x > 0 And x < 5 Then
       y = 5 * x
    Else
       y = x * x - 5 * x + 3
    End If
    Text2.Text = y
End Sub
```

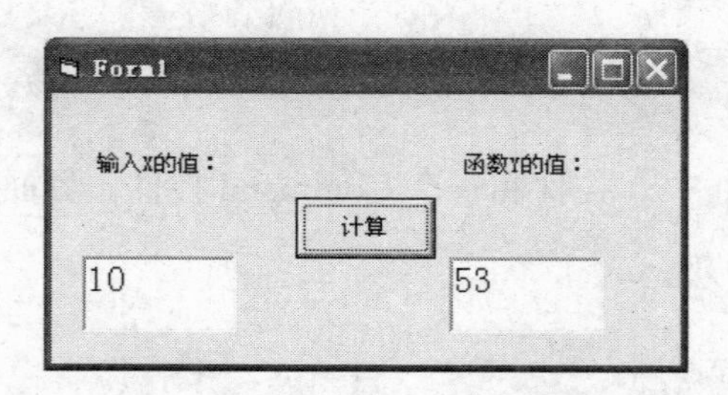

图 5-13 例 5.5 运行效果

运行程序，在 Text1 中输入 10，单击“计算”按钮，结果如图 5-13 所示。

问题：为什么 Text2.Text = y ？可以不写成 Text2.Text = str（y）？

4. If 语句的嵌套

If语句的嵌套是指If或Else后面的语句块中又

完整地包含一个或多个 If 结构。

格式：

```
If <表达式 1>  Then
  If  <表达式 11>  Then
        ......
  End If
        ......
End If
```

【例 5.6】 编程计算，已知 x、y、z 三个变量中存放了三个不同的数，比较它们的大小，使得 x>y>z。

程序代码如下：

```
If x < y Then
   t = x: x = y: y = t                    ' x与y交换
End If                                    ' 使得x>y
If y < z Then
   t = y: y = z: z = t                    ' y与z交换使得y>z
   If x < y Then                          ' 此时的x，y已不是原x，y的值
      t = x: x = y: y = t
   End If
End If
```

【例 5.7】 编一程序，从键盘上录入学生的考试成绩，如果成绩及格，则输出“升学”；否则，从键盘上继续录入补考成绩，如果补考成绩及格，则输出“你幸运地升学了”，如果不及格，则输出“对不起，你只能留级了”。

（1）程序界面设计

新建工程，在窗体上添加一个按钮 command1 和一个文本框 text1 控件。界面如图 5-14 所示，属性设置如表 5-5 所示。

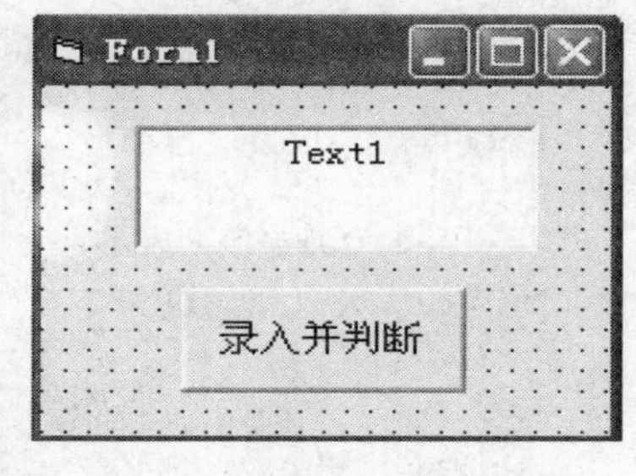

图 5-14 例 5.7 设计界面

表 5-5 例 5.7 对象属性值

对 象	名称（name）	属 性	属 性 值
文本框	Text1	Alignment	2-Center
命令按钮	Command1	Caption	录入并判断

（2）代码设计

```
Private Sub Command1_Click()
   Dim n As Single
   Dim n1 As Single
   n = InputBox("请输入考试成绩", "录入成绩框")
   If n >= 60 Then
      Text1.Text = "升学"
```

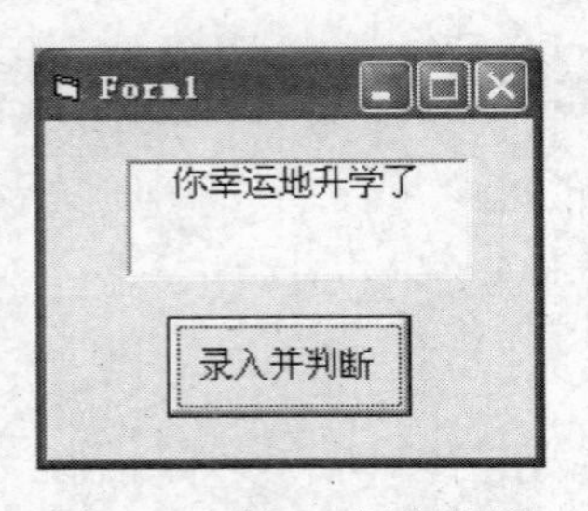

图 5-15　例 5.7 运行效果

```
        Else
            n1 = InputBox("请输入补考成绩", "补考成绩录入框")
            If n1 >= 60 Then
                Text1.Text = "你幸运地升学了"
            Else
                Text1.Text = "对不起，你只能留级了"
            End If
        End If
    End Sub
```

运行程序，单击命令按扭，部分结果如图 5-15 所示。

5.2.2　Select Case 语句

Select Case 语句（又称情况语句）是多分支结构的另一种表示形式，它根据一个表达式的值，在一组相互独立的可选语句序列中挑选要执行的语句序列。这种结构本质上是 If 嵌套结构的一种变形，主要差别在于：If 嵌套结构可以对多个表达式的结果进行判断，从而执行不同的操作；而 Select Case 结构则只能对一个表达式的结果进行判断，然后再执行不同的操作。

格式：

```
Select Case 变量或表达式
    Case 值列表 1
        <语句块 1>
    [Case 值列表 2
        <语句块 2>]
          …
    [Case 值列表 n
        <语句块 n>]
    [Case Else
        <语句块 n+1>]
End Select
```

功能：根据“变量或表达式”的结果值，从多个语句块中选择符合条件的一个语句块执行。若出现与列表中的所有值均不相等的情况，再看 Select Case 结构中是否有 Case Else 语句，如果有此语句，则执行其后相应的语句体部分，然后退出 Select Case 结构，执行其后的语句，否则不执行任何结构内的语句，整个 Select Case 结构结束。Select Case 结构的流程图见图 5-16。

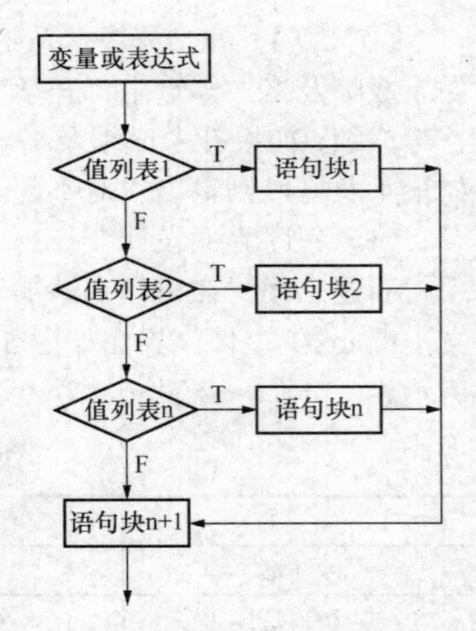

图 5-16　Select Case 语句流程图

说　明

① “变量或表达式”可以是数值表达式或字符串表达式。

② 使用时只要结构合理，其中的“Case 值列表”可以使用任意多个。

③ 值列表可以有如下四种格式，即允许出现四种 Case 形式。

- 表达式结果值，例如：Case 1 或 Case "char"等。

- 一组用逗号隔开的表达式结果值。例如：Case 1,3,5,7 或者 Case "a", "b", "c", "d" 等。如果表达式的值与这些数值或字符串中的一个相等，就可以执行此值列表后相应的语句块部分；否则，若表达式的值与这些取值均不相等，可以再与其他 Case 后的值列表进行比较。
- 表达式结果 1 To 表达式结果 2（包含表达式结果 1 和表达式结果 2）。如果表达式的值与此范围内的某个值相等，则可执行此值列表后的相应语句块部分；否则，若表达式的值与这个取值范围内的值均不相等，则可以再与其后的值列表进行比较。例如：Case 1 To 4 或者 Case "a" To "z"等。
- Is 关系运算符、数值或字符串。此种格式使用了关键字 "Is"，其后只能使用各种关系运算符："="、"<"、">"、"<="、">=" 和 "< >" 等。可以将表达式的值与关系运算符后的数值或字符串进行关系比较，检验是否满足该关系运算符。若满足，则执行此值列表后的相应语句体部分；否则，与其后的值列表进行比较。例如：Case Is < 3 或者 Case Is > "Apple" 等。

在实际使用时，以上这几种格式允许混合使用。例如：

```
Case Is < 5,7,8,9,     Is > 12
```

或

```
Case Is < "z", "A" To "Z"
```

④ 在多个 Case 子句中有同一种取值重复出现时，则只执行第一个出现此取值的 Case 语句后的相应语句体。

⑤ Select Case 结构中的 Case Else 子句部分必须放在其他 Case 子句后面，用于表达式的值与前面所有 Case 子句均不匹配时，执行其后的语句体部分。这个子句部分可以省略，此时若出现与所有 Case 子句均不匹配的情况，则不执行任何语句体部分，直接退出 Select Case 结构，执行其后的部分。

【例 5.8】 编一程序，根据输入的数字（0~6），显示相应的星期。

（1）程序界面设计

新建工程，在窗体中添加 1 个 label 控件、2 个 text 控件和 1 个 command 控件。界面如图 5-17 所示，属性设置如表 5-6 所示。

（2）代码设计

```
Private Sub Command1_Click()
    Dim n As Integer, m As String
    n = Val(Text1.Text)
    Select Case n
     Case 1
     m = "星期一(Monday)"
     Case 2
     m = "星期二(Tuesday)"
     Case 3
     m = "星期三(Wednesday)"
     Case 4
     m = "星期四(Thursday)"
     Case 5
     m = "星期五(Friday)"
     Case 6
     m = "星期六(Saturday)"
```

```
        Case 0
        m = "星期日(Sunday)"
        Case else
        m = "重新输入"
      End Select
      Text2.Text = m
    End Sub
```

运行程序，在 text1 中输入数字 3，单击“判断”按钮，结果如图 5-18 所示。

图 5-17　例 5.8 设计界面

图 5-18　例 5.8 运行效果

表 5-6　例 5.8 对象的属性值

对　象	名称（Name）	属　性	属性值
窗体	Form1	Caption	Case 的使用
标签	Label1	Caption	输入一个数字 0~6:
命令按钮	Command1	Caption	判　断
文本框	Text1	Text	空
文本框	Text2	Text	空
		Locked	True

5.3　循 环 结 构

所谓循环结构，表示在执行语句时，需要对其中的某个或某部分语句重复执行多次。VB 提供了 3 种不同风格的循环结构，包括计数型循环（For-Next）结构，条件型循环（While-Wend、Do-Loop）结构。

5.3.1　For 循环

1. For-Next 循环

For 循环属于计数型循环，用于控制循环次数预知的循环结构。

格式：

```
For 循环变量 = 初值 To 终值 [Step 步长]
    <循环体>
    [Exit For]
```

```
    <循环体>
Next 循环变量
```

功能：将循环体部分按 for 语句中规定的循环次数执行。

说 明

① 循环变量：用于统计循环次数的变量，该变量为数值型变量。此变量可以从某个值变到另一个值，变化的两个相邻数值之间的差值由步长决定。

② 初值：用于设置循环变量的初始取值，为数值型变量。

③ 终值：用于设置循环变量的最后取值，为数值型变量。

④ 步长：一般为正时，初值应小于等于终值；若为负，初值应大于等于终值；省略步长值时，默认为 1。

⑤ 语句块：可以是一条语句或多条语句，构成循环体。

⑥ Exit For：在某些情况下，需要中途退出 For 循环时使用。

⑦ Next 循环变量：用于判断是否结束循环。在 Next 后面的“循环变量”与 For 语句中的“循环变量”必须相同。

⑧ 循环次数：n=Int（(终值-初值）/步长）+1

For 循环语句的流程图见图 5-19。

说 明

① 循环变量被赋初值。

② 判断循环变量是否在终值内，如果是，执行循环体；如果否，结束循环，执行 Next 后的下一条语句。

③ 循环变量增加一个步长，转②，继续循环。

2. For-Next 循环嵌套

For-Next 循环的嵌套通常有以下 3 种形式。

（1）一般的形式。

```
For I1=…
      For I2=…
        For I3=…
        …
        Next I3
      Next I2
Next I1
```

（2）省略 Next 后面的 I1、I2、I3。

```
For I1=…
      For I2=…
        For I3=…
        …
        Next
```

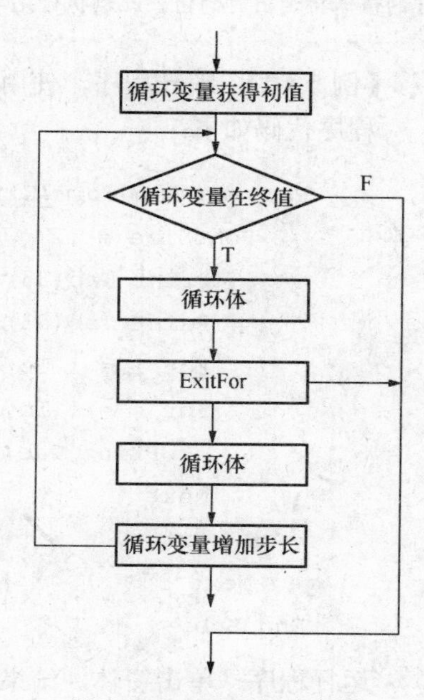

图 5-19　For 语句流程图

```
        Next
    Next
```

（3）当内层循环与外层循环有相同的终点时，可以共用一个 Next 语句，此时循环变量名不能省略。

```
    For I1=…
        For I2=…
          For I3=…
          …

    Next I3, I2, I1
```

【例 5.9】 编程计算 1~100 的奇数和。

程序代码如下：

```
Dim i As Integer, s As Integer
s = 0
For I= 1 To 100 Step 2
  s = s + I
Next I
Print s
```

说 明

此例中，I 为循环变量，其值从 1～100 变化，结果放在 S 中。循环变量 I 在循环体内可以被多次引用，但不能在循环体内被重新赋值，否则会影响原来的循环控制次数。当循环体执行完毕后，循环变量 I 的值保持退出时的值。此例执行完毕后，退出循环后的 I=101。

【例 5.10】 编一程序，使用循环嵌套，在窗体上打印九九乘法表。

程序代码如下：

```
Private Sub Form_Click()
   FontSize = 12
      Print Tab(35); "九九乘法表"
      Print Tab(33); "-------------"
      For i = 1 To 9
      For j = 1 To i
         Print Tab((j - 1) * 9 + 1); i & "*" & j & "=" & i * j;
      Next j
      Print
   Next i
End Sub
```

运行程序，单击窗体，结果如图 5-20 所示。

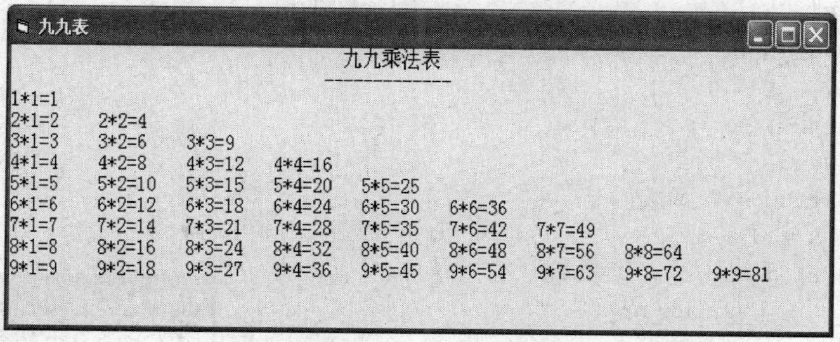

九九表

九九乘法表

```
1*1=1
2*1=2   2*2=4
3*1=3   3*2=6   3*3=9
4*1=4   4*2=8   4*3=12  4*4=16
5*1=5   5*2=10  5*3=15  5*4=20  5*5=25
6*1=6   6*2=12  6*3=18  6*4=24  6*5=30  6*6=36
7*1=7   7*2=14  7*3=21  7*4=28  7*5=35  7*6=42  7*7=49
8*1=8   8*2=16  8*3=24  8*4=32  8*5=40  8*6=48  8*7=56  8*8=64
9*1=9   9*2=18  9*3=27  9*4=36  9*5=45  9*6=54  9*7=63  9*8=72  9*9=81
```

图 5-20　例 5.10 运行效果

5.3.2　While 循环

For-Next 循环是计数型循环，但在实际活动中，经常发生循环次数未知的情况，需要通过条件判断来决定是否执行循环。While 循环就是对决定循环的条件进行判断，如果条件成立，则执行循环体，当条件不成立时，循环结束。

格式：

```
While 条件
   <语句块>
Wend
```

功能：当给定的“条件”为 True 时，执行循环体中的“语句块”。

说 明

While 循环的执行过程为：首先判断条件是否成立，若条件成立，则执行循环体内的语句，执行完后再继续判断条件，重复上述过程；否则，若条件不成立，则结束循环，执行循环体后的语句。所以给定的条件必须在循环体内有所变动才行。否则，若初始条件成立，则每次执行完循环体后再检验条件，条件仍然成立，此循环可以无限执行下去，不能结束，变成所谓的“死循环”；若初始条件不成立，则循环体一次都不能执行。

【例 5.11】 输出 100～300 之间的所有素数。

分析：只能被 1 和本身整除的正整数称为素数。例如，19 就是一个素数，它只能被 1 和 19 整除。为了判断一个数 n 是否素数，可以将 n 被 2 到 $\sqrt{n}$ 间的所有整数除，如果都除不尽，则 n 就是素数，否则 n 是非素数。

程序代码如下：

```
Private Sub Form_Click()
   For n = 101 To 300 Step 2
      k = Int(Sqr(n))
      i = 2
      uu= 0                          ' uu 为标志变量
      While i <= k And uu = 0
        If n Mod i = 0 Then
```

```
       uu = 1                         ' 可以被整除时 uu=1
     Else
       i = i + 1
     End If
   Wend
   If uu = 0 Then
    d = d + 1                         ' d 用于控制每行输出的个数
    If d Mod 5 = 0 Then
          Print n; "   ";
          Print
    Else
         Print n; "  ";
    End If
   End If
 Next n
 End Sub
```

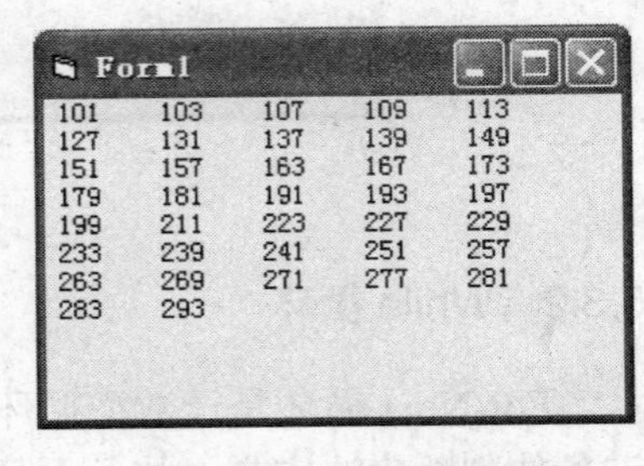

图 5-21 例 5.11 运行效果

运行程序，单击窗体，结果如图 5-21 所示。

说 明

在上面的程序中，uu 是一个标志变量。如果“uu=0”，则表示 n 未被任何一个整数整除过；如果 uu=1，则表示 n 已被一个整数 i 整除（即使只有一次）。While 循环执行的条件有两个，一个是“i<=k”，另一个是“uu=0”，必须两个条件同时成立才执行循环。当“i>k”时，显然不必再检查 n 是否能被 i 整除；而如果“uu=1”，则表示 n 已被某个数整除过，肯定不是素数，也不必再检查了。只有当“i<=k”和“uu=0”两者同时满足时才需要检查“n 是否为素数”。循环体内只有一个判断操作，即判断 n 能否被 i 整除，如不能，则“i=i+1”，即 i 的值加 1，以便为下一次判断“n 能否被 i 整除”作准备。如果在本次循环中 n 能被 i 整除，则“uu=1”，表示 n 不是一个素数。

5.3.3 Do 循环

Do 循环也是根据某个条件是否成立来决定能否执行相应的循环体部分，与 While 循环不同的是：While 循环只能在初始位置检查条件是否成立，若成立，进入循环体，不成立，不进入循环体，执行循环体后的语句。而 Do 循环有两种语法形式，既可以在初始位置检验条件是否成立，也可以在执行一遍循环体后的结束位置判断条件是否成立，能否进入下一次循环。

格式：

Do 循环的两种语法形式：

（1）形式 1

```
Do [{While |Until}<条件>]
  <语句块>
  [Exit Do]
  <语句块>
Loop
```

（2）形式 2

```
Do
     <语句块>
     [Exit Do]
     <语句块>
Loop [{While|Until}<条件>]
```

说 明 

① 形式 1 为先判断后执行，有可能一次也不执行。形式 2 为先执行后判断，至少执行一次。两种形式的流程图见图 5-22、图 5-23、图 5-24、图 5-25。

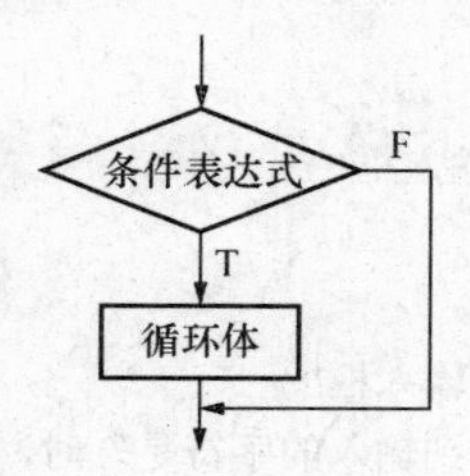

图 5-22 Do While … Loop 循环流程图

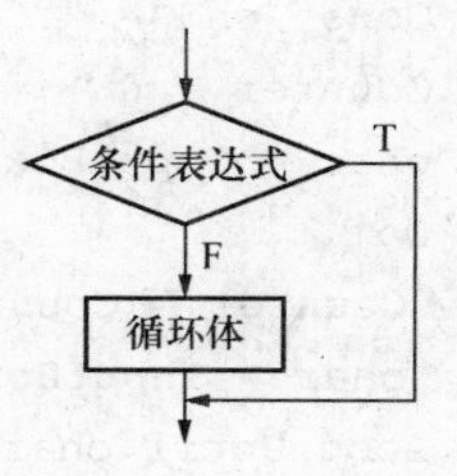

图 5-23 Do Until … Loop 循环流程图

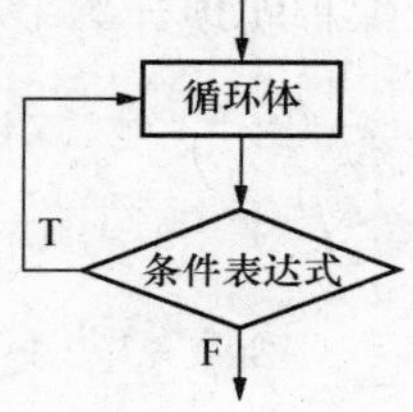

图 5-24 Do …Loop While 循环流程图

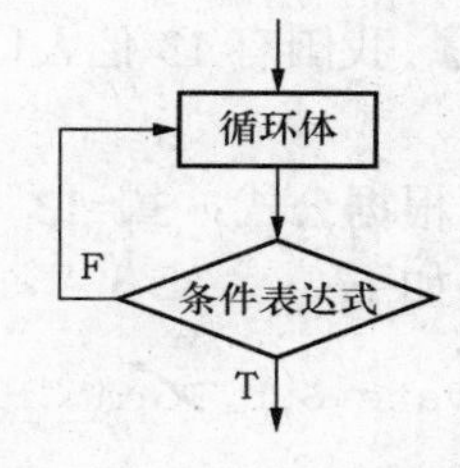

图 5-25 Do …Loop Until 循环流程图

② 关键字 While 用于指明条件为 True 时就执行循环体中的语句，Until 正好相反。

③ 当省略{While|Until}<条件>子句时，即循环结构仅由 Do…Loop 关键字构成，表示无条件循环，这时在循环体内应该有 Exit Do 语句，否则为死循环。

④ Exit Do 语句表示当遇到该语句时，退出循环，执行 Loop 后的下一条语句。

【例 5.12】 从键盘上输入字符，对输入的字符进行计数。

分析：使用 InputBox 函数输入字符，用“？”作为结束输入的控制字符，当输入的字符不是“？”时，计数并继续输入，当输入的字符是“？”时，结束计数，并退出程序。

下面使用 Do While...Loop 和 Do ...Loop Until 两种循环形式编程。

程序代码如下：

```
' 使用 Do While...Loop 循环
Private Sub command1_Click()
    Dim char As String
    Const ch$ = "?"
    Counter = 0
    char = InputBox$("请任意输入一个字符:", "输入框")
    Do While char <> ch$                ' 当输入的字符不是？时，执行循环体
      Counter = Counter + 1
      char = InputBox$("请任意输入一个字符:", "输入框")
    Loop
    Print "number of characters entered:"; Counter
```

```
End Sub
' 使用 Do…Loop Until 循环
Private Sub command2_Click()
    Dim char As String
    Const ch$ = "?"
    Counter = 0
    char = InputBox$("请任意输入一个字符:", "输入框")
    Do
     Counter = Counter + 1
     char = InputBox$("请任意输入一个字符:", "输入框")
    Loop Until char = ch$                ' 直到输入的字符是？时，结束循环体
    Print "number of characters entered:"; Counter
End Sub
```

【例 5.13】 我国有 13 亿人口，按人口年增长 0.8%计算，编程实现计算多少年后我国人口超过 30 亿。

此问题可根据公式：$30=13(1+0.008)^n$。

程序代码如下：

```
Private Sub Form_Click()
    x = 13
    n = 0
    Do While x < 30
       x = x * 1.008
       n = n + 1
    Loop
    Print n, x
End Sub
```

5.4 习　题

1. 选择题

（1）假定有以下程序段：

```
For i=1 to 3
    For j=5 to 1 step -1
       Print i*j
 Next j, i
```

则语句 Print i*j 的执行次数是________。

A. 15　　B. 16　　C. 17　　D. 18

（2）以下程序段的输出结果为________。

```
x=1
y=3
Do Until y>3
   x=x*y
   y=y+1
Loop
Print x
```

A. 1　　B. 3　　C. 7　　D. 19

（3）执行下面的程序段后，x 的值为________。

```
x=10
For i=1 to 20 Step 2
   x=x+i\5
Next i
```

A. 23　　B. 24　　C. 25　　D. 26

（4）执行下面的程序段后，x 的值为________。

```
For i = 1 To 4
 x = 4
 For j = 1 To 3
   x = 3
   For k = 1 To 3
      x = x + 6
   Next k
 Next j
Next i
Print x
```

A. 15　　B. 21　　C. 157　　D. 538

（5）以下程序段的输出结果为________。

```
x = 1
y = 4
Do
   x = x * y
   y = y + 1
Loop While y < 4
Print x
```

A. 1　　B. 2　　C. 4　　D. 8

（6）在窗体上画一个命令按钮，然后编写如下事件过程：

```
Private Sub Command1_Click()
b = 1: a = 2
Do While b < 10
    b = 2 * a + b
```

```
Loop
Print b
End Sub
```

程序运行后，输出的结果是________。

A．13　　B．17　　C．21　　D．33

（7）下列程序段的执行结果是________。

```
For i=0 To 10
  M=2*i
Next i
M=M+i
Print  M
```

A．30　　B．31　　C．20　　D．21

（8）设 X 初值为 0，则下列循环语句执行后，X 的值等于________。

```
For i=1 To 10  Step 2
  X=X+i
Next  i
```

A．25　　B．36　　C．24　　D．27

（9）下列程序段中，若要使输出结果为输入的两个数中较大者的平方，空白处应填写________语句。

```
x=Val(InputBox("请输入 x 的值："))
y=Val(InputBox("请输入 y 的值："))
s=x : ______________
s=s*s
Print s
```

A．If （x<y）s=y　　B．If x>y Then s=y

C．If （x<y）Then s=y　　D．If x>y s=y

（10）下列程序运行后，如果在文本框 Text1 中输入 10，然后单击命令按钮，则在 Text2 中显示的内容是________。

```
Private Sub Command1_Click()
   n = val(Text1.Text)
   Select Case n
     Case 1 To 20
        x = 10
     Case 2, 4, 6
        x = 20
     Case Is < 10
        x = 30
     case 10
        x=40
     End Select
```

```
    Text2.Text = x
End Sub
```

A. 10　　B. 20　　C. 30　　D. 40

2. 填空题

（1）以下循环的执行次数是__________。

```
k = 0
Do While k <= 10
   k = k + 1
   Print k
Loop
```

（2）执行下面的程序后，s 的值为__________。

```
s = 5
For i = 2.6 To 4.9 Step 0.6
    s = s + 1
Next I
```

（3）阅读以下程序：

```
Private Sub Form_Click()
Dim k, n, m As Integer
n = 6
m = 1
k = 1
Do While k <= n
    m = m * 2
    k = k + 1
Loop
Print m
End Sub
```

程序运行后，单击窗体，输出结果为__________。

（4）阅读下面的程序段：

```
For  i=1  To  3
    For  j=1 To  i
        a=a+2
    Next  j
Next  i
```

执行上面的循环后，a 的值为__________。

（5）执行下列程序后 a 的值是__________。

```
a=0
For b=1 To 10
```

```
        For c=0 To 2
            a=a*c
        Next c
        a=a+b
    Next b
```

3. 编程题

（1）在窗体中放置一个文本框（Text1）、一个标签（Label1）和一个命令按钮（Command1）。在 Command1_Click 事件中编写程序，对文本框中输入的成绩进行等级判断，标准是：90 分及以上为“优”，80 分及以上为“良”，60 分及以上为“及格”，其余为“不及格”，并在标签中显示相应等级。

（2）设计一个窗体，计算一元二次方程 $ax^2+bx+c=0$ 的根。

（3）设 $s=1\times2\times3\times\cdots\times n$，求 s 不大于 4000 时最大的 n。

（4）如果一个数的因子之和等于这个数本身，则称这样的数为“完全数”。例如，整数 28 的因子为 1、2、4、7、14，其和 1+2+4+7+14=28，因此 28 是一个完全数。编写一个程序，从键盘上输入正整数 M 和 N，求出 M 和 N 之间的所有完全数。

第6章 数　组

本章重点

☑ 一维数组和二维数组的定义和数组元素的引用。

☑ 控件数组的概念。

☑ 平均值、最大（小）值、查找和排序等算法。

本章难点

☑ 动态数组的使用。

☑ 数组在各种排序算法中的引用。

在程序设计过程中，经常要处理同一性质的成批数据，有效的办法是通过数组来解决。本章主要介绍数组的概念、数组的定义、数组的基本操作、控件数组及数组的应用。

6.1 数组的概念

为了更好地理解数组的概念，以下以一个示例说明什么是数组及数组的用途。

【例6.1】 编程计算一个班100名学生的平均成绩，然后统计高于平均分的人数。

分析：

1）按以前简单变量的使用和循环结构相结合，求平均成绩的程序段如下：

```
ave = 0
For i = 1 To 100
    Stumark = InputBox("输入" + Str(i) + "名学生的成绩")
    ave = ave + Stumark
Next i
ave = ave / 100
```

但若要统计高于平均分的人数，则无法实现。因为存放学生成绩的变量名Stumark是一个简单变量，只能存放一名学生的成绩。在循环体内输入一名学生的成绩，就把前一名学生成绩冲掉了。若要统计高于平均分的人数，必须再重复输入100名学生的成绩。这样带来两个问题：其一，输入数据的工作量成倍增加；其二，若本次输入的成绩与上次不同，则统计的结果不正确。

若要保存100名学生的成绩，按简单变量的使用，必须逐一命名为stumark1，stumark2，…，stumark100。要输入100名学生的成绩，则要写100条输入语句。要计算平均分或其他的处理，则程序的编写工作量将更难以承受。

2）如果用数组解决求100人的平均分和高于平均分的人数的问题，不仅效率高，而且程序易于编写。

完整程序如下：

```
Private Sub command1_click()
    Dim stumark(1 To 100) As Integer       ' 声明 stumark 数组有 100 个元素
    Dim ave!, cont%, i%
    ave = 0
    For i = 1 To 100                       ' 本循环用于输入学生成绩并求和
      stumark(i) = InputBox("输入" & i & "位学生的成绩")
      ave = ave + stumark(i)
    Next i
    ave = ave / 100                        ' 计算平均分
    cont = 0
    For i = 1 To 100                       ' 本循环统计高于平均分的人数
        If stumark(i) > ave Then cont = cont + 1
    Next i
    Print ave; cont
End Sub
```

说 明

循环中的 stumark（i）= InputBox（"输入" & i & "位学生的成绩"）语句，虽然只写了一条，但由于处在循环中，将被执行 100 次，这给调试工作带来很大麻烦。我们可以根据题目的含义和要求，在调试程序时使用随机函数产生的 100 个数据来替代，这样可以节省调试程序所花费的时间。

数组并不是一种数据类型，而是一组相同类型变量的集合。数组占据一块内存区域，数组名是这个区域的名称，区域中的每个内存单元都有一个地址，该地址用下标表示，即标识了数组中的每个元素。定义数组的目的是通知系统为其留出所需要的空间，且同一数组中的元素按一定的顺序连续存放。数组和循环语句结合使用，可以使程序书写更加简洁。

数组必须先声明后使用。数组按声明时下标的个数确定数组的维数，VB 中的数组有一维数组、二维数组……，最多 60 维。

例 6.1 中语句 Dim stumark（1 To 100）as integer 声明了一个一维定长数组，该数组的名字为 stumark，类型为整型，共有 100 个数组元素，下标范围为 1～100。stumark 数组的各元素是 stumark（1），stumark（2），stumark（3），…，stumark（100）。

数组元素的使用规则与同类型的简单变量相同。在通常情况下，数组中的各元素类型必须相同，但若数组类型为 Variant 时，可包含不同类型的数据。

6.2 静态数组及其声明

根据数组在内存中开辟的时间不同，可以把数组分为静态（Static）数组和动态（Dynamic）数组。静态数组是指在声明时确定了大小的数组。

6.2.1 一维数组

只包含一个下标的数组称为一维数组。

格式：Dim　数组名（下标）[As 数组类型]

功能：声明了一个一维数组的名称、大小、类型，并分配相应的存储空间。

说　明

① 数组名：数组名与简单变量的命名规则相同。

② 下标：下标是数组的维数，格式为 [下界 To 上界] 。当 [下界 To] 缺省时，默认值为 0。一维数组下标的范围可以为-32768 ~ 32767，下界必须小于上界。一维数组的大小是：上界－下界＋1。

③ [As 数组类型]：用来说明数组的类型，如果缺省，则与变量的声明一样，默认为是变体数组。例如：

```
Dim a(10) As Integer, st(-2 To 5) As String * 5
```

首先声明了数组 a 是一维整型数组，有 11 个元素，下标的范围为 0～10。若在程序中使用 a (11)，则系统会显示“下标越界”。

接着声明了数组 st 是一维字符串类型数组，有 8 个元素，下标的范围为-2～5，每个元素最多存放 5 个字符。

④ 数组声明中的下标不能是变量，只能是常量。以下数组声明是错误的：

```
n=5
Dim a(n) As Integer
```

⑤ 数组必须先定义后使用。

⑥ Dim 语句声明的数组，为系统编译程序提供了数组名、数组类型、数组的维数和各维的大小。该语句把数值数组中的全部数组元素都初始化为 0，而把字符串数组中的全部数组元素都初始化为空字符串。

⑦ Dim 语句中数组下标全为常数时称为静态数组，静态数组的大小在编译时是确定的；下标为空时则为动态数组，数组的大小是可变的。

由于 VB 对数组中的每一个元素都分配存储空间，所以如果没有必要，不要声明一个太大的数组。

【例 6.2】　随机产生 10 个两位数，计算总和。

程序代码如下：

```
Private Sub Form_Click()
Dim a(1 To 10) As Integer        ' 定义数组 a，包含 10 个元素
For i = 1 To 10
    a(i) = Int(Rnd * 90) + 10    ' 将产生的随机数存放在下标为 i 的数组元素中
    Sum = Sum + a(i)
Next i
Print "Sum=", Sum
End Sub
```

6.2.2　多维数组

具有两个或两个以上下标的数组是二维数组或多维数组。

格式：Dim　数组名（下标 1[, 下标 2……]）[as 数组类型]

功能：声明一个二维数组或多维数组的名称、大小、类型，并分配相应的存储单元。

说 明

下标的个数决定了数组的维数，多维数组最大维数为 60。每一维的大小为：上界－下界＋1；数组的大小为每一维的乘积。

例如：

```
Dim x(2, 3) As Single
```

定义了一个二维的单精度数组 x，它的第一维下标从 0～2，第二维下标从 0～3，共占据 3×4 个单精度变量的空间，如表 6-1 所示。

表 6-1 二维数组各元素排列

x（0,0）	x（0,1）	x（0,2）	x（0,3）
x（1,0）	x（1,1）	x（1,2）	x（1,3）
x（2,0）	x（2,1）	x（2,2）	x（2,3）

例如：

```
Dim sum(1, 1 To 3, 3 To 6) As Integer
```

声明了一个三维整型数组 sum，第一维下标范围为 0～1，第二维下标范围为 1～3，第三维下标范围为 3～6，数组 sum 共有 2×3×4 个元素。

6.2.3 Option Base 语句

应用中有时希望数组的下标从 1 开始，在 VB 的窗体层或标准模块层可用 Option Base 语句重新设定数组的下界。

格式：Option Base n

功能：改变数组下标的默认下界。

说 明

n 为数组下标的下界，只能是 0 或 1。该语句在程序中只能使用一次，且必须放在数组声明语句之前。

例如：

```
Option Base 1                         ' 将默认的数组下标设为 1
Dim Lower
Dim Array1(20), Array2(3, 4)          ' 声明数组变量
' 使用 LBound 函数来测试数组的下界。
Lower = LBound(Array1)                ' 返回值为 1
Lower = LBound(Array2, 2)             ' 返回值为 1
```

6.3 动态数组及其声明

动态数组是指在声明时没有给出数组的大小，当需要使用数组时，再决定其大小的数组，这样的数组具有灵活多变的特点。

建立动态数组的步骤如下。

1）使用 Dim、Private、Public 等语句声明数组，给数组赋一个空维数表。例如：

```
Dim a()As Integer
```

2）用 ReDim 语句配置实际的数组元素个数。

格式：ReDim 数组名（下标 1 [，下标 2……] ）[As 数组类型]

功能：声明动态数组的具体大小和维数。

说 明

① ReDim 语句声明只能用在过程中，它是可执行语句，它可以改变数组中元素的个数。

② ReDim 语句中的下标可以是常量，也可以是已有确定值的变量。

③ 在过程中可以多次使用 ReDim 来改变数组的大小，也可改变数组的维数。

④ 每次用 ReDim 来配置数组个数时，数组中的内容全部被清为零。为了保留数组中的数据，可以在 ReDim 语句后加 Preserve 参数，该参数只能改变最后一维的大小，前面维的大小不能改变。

【例 6.3】 使用动态数组计算引例 6.1，使程序更通用。

程序代码如下：

```
Private Sub command1_click()                          ' 单击命令按钮
    Dim stumark() As Integer, i%, n%, ave!            ' 声明变体数组 stumark
    n = InputBox("输入学生的人数")                      ' 输入学生的具体人数
    ReDim stumark(1 To n)                ' 声明动态数组 stumark，存放 n 个学生成绩
    ave = 0
    For i = 1 To n
      stumark(i) = Int(Rnd * 101)        ' 通过随机数产生 0～100 的成绩
      ave = ave + stumark(i)
    Next i
    ' 增加两个元素,存放平均分和高于平均分的人数，原来的学生成绩仍保留
    ReDim Preserve stumark(1 To n + 2)
    stumark(n + 1) = ave / n
    stumark(n + 2) = 0
    For i = 1 To n
      If stumark(i) > stumark(n + 1) Then
      stumark(n + 2) = stumark(n + 2) + 1
    Next i
    For i = 1 To n
      Print " stumark ("; i; ")="; stumark(i)
    Next i
    Print "平均分="; stumark(n + 1), "高于平
    均分人数="; stumark(n + 2)
  End Sub
```

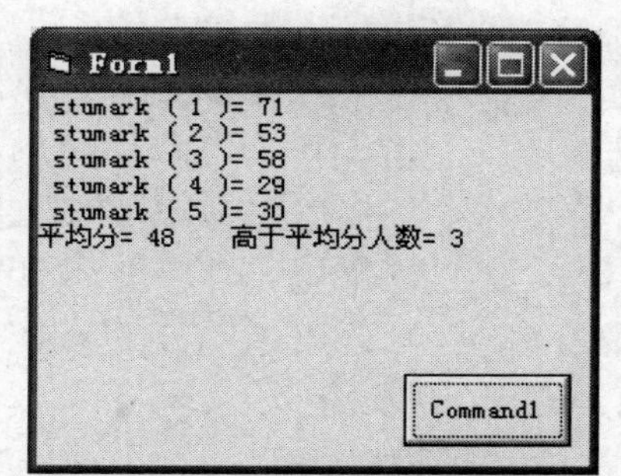

图 6-1　例 6.3 运行效果

运行程序，单击命令按钮，输入 5，结果如图 6-1 所示。

6.4　数组的基本操作

6.4.1　数组元素的引用

要引用数组中的元素，应使用以下格式。

格式：数组名（下标,……）

说 明

① 下标的个数必须与数组定义时的维数一致。对于多维数组元素，下标之间用逗号隔开。

② 下标可以是表达式，如果表达式的值是实型数，系统自动取整。如 a（1）、t（2 * M%, n%）、u（i, i+1, i+2）都是合法的数组元素引用。

③ 下标的值必须在数组定义的各维的上下界之内。

④ 要严格区分数组声明中的下标和数组引用中的下标。两者的写法相同，但意义不一样。

例如:

```
Dim a(9) As Integer              ' 声明了 10 个数组元素
a(9) = 10                        ' 数组元素 a(9)的值是 10
```

6.4.2　数组元素赋初值

（1）用循环和赋值语句

```
For  i  = 1 To 10
   iA(i)=0
Next i
```

（2）用循环和 InputBox 函数

```
For i = 0 To 3
 For j = 0 To 4
   B(i, j) = InputBox("输入" & i & "," & j & "的值")
 Next j
Next i
```

（3）用 Array 函数

```
Dim ib As Variant
  ib = Array("abc", "def", "67")
  For i = 0 To UBound(ib)
        Print ib(i); " ";
  Next i
```

注 意

① Array 函数可以对数组各元素赋值，要求声明的数组是动态数组或连同圆括号一起省略，并且其类型只能是 Variant。

② ib 数组下标的下界为 0，上界由 Array 函数括号内的参数个数决定，也可通过 Ubound 函数获得，即 UBound（数组[,维]）。

③ 使用 Array 函数创建的数组的下界受 Option Base 语句指定的下界的限制。

6.4.3　数组元素的输出

数组元素的输出可以使用 For 循环和 Print 语句来实现。假定有如下一组数据：

```
38  47  62  53
24  84  92  51
35  52  56  98
98  78  58  64
```

可以用 InputBox 函数把这些数据输入到一个二维数组中：

```
Option Base 1
Dim a(4, 4) As Integer
For i = 1 To 4
    For j = 1 To 4
       a(i, j) = InputBox("请输入数据:")
    Next j
Next i
```

数据分为 4 行 4 列，存放在数组 a 中。为了使数组中的数据仍按原来的 4 行 4 列输出，可以这样编写程序：

```
For i = 1 To 4
   For j = 1 To 4
      Print a(i, j); " ";
   Next j
   Print              ' 换行
Next i
```

6.4.4　数组元素的复制

单个数组元素可以象简单变量一样从一个数组中复制到另一个数组中。例如：

```
Dim a(3, 8), b(6, 6)
    …
b(2, 3) = a(3, 2)
```

二维数组中的元素可以复制给另一个二维数组中的某个元素，也可以复制给一维数组中的某个元素，并且反之亦然。例如：

```
Dim a(8), b(2, 6)
…
a(3) = b(1, 2)
b(2, 2) = a(5)
```

以下程序段完成数组的完整复制：

```
Dim a() As Variant, b()  As Variant
a = Array(1, 2, 3, 4, 5)
ReDim b(UBound(a))
b = a                       ' 将 a 数组各元素的值对应地赋值给 b 数组
```

我们也可以通过 For 循环完成两个数组元素的整体复制。

例如：将 a 数组中的元素按逆序存到 b 数组中并输出。我们可以利用循环，使用赋值语句 b（j）=a（n-j），将 a 数组中的元素按逆序赋给 b 数组元素。

程序代码如下：

```
Private Sub Command1_Click()
   Dim a(1 To 5) As Integer
   Dim b(1 To 5) As Integer
   For i = 1 To 5
     a(i) = 2 * i
   Next i
   For j = 1 To 5             ' 使用循环将数组 a 的元素自后向前传给 b 数组
     b(j) = a(6 - j)
   Next j
   For k = 1 To 5             ' 输出 A 数组
     Print a(k);
   Next k
   print
   For k = 1 To 5             ' 输出 B 数组
     Print b(k);
   Next k
End Sub
```

6.4.5 求数组中最大元素及所在下标

求数组中的最大元素，需要将数组中各元素进行比较，用一个变量 max 来记录每次找到的较大的值，并用另一变量 imax 记录所在的位置；当所有的数组元素都进行了比较之后，max 中存放的就是最大的值，而 imax 中存放的就是最大值所在的位置。

程序代码如下：

```
Dim Max As Integer, iMax As Integer
Dim ia(1 To 10) As Integer
Max = ia(1): iMax = 1
For i= 2 To 10
   If ia(i) > Max Then
     Max = ia(i)
     iMax = i
   End If
Next i
Print  Max, iMax
```

6.4.6　将数组中各元素交换

这里所指的数组元素的交换，是一种有规律的交换。例如，将数组中的第一个元素与最后一个元素交换，第二个元素与倒数第二个元素交换，依此类推，直到完成所有数的交换，最终可完成数组元素的逆序排列。

程序代码如下：

```
For i = 1 To 10\2
    t = ia(i)
    ia(i) = ia(10 - i + 1)
    ia(10 - i + 1) = t
Next i
```

6.4.7　数组的清除

数组一经定义，便在内存中分配了相应的空间，其空间大小是不能改变的。有时，我们需要清除数组中的内容或对数组重新定义，为下次使用准备。这时，我们可以利用 Erase 函数来实现。

格式：Erase　数组名[, 数组名　]…

功能：重新初始化静态数组的元素，或者释放动态数组的存储空间。

① 在 Erase 语句中，只给出要刷新的数组名，不带括号和下标。例如：

```
Erase test
```

② Erase 用于静态数组时，若数组是数值型，则所有元素置 0；若数组是字符串类型，则所有元素置空字符串。

③ Erase 用于动态数组时，将删除整个数组结构并释放数组所占内存。

④ Erase 用于变体数组时，每个元素被重置为空 Empty。

6.5　控件数组

控件数组是由一组相同类型的控件组成。它们共用一个控件名，具有相同的属性。当建立控件数组时，系统给每个元素赋一个唯一的索引号（Index），通过属性窗口的 Index 属性，可以知道该控件的下标是多少，第 1 个下标默认是 0。例如，控件数组 Command1（3）表示控件数组名为 Command1 的第 4 个元素。

控件数组适用于若干个控件执行的操作相似的场合，控件数组可以共享同样的事件过程。例如，要编写简易计算器的程序，需要输入数字 0～9。可见，它们完成的功能是一样的，都是在单击了该按钮后，将该按钮上的字符以数字的形式显示在文本框控件中。如果我们写十个命令按扭的单击事件，显然很烦琐，所以，我们可以创建一个控件数组 Command1 ，其中包含 10 个命令按钮，分别用 Index 属性来标识它们。这样一来，我们只需要对 command1

的单击事件进行编程，用 Index 属性来判断单击的是其中的哪一个按钮，使程序变得简洁而利于操作。

例如：

```
Private Sub Command1_Click(Index As Integer)
    If Index = 3 Then
        Text1.Text = Val(Command1(index).Caption)
    End If
End Sub
```

说 明

该程序段表示若按了 Command1（3）命令按钮，则在 Text1 中以数值的形式显示 Command1（3）的 Caption 属性值。

6.5.1 控件数组的建立

控件数组建立的步骤如下。

1）在窗体上画出某控件，可进行控件名的设置，这是建立的第一个元素。

2）选中该控件，进行复制和粘贴操作，系统提示："已有了命名的控件，是否要建立控件数组"。

3）单击 Yes 按钮后，就建立了一个控件数组元素，进行若干次粘贴操作，就建立了所需个数的控件数组元素。

4）进行事件过程的编程。

6.5.2 控件数组的应用

【例 6.4】 创建一个含有 4 个命令按钮的控件数组，当单击命令按钮时，分别显示不同的图形。

（1）程序界面设计

新建工程，在窗体中添加 1 个控件数组 command1，含有 4 个命令按钮 command1（0）、command1（1）、command1（2）、command1（3），1 个 Picture 控件和 1 个 Label 控件。界面如图 6-2 所示，属性设置如表 6-2 所示。

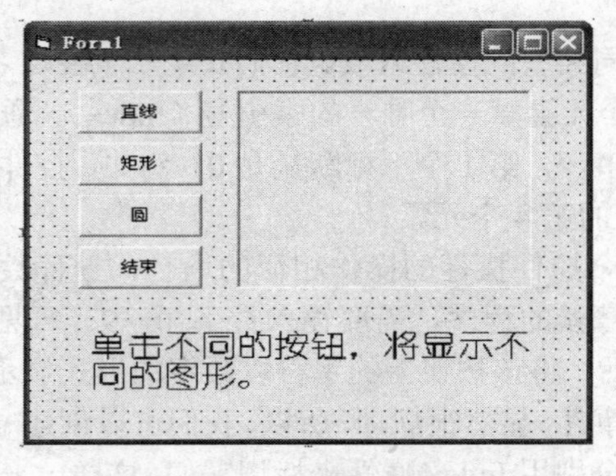

图 6-2 例 6.4 设计界面

表6-2　例6.4对象的属性值

对　象	名称（Name）	属　性	属性值
命令按钮	Command1（0）	Caption	直线
命令按钮	Command1（1）	Caption	矩形
命令按钮	Command1（2）	Caption	圆
命令按钮	Command1（3）	Caption	结束
标签	Label1	Caption	单击不同的按钮，将显示不同的图形

（2）代码设计

```
Private Sub Command1_Click(Index As Integer)
   Picture1.Cls
   Picture1.FillStyle = 6
   Select Case Index
      Case 0
         Picture1.Print "画直线"
         Picture1.Line (2, 2)-(7, 7)
      Case 1
         Picture1.Print "画矩形"
         Picture1.Line (2, 2)-(7, 7), , BF
      Case 2
         Picture1.Print "画圆"
         Picture1.Circle (4.5, 4.5), 3.5, , , , 1.4       ' 长椭圆
      Case 3
         End
      End Select
   End Sub

   Private Sub Form_Load()
   Picture1.Scale (0, 0)-(10, 10)                              ' 设置坐标系
End Sub
```

运行程序，单击“圆”按钮，结果如图6-3所示。

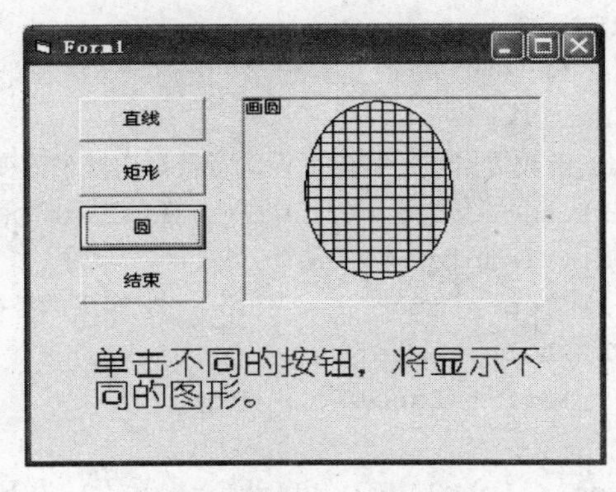

图6-3　例6.4运行效果

【例 6.5】 编写程序，建一个类似国际象棋的棋盘。当程序运行时，自动产生 64 个黑白交替的 Label 控件数组元素，当单击某个棋格时，改变 BackColor 颜色，并在单击处显示其序号。

（1）程序界面设计

新建工程，在窗体中添加 1 个 Label 控件，界面如图 6-4 所示，属性设置如表 6-3 所示。

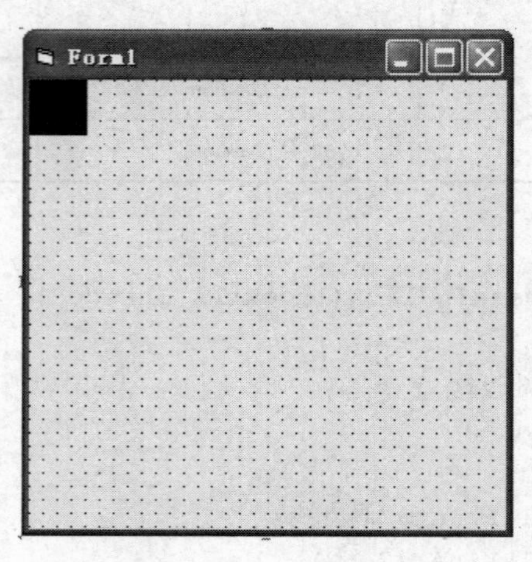

图 6-4 例 6.5 设计界面

表 6-3 对象的属性值

对 象	名称（Name）	属 性	属性值
窗体	Form1	Width	4200
		Height	4500
标签	Label1	BackColor	黑色
		Caption	空

（2）代码设计

```
Private Sub Form_Load()
    Dim mtop As Integer, mleft As Integer, j As Integer, k As Integer
    mtop = 0                                        ' 棋盘顶边初值
    For i = 1 To 8                                  '  i 为棋格的行号
       mleft = 50                                   ' 棋盘左边的位置
       For j = 1 To 8                               '  j 为棋格的列号
         k = (i - 1) * 8 + j                        ' 在第 i 行第 j 列产生一个棋格
         Load Label1(k)
         ' 利用 iif 函数根据行、列位置设置背景黑白交替改变
         Label1(k).BackColor=IIf((i+j)Mod2=0,QBColor(0),QBColor(15))
         Label1(k).Visible = True
         Label1(k).Top = mtop                 ' 产生的控件定位
         Label1(k).Left = mleft
         mleft = mleft + Label1(0).Width
      Next j
      mtop = mtop + Label1(0).Height            ' 为下一行控件确定 top 的位置
```

```
    Next i
    End Sub

    ' 单击棋格，显示棋格的序号，并使棋格背景黑变白、白变黑
    Private Sub Label1_Click(Index As Integer)
    Label1(Index) = Index                         ' 显示单击棋格的序号
    For i = 1 To 8
      For j = 1 To 8
         k = (i - 1) * 8 + j
         If Label1(k).BackColor = &H0& Then       ' 棋格的背景黑变白、白变黑
             Label1(k).BackColor = &HFFFFFF
             Else
             Label1(k).BackColor = &H0&
             End If
      Next j
    Next i
End Sub
```

运行程序，单击窗体，结果如图 6-5 所示。

图 6-5　例 6.5 运行效果

6.6　自定义数据类型

数组能够存放一组性质相同的数据，例如，一批学生某门课的考试成绩。但若要同时表示学生的姓名和考试的成绩，因为数据的类型不同，则需要声明两个数组，其一存放学生的姓名，其二存放对应学生的成绩，这对其后的操作带来一系列的不便。这样的问题可通过 VB 提供的自定义数据类型来解决。

6.6.1　自定义数据类型的定义

VB 不仅具有丰富的标准数据类型，还提供了用户自定义数据类型，它由若干个标准数据类型组成。自定义类型，也可称为记录类型，自定义数据类型通过 Type 语句来实现，一

般在标准模块（.bas）中定义。

格式：

```
Type 自定义类型名
   元素名[(下标)] As 类型名
      …
   [元素名[(下标)] As 类型名]
End Type
```

功能：定义一个自定义的数据类型。

说 明

① 元素名：表示自定义数据类型中的一个成员。

② 下标：表示是数组。

③ 类型名：为标准类型。

④ 自定义数据类型一般在标准模块（.bas）中定义，默认是 Public。若在窗体模块中定义，必须是 Private。

⑤ 自定义数据类型中的元素类型可以是字符串，但应是定长字符串。

⑥ 不要将自定义类型名和该类型的变量名混淆，前者表示了如同 Integer、Single 等的类型名，后者 VB 根据变量的类型分配所需的内存空间，存储数据。

⑦ 区分自定义类型变量和数组的异同。相同之处它们都是由若干个元素组成，不同之处，前者的元素代表不同性质、不同类型的数据，以元素名表示不同的元素。而数组存放的是同种性质、同种类型的数据，以下标表示不同的元素。

例如，定义一个有关学生信息的自定义数据类型：

```
Type StudType
    No As Integer                    ' 学号
    Name As String * 10              ' 姓名
    Sex As String * 1                ' 性别
    Mark(1 To 4) As Single           ' 4 门课程成绩
    Average As Single                ' 总分
End Type
```

6.6.2 自定义类型变量的声明和使用

自定义类型变量的声明有两种形式。

（1）声明形式

```
Dim  变量名  As   自定义类型名
```

例如：

```
Dim Student  As  StudType
```

（2）引用形式

```
变量名.元素名
```

例如，要表示 Student 变量中的姓名，第 4 门课程的成绩，则表示如下：

```
Student.Name="刘永华"
Student.mark(4)=95
```

但若要表示每个 Student 变量中每个元素，则这样书写太烦琐，可利用 With 语句进行简化。例如，对 Student 变量的各元素赋值，有关语句如下：

```
With Student
    .Name="古大乐"
    .Sex="男"
    .mark(1)=65
    .mark(2)=75
    .mark(3)=85
    .mark(4)=95
End With
```

6.6.3　自定义类型数组的应用

自定义类型数组（或称记录型数组、结构型数组）就是数组中的每个元素是自定义数据类型，它在解决实际问题时很有用。

【例 6.6】 利用自定义类型数组，编写一个输入、显示、查询学生信息的程序。

（1）程序界面设计

新建工程，在窗体中添加 1 个 Picture 控件和 1 个 Command 控件。界面如图 6-6 所示，属性设置如表 6-4 所示。

图 6-6　例 6.6 设计界面

表 6-4　对象的属性值

对　象	名称（Name）	属　性	属性值
窗体	Form1	Caption	自定义类型数组
图片框	Picture1	BackColor	灰色
命令按钮	Command1	Caption	查看学生情况

（2）代码设计

首先在标准模块（.bas）中定义自定义数据类型 StudType：

```
Type StudType
    Name As String * 10
    Sex  As String * 2
    Mark(1 To 4)  As Single
    Total As Single
    Average As Single
End Type
```

在窗体上放置一个命令按钮，编写单击事件：

```
Private Sub Command1_Click()
   Dim Student(1 To 5) As StudType              ' 声明一个自定义类型的数组
   '---------为数组元素赋值-------------
   With Student(1)
       .Name = "刘永华"
       .Sex = "男"
       .Mark(1) = 60
       .Mark(2) = 70
       .Mark(3) = 80
       .Mark(4) = 90
   End With
   With Student(2)
      .Name = "古大乐"
      .Sex = "男"
      .Mark(1) = 65
      .Mark(2) = 75
      .Mark(3) = 85
      .Mark(4) = 95
   End With
   With Student(3)
      .Name = "周伦伦"
      .Sex = "男"
      .Mark(1) = 68
      .Mark(2) = 78
      .Mark(3) = 88
      .Mark(4) = 98
   End With
   With Student(4)
      .Name = "张  颖"
      .Sex = "女"
      .Mark(1) = 75
      .Mark(2) = 85
      .Mark(3) = 85
      .Mark(4) = 99
   End With
```

```
    With Student(5)
        .Name = "李  春"
        .Sex = "女"
        .Mark(1) = 77
        .Mark(2) = 88
        .Mark(3) = 88
        .Mark(4) = 99
    End With
    ' ----------------计算及显示-------------------
    Picture1.Print "    姓名  性别  数学  英语  语文  计算机  总分  平均分"
    Picture1.Print "--------------------------------------------------"
    For i= 1 To 5
      With Student(i)
        .Total = .Mark(1) + .Mark(2) + .Mark(3) + .Mark(4)
        .Average = .Total / 4
      Picture1.Print Spc(3); Trim(.Name); Spc(2); .Sex; Spc(2); .Mark(1); _
    Spc(2); .Mark(2);
      Picture1.Print Spc(2); .Mark(3); Spc(2); .Mark(4); Spc(2); .Total; _
    Spc(2); .Average
      End With
    Next i
  End Sub
```

运行程序，单击命令按钮，结果如图 6-7 所示。

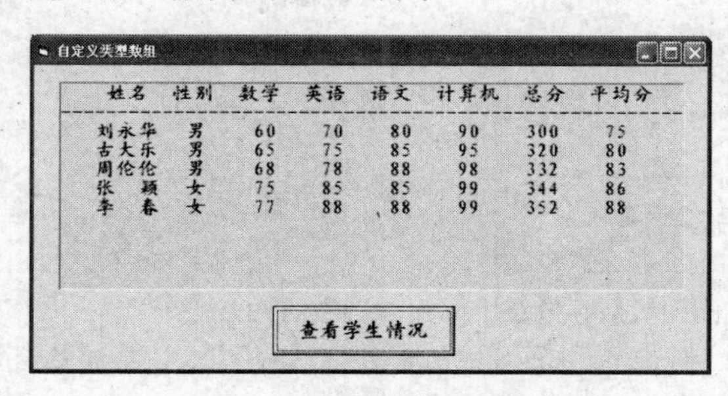

图 6-7　例 6.6 运行效果

6.7　数 组 应 用

以上我们介绍了数组的定义和基本操作方法，以及控件数组的创建和使用方法，下面通过一些例题，更进一步地了解数组的应用。

【例 6.7】 编一程序，随机产生 20 个两位整数，当程序运行时，若选中“偶数”单选按钮，则找出其中所有偶数后并显示，若选中“奇数”单选按钮，则显示所有奇数。

(1) 程序界面设计

新建工程，在窗体中添加 4 个 Label 控件和 2 个 Option 控件。界面如图 6-8 所示，属性设置如表 6-5 所示。

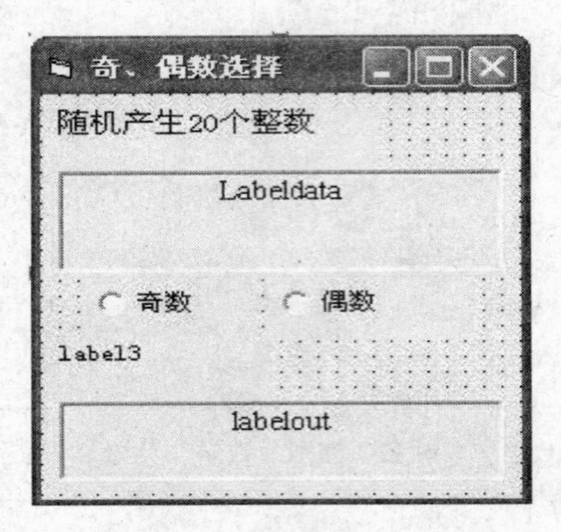

图 6-8　例 6.7 设计界面

表 6-5　对象的属性值

对　象	名称（Name）	属　性	属性值
窗体	Form1	Caption	奇、偶数选择
标签	Labeldata	Caption	labeldata
标签	Labelout	Caption	labelout
标签	Label3	Caption	Label3
标签	Label4	Caption	随机产生 20 个整数
单选按钮	Option1	Caption	奇数
单选按钮	Option2	Caption	偶数

（2）代码设计

```
Dim a(1 to 20) As Integer                    ' 定义数组 a，包含 20 个元素
Private Sub Form_Load()
    For i = 1 To 20
      a(i) = Int(Rnd * 90) + 10      ' 产生 10～99 之间的随机数
      ' 将产生的随机数存放在下标为 i 的数组元素中
      datastr = datastr & Str$(a(i))              ' 将数据作为字符串连接起来
    Next i
    Labeldata.Caption = datastr
End Sub
Private Sub Option1_Click()
    Label3.Caption = "奇数有："
    For i = 1 To 20
      If a(i) Mod 2 = 1 Then          ' 查找所有的奇数，并将其转为字符连接
        datastr = datastr & Str(a(i))
      End If
    Next i
    Labelout.Caption = datastr
End Sub
Private Sub Option2_Click()
```

```
        Label3.Caption = "偶数有："
        For i = 1 To 20
          If a(i) Mod 2 = 0 Then
            datastr = datastr & Str(a(i))
          End If
        Next i
        Labelout.Caption = datastr
    End Sub
```

运行程序，单击“奇数”，结果如图 6-9 所示。

【例 6.8】 编一程序，输出 3 行 4 列的矩阵，计算矩阵中所有数据的平均值， 并在框架标题中输出。

（1）程序界面设计

新建工程，在窗体中添加 1 个 Frame 控件、在 Frame 控件内添加 1 个 Picture 控件、2 个 Command 控件。界面如图 6-10 所示，属性设置如表 6-6 所示。

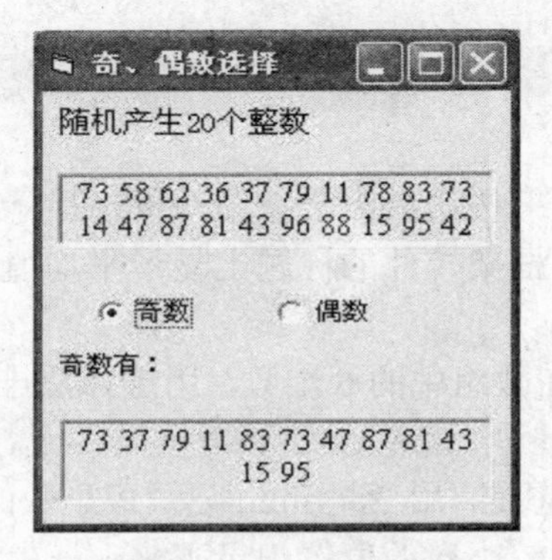

图 6-9　例 6.7 运行效果

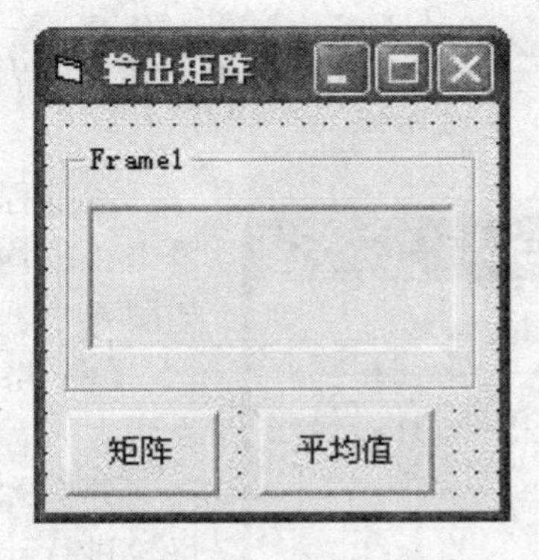

图 6-10　例 6.8 设计界面

表 6-6　例 6.8 对象的属性值

对　象	名称（Name）	属　性	属性值
命令按钮	Command1	Caption	矩阵
命令按钮	Cmdave	Caption	平均值

（2）代码设计

```
    Dim a(1 To 3, 1 To 4) As Integer          ' 定义二维数组 a
    Private Sub Command1_Click()              ' 单击“矩阵”按钮
        Picture1.Cls
        Frame1.Caption = "矩阵"
        Cmdave.Enabled = True                 ' 使“平均值”按钮可用
        For i = 1 To 3
           For j = 1 To 4
             a(i, j) = Int(Rnd * 90) + 10
             Picture1.Print a(i, j); Spc(2);
           Next j
           Picture1.Print
```

```
    Next i
End Sub

Private Sub Cmdave_Click() ' 单击求平均值按钮
  Cmdave.Enabled = False          ' 使“平均值”按钮不可用
  Sum = 0
  For i = 1 To 3
      For j = 1 To 4
         Sum = Sum + a(i, j)
      Next j
   Next i
   ave = Sum / 12
   Frame1.Caption = "平均值是" & Str$(Format(ave, "##.##"))
End Sub

Private Sub Form_Load()
    Cmdave.Enabled = False
    Frame1.Caption = "等待产生矩阵"          ' 为框架设置标题
End Sub
```

图 6-11 运行效果

运行程序，单击“矩阵”按钮后，会在图片框中显示矩阵，单击“平均值”按钮，则在框架控件的标题上显示平均值，结果如图 6-11 所示。

【例 6.9】 对已知存放在数组中的 6 个数，用选择法排序（由小到大）。

分析：选择法排序的思想是，用变量 imin 记录最小数的位置，每轮进行比较时，将找到的较小数的位置记录下来，一轮比较结束后，imin 中存放了本轮最小数所在的位置，然后将该位置上的数 ia（imin）与本轮的第一数交换位置，这样就得到了本轮的最小数。下一轮比较时，要避开上一轮的第一个数，从下一个数开始，依此类推，最终将小数排在前面，大数排在后面，完成排序。具体方法步骤如下。

1）从 n 个数的序列中查找最小的数，记录该数所在的位置 imin。

2）将 ia（imin）与第 1 个数交换位置。

3）除第 1 个数外，其余 n-1 个数再按步骤 1）的方法选出次小的数，与第 2 个数交换位置；

4）将步骤 1）重复 n-1 遍，最后构成递增序列。

程序代码如下：

```
Option Base 1
   Private Sub Command1_Click()
   Dim ia(1 To 10) As Integer, imin%, n%, i%, j%, t%
   ia(1) = 8: ia(2) = 6: ia(3) = 9: ia(4) = 3: ia(5) = 2: ia(6) = 7
   n = 6
   For i = 1 To n - 1                ' 进行 n-1 轮比较
       imin = i                      ' 第 i 轮比较时，初始假定第 i 个元素最小
```

```
        For j = i + 1 To n          ' 在数组 i～n 个元素中选最小元素的下标
          If ia(j) < ia(imin) Then imin = j
        Next j
        t = ia(i)                   ' i～n 个元素中选出的最小元素与第 I 个元素交换
        ia(i) = ia(imin)
        ia(imin) = t
    Next i
    For i = 1 To n
        Print ia(i);
    Next i
End Sub
```

【例 6.10】 随机产生 10 个数，用冒泡法排序（从小到大）。

分析：冒泡法排序的思想是，将数组中的数据两两进行比较，每次将较大的数据交换到后面，直到大数沉底，小数冒出。具体方法步骤如下。

1）第一轮，从第 1 个数开始，向后进行相邻两个数比较，并将小的数交换到前面，比较 n-1 次后，最大的数则“沉底”，放在最后一个位置，小数上升“浮起”。

2）第二轮，仍从第 1 个数开始，重复步骤 1)，但只需比较 n-2 次，则次大的数沉在 n-1 的位置。

3）依此类推，重复步骤 1)，第 j 轮则进行 n-j 次比较，直到将所有数比较交换完成。

程序段代码如下：

```
Private Sub Form_Click()
   Dim a(1 To 10) As Integer
   Randomize
   For i = 1 To 10
     a(i) = Int(Rnd * 100)                  ' 随机产生 10 个数
   Next i
   For i = 10 To 2 Step -1
     For j = 1 To i - 1
       If a(j) > a(j + 1) Then              ' 交换
          t = a(j + 1)
          a(j + 1) = a(j)
          a(j) = t
       End If
     Next j
   Next i
   For i = 1 To 10
     Print a(i)                             ' 打印排序结果
   Next i
End Sub
```

【例 6.11】 将一个数插入到一个有序的数组中，并使其仍然有序。

分析：将一个数插入到一个有序的数组中，首先要查找插入的位置 k（1≤k≤n-1），然后从 n-1 到 k 逐一向后移动一个位置，将第 k 个元素的位置腾出，最后将数据插入。

程序代码如下：

```
Private Sub Command1_Click()
  Dim a%(1 To 10), i%, k%
  For i = 1 To 9                        ' 通过程序自动形成有规律的数组
     a(i) = (i - 1) * 3 + 1
  Next i
  For k = 1 To 9                        ' 查找欲插入数 14 在数组中的位置
     If 14 < a(k) Then Exit For         ' 找到插入的位置下标为 k
  Next k
  For i = 9 To k Step -1                ' 从最后元素开始往后移，腾出位置
     a(i + 1) = a(i)
  Next i
  a(k) = 14                             ' 将数插入
  For i = 1 To 10
     Print a(i);
  Next i
End Sub
```

6.8 习　题

1. 选择题

（1）以下定义数组或给数组元素赋值的语句中，正确的是________。

A．Dim a As Variant
a=Array（1,2,3,4,5）

B．Dim a（10）As Integer
a=Array（1,2,3,4,5）

C．Dim a%（10）
a（1）="ABCDE"

D．Dim a（3）,b（3）As Integer
a（0）=0：a（1）=1：a（2）=2：b=a

（2）在窗体上画一个名称为 Command1 的命令按钮，然后编写如下事件过程：

```
Private Sub Command1_Click()
  Dim arr1(10) As Integer, arr2(10) As Integer
  n = 3
  For i = 1 To 5
        arr1(i) = i
        arr2(n) = 2 * n + i
  Next i
  Print arr2(n); arr1(n)
End Sub
```

程序运行后，单击命令按钮，则在窗体上显示的内容是________。

A．11　3　　B．3　11　　C．13　3　　D．3　13

（3）在窗体上画一个名称为 Command1 的命令按钮，然后编写如下程序：

```
Option Base 1
```

```
Private Sub Command1_Click()
  Dim a As Variant
  a=Array(1,2,3,4,5)
  Sum=0
  For i=1 To 5
     Sum = Sum+a(i)
  Next i
  x=Sum/5
  For i =1 To 5
     If a(i)>x Then Print a(i);
  Next i
End Sub
```

程序运行后，单击命令按钮，在窗体上显示的内容是________。

A. 1　2　　　B. 1　2　3　　　C. 3　4　5　　　D. 4　5

（4）下列程序段的执行结果是________。

```
Dim M(10) As Integer
For k = 1 To 10
   M(k) = 11 - k
Next k
x = 6
Print M(2 + M(x))
```

A. 2　　　B. 3　　　C. 4　　　D. 5

（5）在窗体上画一个名称为 Text1 的文本框和一个名称为 Command1 的命令按钮，然后编写如下事件过程：

```
Private Sub Command1_Click()
  Dim array1(10, 10) As Integer
  Dim i As Integer, j As Integer
  For i = 1 To 3
       For j = 2 To 4
          array1(i, j) = i + j
       Next j
  Next i
  Text1.Text = array1(1, 3) + array1(2, 3)
End Sub
```

程序运行后，单击命令按钮，在文本框中显示的值是________。

A. 7　　　B. 8　　　C. 9　　　D. 10

（6）下列程序的运行结果是________。

```
Option Base 1
Private Sub Command1_Click()
  Dim a()
  a = Array(1, 2, 3, 4)
  j = 1
```

```
   For i = 1 To 4
      s = s + a(i) * j
      j = j * 10
   Next i
   Print s
End Sub
```

A. 1234　　B. 1111　　C. 4444　　D. 4321

(7) 下列程序的运行结果是________。

```
Option Base 1
Private Sub Command1_Click()
   Dim a(10), p(3) As Integer
   k = 5
   For i = 1 To 10
     a(i) = i
   Next i
   For i = 1 To 3
     p(i) = a(i * i)
   Next i
   For i = 1 To 3
     k = k + p(i) * 2
   Next i
   Print k
End Sub
```

A. 28　　B. 37　　C. 33　　D. 35

2. 填空题

(1) 下面程序段完成3×4阶矩阵A和B的相加运算，请在程序空白处填上正确语句。

```
For I=1 to 3
     For J=1 to 4
        C(I,J)=__________
     Next J
Next I
```

(2) 下列程序运行后的结果为________。

```
Private Sub Command1_Click()
   Const a = 6
   Dim x(a) As Integer
   For i = 1 To a
     x(i) = i * i
   Print x(i)
   Next i
End Sub
```

(3) 下列程序的运行结果是________。

```
Private Sub Command1_Click()
   Dim a(10) As Integer
   For i = 1 To 10
     a(i) = 14 - i
   Next
   x = 8
   Print a(2 + a(x))
End Sub
```

(4) 在窗体上画一个名称为Command1的命令按钮，然后编写如下程序：

```
Sub Command1_Click()
   Dim a(5, 5) As Integer
   For i = 1 To 3
       For j = 1 To 4
          a(i, j) = i * j
       Next j
   Next i
   For n = 1 To 3
       For m = 1 To 2
          Print a(m, n);
       Next m
   Next n
End Sub
```

程序运行后，单击命令按钮，输出的结果是________。

3. 编程题

(1) 编写程序，建立一个数组，并通过Rnd函数（该函数返回一个0到1之间的数）为每个数组元素赋一个1到100之间的整数。然后显示所有小于60的元素。

(2) 编写程序，随机产生10个二位数，放入数组A中，从中选出一个最大的和一个最小的数，并显示出来。

(3) 编写程序，随机产生20个不同的数放在数组A中，并按由大到小的顺序排序。从键盘上输入一数X，判断此数是否在该数组A中，若在则输出其所在的位置及X值，否则输出“未找到”。

(4) 编写程序，录入15名学生的成绩，求出其平均分，统计高于平均分、低于60分、大于等于90分的人数，并输出结果。

(5) 利用随机数生成两个4×4的矩阵A和B，前者范围为30～70，后者范围为101～135。要求：

① 将两个矩阵相加，结果放入C矩阵。

② 将矩阵A转置。

③ 求C矩阵中元素的最大值和下标。

④ 以下三角形式显示A，上三角形式显示B。

⑤ 将矩阵B第一行与第三行对应元素交换位置并输出。

第7章 过 程

本章重点

☑ 过程的定义和调用。
☑ 函数的定义和调用。
☑ 过程的参数传递。
☑ 变量和过程的作用域。
☑ 排序、查找等常见算法。

本章难点

☑ 过程的参数传递。
☑ 递归过程。
☑ 常见算法。

在程序设计过程中，经常需要把一个大任务分解成若干个子任务，每个子任务分别完成一定的功能，该功能一般相对简单，而且容易实现，完成该功能的那部分代码就是过程。通过过程，可以简化程序设计，使程序的结构更加清晰，同时还可以提高编程效率和程序的可读性、重用性。本章主要介绍过程的分类、过程的定义与调用、过程的参数传递、过程与变量的作用域及过程的应用。

7.1 过程的分类

VB 中的过程根据作用可以分为事件过程和通用过程。

- 事件过程：当发生某个事件时，对该事件作出响应的程序段。事件过程是面向对象程序中非常重要的过程，这些过程构成了应用程序的主体。
- 通用过程：在程序设计过程中，可能有多个过程含有某个功能相同的公共程序段，这时可以把该公共程序段提取出来，作为一个单独的过程，这样的过程就叫做通用过程。

在 VB 中，通用过程分为两类：一类是 Sub 过程（也称为子过程），一类是 Function 过程（也称为函数过程）。

- 子过程（Sub Procedure）：子过程是没有返回值的过程。在事件过程或其他过程中可按名称调用子过程。子过程能够接收参数，用于完成过程中的任务，并可以返回一些数值。但是，与函数过程不同，子过程不返回与其特定子过程名相关联的值。子过程一般用于接收或处理输入数据、显示输出或者设置属性等。
- 函数过程（Function Procedure）：函数过程用来完成特定的功能并返回相应的结果。

在事件或其他过程中可按名称调用函数过程。函数过程能够接收参数，并且总是以该函数名返回一个值。这类过程一般用于完成计算任务。

使用通用过程编程的优点如下：

- 消除了重复语句行；
- 使程序更易阅读；
- 简化了程序开发；
- 提高了代码的可重用性；
- 扩展了 VB 语言。

7.2　过程的定义与调用

VB 过程包括通用过程和事件过程，通用过程包括 Sub 过程和 Function 过程。除了这些过程之外，还包括一种特殊的过程，即 Sub Main()过程，也叫启动过程。本节主要介绍通用过程的格式定义和调用方法、Sub Main()过程的定义与应用、事件过程的基本格式和应用以及模块间过程的调用等问题。

7.2.1　通用 Sub 过程

通用 Sub 过程是由应用程序来调用，不与特定的事件相关联的代码块。将模块中的代码写成 Sub 过程后，在应用程序中查找和修改代码变得更加容易。

1. 定义通用 Sub 过程

通用 Sub 过程的结构和事件过程的结构相似。

格式：

```
[Private|Public][Static]Sub  过程名[(形式参数表)]
    [语句块]
    [Exit Sub]
    [语句块]
End Sub
```

说 明 

① Sub 过程以 Sub 开头，以 End Sub 结束。在 Sub 和 End Sub 之间的语句块称为“过程体”或“子程序体”。

② Private：是可选的，表示只有在包含其声明的模块中的其他过程可以访问该 Sub 过程。它决定了此过程的作用域。与变量的声明不同，如没有使用该关键字，则默认为 Public（公用的）。

③ Public：是可选的，表示所有模块的所有其他过程都可访问这个 Sub 过程。它决定了此过程的作用域。

④ Static：是可选的，表示在调用期间保留 Sub 过程的局部变量的值，Static 属性对在 Sub 过程外声明的变量不会产生影响，即使该过程中也使用了这些变量。它决定了在此过程内定义的变量的生命周期。若没有使用该关键字，则在过程执行完毕后，过程内的局部变量会自动释放。

⑤ 过程名：是必需的，过程名与变量名的命名规则相同。一个过程只能有一个唯一的过程名。在同一个模块内，同一名称不能既作 Sub 过程名，又作 Function 过程名。

⑥ Exit Sub：使执行立即从一个子过程中退出，程序接着从调用该子过程的下一条语句继续执行。在子过程的任何位置都可以有 Exit Sub 语句，而且在一个子过程中可以有多个 Exit Sub 语句。一般情况下，Exit Sub 语句经常和选择结构联合使用。

⑦ <形式参数表>：是可选的，类似于变量声明，指明从调用过程传送给过程的变量个数和类型，各变量之间用逗号间隔。其中的形式参数默认为 Variant 类型，但注意在使用时，最好还是将形式参数声明为一个具体的数据类型。

<形式参数表>中出现的参数称为形式参数，简称形参。它并不代表实际存在的变量，也没有固定的值。在过程调用时，它被一确定的值代替。形参的名字并不重要，重要的是其所表示的关系和调用时所给定的实际参数。不能用定长字符串变量或定长字符串数组作为形式参数。不过可以在 Call 语句中用简单定长字符串变量作为实际参数。

<形式参数表>中形参的语法为：

```
[[Optional][ByVal | ByRef]]| [ParamArray]<变量名>[( )] [As <类型>]
[=<缺省值>]...
```

- Optional 关键字表示参数不是必须的。若使用该关键字，则<形式参数表>中的后续参数都必须是可选的，而且必须都使用 Optional 关键字声明。若使用了 ParamArray 关键字，则任何参数都不能使用 Optional 关键字进行声明。
- ByVal 表示该参数按值传递，即在调用过程时，传递给过程的是实际参数的值。
- ByRef 表示该参数按引用传递，即在调用过程时，传递给过程的是实际参数在内存中的存储地址，也就是参数本身。它是 VB 6.0 默认的传送参数的方式。
- ParamArray 只用于<形式参数表>的最后一个参数，指明最后这个参数是一个 Variant 类型元素的 Optional 数组。使用 ParamArray 关键字定义参数，在调用该过程时，可以提供任意数目的参数。ParamArray 关键字不能与 ByVal、ByRef 或 Optional 一起使用。
- 若变量名后加括号，就表示该参数是个数组。
- <类型>代表传递给该过程的参数的数据类型，可以是 Byte、Boolean、Integer、Long、Currency、Single、Double、Date、String（只支持变长）、Object 或 Variant。注意：若形参表中的变量声明为具体的数据类型，则实参表中对应的变量也必须声明为相同的数据类型。
- <缺省值>代表任何常数或常数表达式，只对 Optional 参数合法。若类型为 Object，则给定的缺省值只能是 Nothing。

⑧ Sub 过程不能嵌套定义，即在过程内，不能再定义过程，但可以调用其他 Sub 过程或 Function 过程；不能使用 goto 语句进入或转出 Sub 过程，只能通过调用执行 Sub 过程或 Function 过程，且可以嵌套调用。

⑨ End Sub 表示 Sub 过程的结束。每个过程都必须有一个 End Sub 语句。当执行到该语句时，将退出该过程，并继续执行调用语句下面的语句。

⑩ 可以将子过程放入标准模块、类模块和窗体模块中。按照缺省规定，所有模块中的子过程为 Public（公用的），这意味着在应用程序中可随处调用它们。

按 Sub 过程有没有参数可以把 Sub 过程分为有参过程和无参过程。没有参数的过程称为无参过程。例如：

```
Public Sub shuchu()                                ' 无参过程
    Print "hello"
End Sub
```

```
Public Sub add(x As Integer,y As Integer)  '有参过程
    x=x+1
    Print x+y
End Sub
```

2. Sub 过程建立

通用过程既可在窗体模块中创建，也可在标准模块和类模块中创建。下面以窗体模块为例，在窗体模块中创建 Sub 过程。

建立通用 Sub 过程有两种方法：一是使用“添加过程”对话框；二是直接在代码编辑器窗口中输入过程代码。

（1）使用“添加过程”对话框

操作步骤如下。

1）打开要添加过程的代码编辑器窗口，如图 7-1 所示。

2）选择“工具”菜单中的“添加过程”命令，打开“添加过程”对话框。如图 7-2、图 7-3 所示。

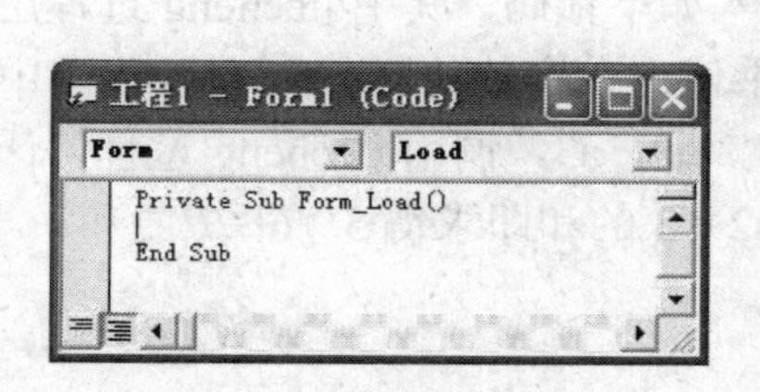

图 7-1 代码窗口

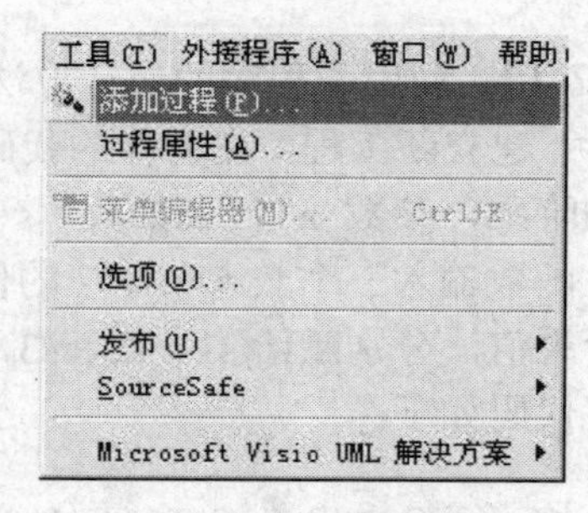

图 7-2 工具菜单

3）在“名称”文本框中输入过程名，例如：sushu，从“类型”选项组中选择过程类型，例如：“子程序”，从“范围”选项组中选择范围，例如：“公有的”。

4）单击“确定”按钮，则在代码窗口中添加了 Public Sub sushu()过程，如图 7-4 所示。

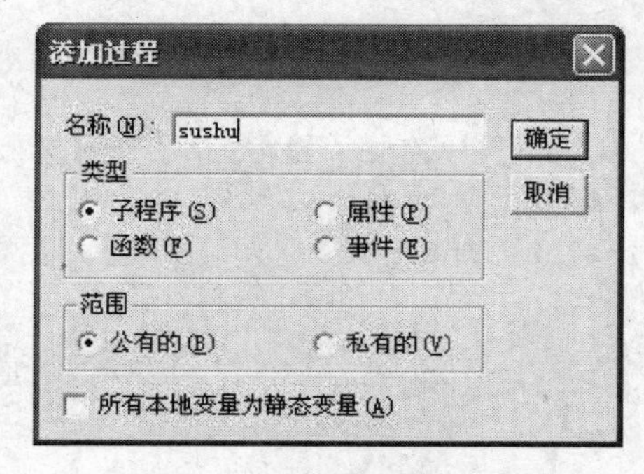

图 7-3 添加过程对话框

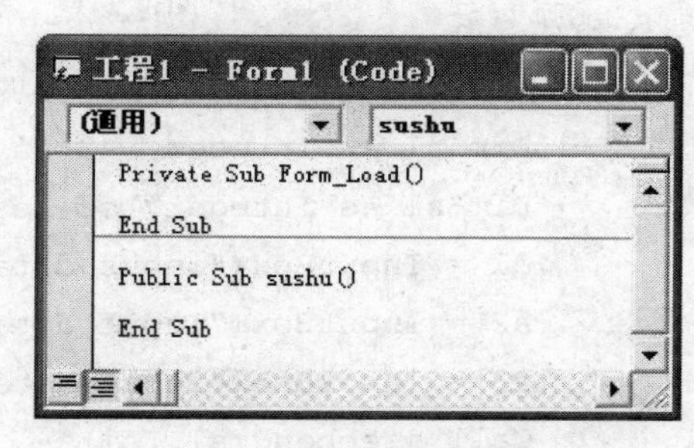

图 7-4 代码对话框

（2）直接在代码编辑器窗口中输入

建立通用过程，还可以直接在代码编辑器窗口中输入。在代码编辑器窗口中，把光标定位在已有过程的外面，按照规定的语法格式输入过程名和参数，然后按 Enter 键，系统会自动产生最后一行语句 End Sub。

3. Sub 过程调用

每次调用子过程都会执行 Sub 与 End Sub 之间的语句序列。调用子过程有两种方法，可以使用 Call 语句实现，也可以通过直接使用过程名实现调用。

格式：

```
Call  <过程名>([<实参表>])
```

或

```
<过程名>  [<实参表>]
```

说 明

① <实参表>是实际参数列表，参数之间用逗号间隔。

② 当用 Call 语句调用子过程时，其过程名后必须加括号。若有参数，则参数必须放在括号之内。

③ 若省略 Call 关键字，则过程名后不能加括号。若有参数，则参数直接跟在过程名之后，参数与过程名之间用空格间隔，参数之间用逗号间隔。

【例 7.1】 利用子程序的设计方法计算 5!+6!+7!。

分析：建立新工程，在窗体的代码窗口中直接输入如下代码，其中 jiecheng 过程用于求取某数的阶乘，参数 n 代表某数，s 代表求得的阶乘值。在窗体的 Click 事件代码中利用 InputBox 函数输入三个数 5、6、7 的值，分别赋给 a1、a2、a3，调用 jiecheng 过程，计算三个数的阶乘值，分别赋给 s1、s2、s3，然后计算 s1+s2+s3 的和即求得 5!+6!+7!的和。

程序代码如下：

```
Private Sub jiecheng(n As Integer, s As Integer)
    Dim i As Integer
    s = 1
    For i = 1 To n
      s = s * i
    Next i
End Sub
Private Sub Form_Click()
    Dim a1 As Integer, a2 As Integer, a3 As Integer
    Dim s1 As Integer, s2 As Integer, s3 As Integer
    a1 = InputBox("input data1")
    a2 = InputBox("input data2")
    a3 = InputBox("input data3")
    Call jiecheng(a1, s1)
    Call jiecheng(a2, s2)
    Call jiecheng(a3, s3)
    Print s1 + s2 + s3
End Sub
```

7.2.2 Function 过程

VB 除了包含内置的或内部的函数，如 Sqr、Cos 或 Chr 外，还可用 Function 语句编写自己的 Function 过程。

1. 定义 Function 过程

格式：

```
[Private|Public][Static]Function 函数名 (形式参数表) [As 数据类型]
    语句块
    [函数名=表达式]
    [Exit Function]
    [语句块]
    [函数名=表达式]
End Function
```

说 明

① Function：过程以 Function 开头，以 End Function 结束。

② Private：表示只有包含其声明的模块中的过程可以访问该 Function 过程。

③ Public：表示所有模块的所有过程都可访问这个 Function 过程。

④ Static：表示在调用期间，将保留 Function 过程的局部变量值。Static 关键字对在该 Function 过程外声明的变量不会产生影响，即使在过程中使用了这些变量。

⑤ 函数名：是 Function 过程的名称，遵循标准的变量命名约定。

⑥ 形式参数表：代表在调用时要传递给 Function 过程的参数变量列表，多个参数变量应用逗号隔开。

⑦ 数据类型：是指 Function 过程返回值的数据类型。可以是 Byte、Boolean、Integer、Long、Currency、Single、Double、Date、String(不包含定长字符串)、Object、Variant 或任何用户定义类型。

⑧ 表达式：是 Function 过程的返回值。通过函数名带回主调过程。

⑨ 形式参数表的语法以及语法各个部分同 Sub 过程。

⑩ 如果没有使用 Public、Private 显示指定，则 Function 过程为公用，即 Public。如果没有使用 Static，则局部变量的值在调用之后不会被保留。

⑪ Function 过程可以是递归的；也就是说，该过程调用自己来完成某个特定的任务。通常 Static 关键字和递归 Function 过程不在一起使用。

⑫ Exit Function 语句使执行立即从一个 Function 过程中退出。

⑬ 调用 Sub 过程相当于执行一条语句，不直接返回值；而调用 Function 过程要返回一个值。由 Function 过程返回的值放在格式定义中的“表达式”中，通过“过程名=表达式”把它的值赋给“过程名”。如果在 Function 过程中省略“过程名=表达式”，则该过程返回一个默认值，数值类型函数过程返回 0 值；字符串类型函数通常返回空字符串。

⑭ 函数过程不能嵌套定义。

2. 建立函数过程

建立 Function 函数过程的方法与 Sub 过程的建立方法相同。函数可以在标准模块、窗体模块中定义。下面举例说明如何在标准模块中创建通用 Function 过程。

创建 Function 过程的操作步骤如下。

1）新建一个工程，选择工程类型为“标准 EXE”，单击“确认”按钮。

2）选择“工程”→“添加模块”命令，出现“添加模块”对话框，如图 7-5、图 7-6 所示。

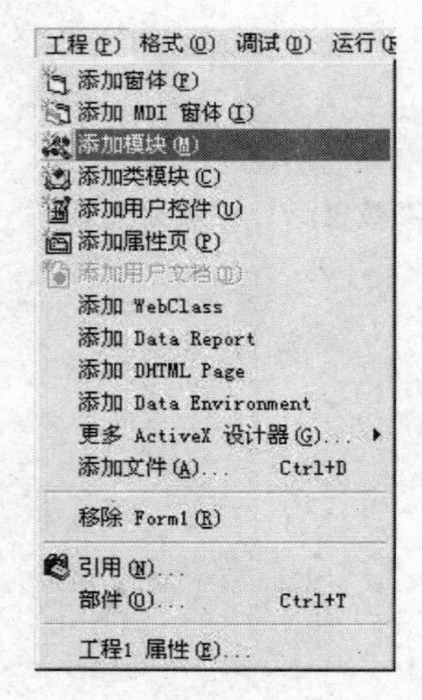

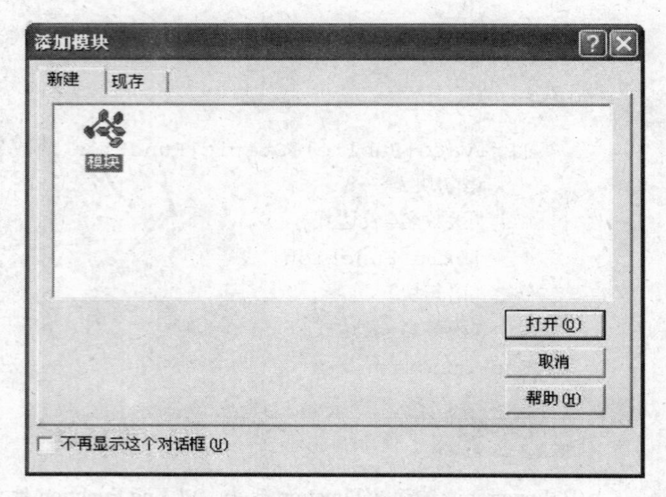

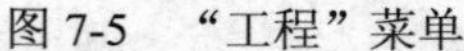

图 7-5 “工程”菜单

图 7-6 “添加模块”对话框

3）选择“新建”选项卡的“模块”项，单击“打开”按钮，则在工程中添加模块 1，并打开代码窗口，如图 7-7 所示。

4）选择“工具”→“添加过程”命令，出现“添加过程”对话框，如图 7-8 所示。在名称框中输入函数名 swap，类型选择“函数”，范围选择“公有的”，单击“确认”按钮，结果如图 7-9 所示。

5）在代码编辑窗口中输入相应的代码即可。

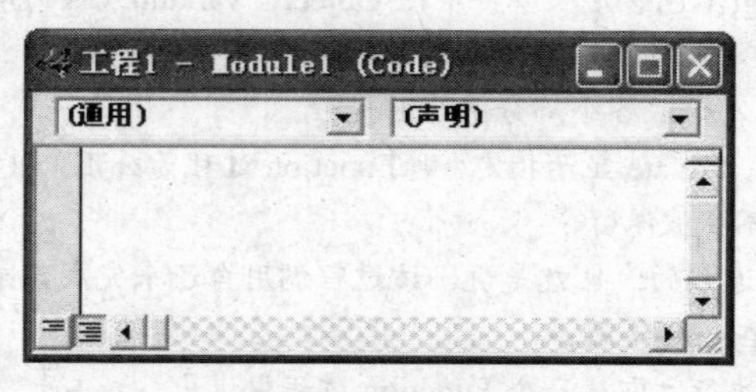

图 7-7 代码窗口

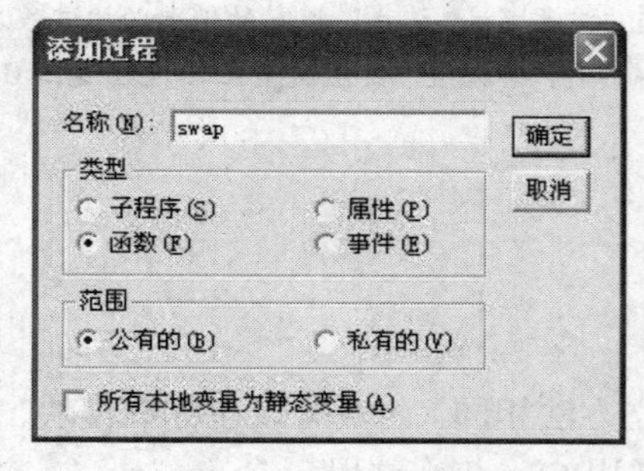

图 7-8 “添加过程”对话框

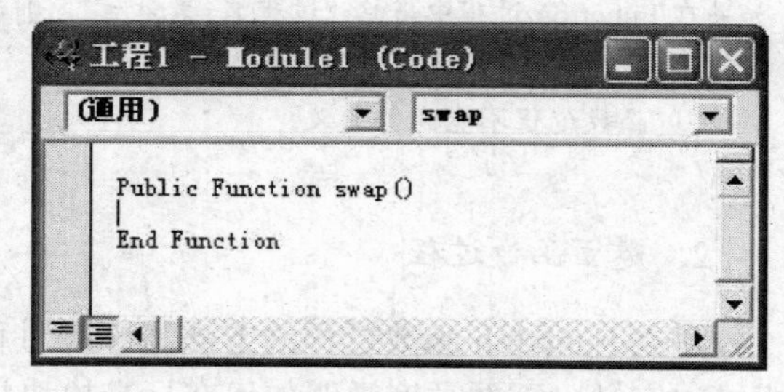

图 7-9 代码窗口

3. 函数过程调用

Function 函数过程调用比较简单，可以像使用 VB 内部函数一样使用 Function 过程。函数也可以像 Sub 过程一样调用。例如，以 Year 函数为例，调用方法有：

```
Call Year (Now)
```

或

```
Year Now
```

当用这种方法调用函数时，VB 放弃返回值。

【例 7.2】 利用函数过程的设计方法计算 5!+6!+7!。

分析：新建工程，在窗体的代码窗口中直接输入如下代码，其中 jiecheng 函数过程用于求取某数的阶乘，参数 n 代表某数，函数名 jiecheng 返回求得的阶乘值。在窗体的 Click 事件代码中利用 InputBox 函数输入三个数 5、6、7 的值，分别赋给 a1、a2、a3，调用 jiecheng 函数过程，分别计算三个数的阶乘值，然后相加即求得 5!+6!+7!的值。

程序代码如下：

```
Private Function jiecheng(n As Integer)
    Dim i As Integer
    jiecheng = 1
    For i = 1 To n
      jiecheng = jiecheng * i
    Next i
End Function

Private Sub Form_Click()
    Dim a1 As Integer, a2 As Integer, a3 As Integer
    a1 = InputBox("input data1")
    a2 = InputBox("input data2")
    a3 = InputBox("input data3")
    Print jiecheng(a1) + jiecheng(a2) + jiecheng(a3)
End Sub
```

7.2.3 事件过程

事件过程也是 Sub 过程，它是一种特殊的 Sub 过程，它附加在窗体和控件上。所有的事件过程使用相同的语法格式。控件的事件过程由控件的实际名字（Name 属性）、下划线和事件名组成。窗体事件过程由 Form、下划线和事件名称组成，即窗体事件过程不能由用户任意定义，而是由系统指定。控件事件过程和窗体事件过程的语法格式如下。

1. 控件事件过程

格式：

```
[Private|Public] Sub 控件名_事件名 (参数表)
    语句块
```

```
    [Exit Sub]
    语句块
End Sub
```

2. 窗体事件过程

格式：

```
[Private|Public] Sub Form_事件名 (参数表)
    语句块
    [Exit Sub]
    语句块
End Sub
```

事件过程也是过程（Sub 过程），所以也可以被其他过程调用。

3. 控件的事件过程调用

格式：

```
窗体名称.控件名称_事件名称()
```

7.2.4 Sub Main 过程

Sub Main 过程是 VB 中的一个特殊过程，也叫启动过程。完成的主要功能为在显示多个窗体之前对一些条件进行初始化。如果有 Sub Main 过程，一般把该过程作为程序的第一个过程运行。

1. Sub Main 过程在标准模块中建立

建立 Sub Main 过程的操作步骤如下。

1）在“工程”菜单中选择“添加模块”命令，打开标准模块窗口，在窗口中输入：

```
Sub Main()
```

2）按 Enter 键，将在窗口中显示该过程的开头和结束语句，如图 7-10 所示。然后在 Sub Main 和 End Sub 之间输入程序代码。

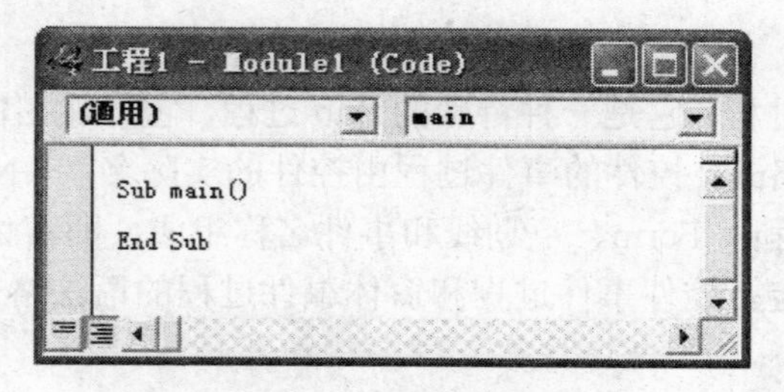

图 7-10 模块代码窗口

2. 把 Sub Main 过程设置为启动过程

操作步骤如下。

1）选择“工程”→“工程属性”命令，打开“工程属性”对话框，如图 7-11、图 7-12 所示。

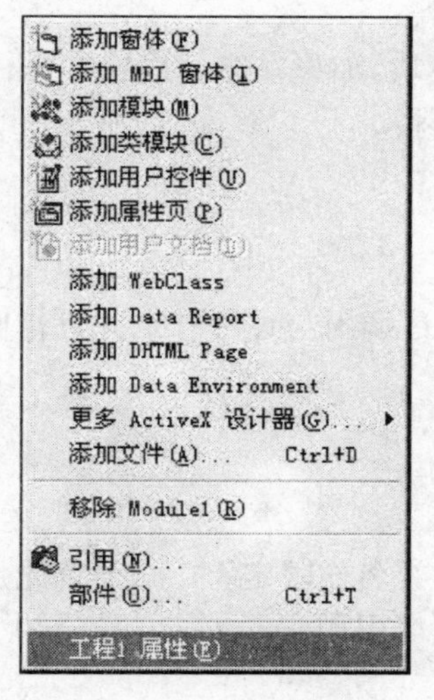

图 7-11　“工程”菜单

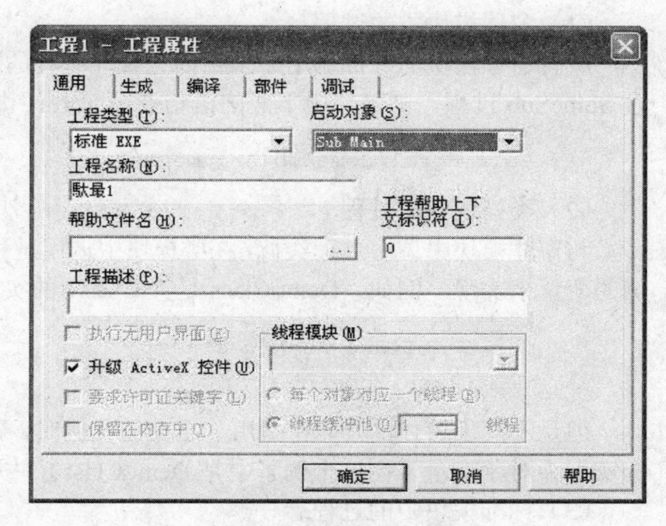

图 7-12　“工程属性”对话框

2）在“工程属性”对话框中选择“通用”选项卡，在该选项卡中的启动对象下拉列表框中选择 Sub Main，如图 7-12 所示。

3）单击“确定”按钮，即把 Sub Main 过程设置为了启动过程。

把 Sub Main 过程设置为启动过程后，则可以在运行程序时首先执行该过程，所以该过程常用来设定初始化条件。例如：

```
Sub Main()
    '初始化
     ...
    Form1.show
    Form2.show
End Sub
```

该过程先进行初始化，然后显示窗体 1 和窗体 2。

7.2.5　模块间过程调用

1. Visual Basic 应用程序的基本结构

VB 应用程序的基本结构一般由三部分组成，包括窗体模块、类模块、标准模块。

- 窗体模块：主要包括变量声明部分、子程序过程（Sub）、函数过程（Function）、事件过程（Sub）。
- 类模块：主要包括类成员变量、方法的定义。
- 标准模块：主要包括变量声明部分、子程序过程（Sub）、函数过程（Function）。

2. 调用其他模块中的过程

在工程中的任何地方都能调用其他模块中的公用过程。在调用时，需要指定模块名称，该模块包含正在调用的过程。调用其他模块中过程的各种技巧，取决于该过程是在窗体模块中、类模块中还是标准模块中调用的，具体如下。

（1）窗体模块中的过程

所有窗体模块的外部调用必须指向包含此过程的窗体模块。如果在窗体模块 Form1 中包含 SomeSub 过程，则可使用下面的语句调用 Form1 中的过程：

```
Call Form1.SomeSub(Arguments)
```

（2）类模块中的过程

与窗体模块中调用过程类似，在类模块中调用过程要通过调用与过程一致并且指向类实例的变量来实现。例如，DemoClass 是类 Class1 的实例：

```
Dim DemoClass As New Class1
DemoClass.SomeSub
```

但是不同于窗体的是，在引用一个类的实例时，不能用类名作限定符，必须首先声明类的实例为对象变量（在这个例子中是 DemoClass）并用变量名引用它。

（3）标准模块中的过程

如果过程名是唯一的，则不必在调用时加模块名。无论是在模块内，还是在模块外调用，结果总会引用这个唯一过程。如果过程仅出现在一个地方，这个过程就是唯一的。

如果两个以上的模块都包含同名的过程，那么在调用该过程时必须用模块名来限定。

在同一模块内调用一个公共过程就会调用该模块内的过程。

例如，对于 Module1 和 Module2 中名为 CommonName 的过程，从 Module2 中调用 CommonName 则运行 Module2 中的 CommonName 过程，而不是 Module1 中的 CommonName 过程。

从其他模块调用公共过程名时必须指定那个模块。例如，若在 Module1 中调用 Module2 中的 CommonName 过程，要用下面的语句：

```
Module2.CommonName (Arguments)
```

7.3　过程的参数传递

过程中的代码通常需要某些关于程序状态的信息才能完成它的工作。这些信息包括在调用过程时传递到过程内的变量。当将变量传递到过程时，称变量为参数。

Sub 过程和 Function 函数过程中的<参数列表>中的参数称为形式参数（简称形参），在程序中调用 Sub 过程和 Function 函数过程时，<参数列表>中的参数称为实际参数。过程调用就是实参与形参结合的过程。

7.3.1　过程的参数提供方式

形参是在 Sub、Function 过程定义中出现的变量名。实参是在调用 Sub 过程或 Function 过程时传送给 Sub 或 Function 过程的常数、变量、表达式或数组。在 VB 中，可以通过两种方式传送参数，即按位置传送和指名传送。

1. 按位置传送

按位置传送就是在调用过程或函数时，实参和形参的参数次序、个数、类型必须一致，但形参表和实参表中对应变量的名字不必相同。按位置传送是多数高级语言处理子程序调用时所采用的方式。

形参表中各个变量之间用逗号隔开，表中的变量可以是：除定长字符串之外的合法变量名；后面跟有左右括号的数组名。

实参表中各个变量之间用逗号隔开，实参可以是：常数、表达式、合法变量名、具有括号的数组名。

例如：

```
Sub test(a1 As Integer ,a2 As String, a3 As Single,a4 As Byte)
…
End Sub
```

可以使用下面的语句调用该过程：

```
Call test(a%,"test",b!,5)
```

这种情况下实参与形参的结合采用的就是按位置传送。

2. 指名传送

对许多内建函数、语句和方法，VB 提供了命名参数方法来快捷传递参数值。对命名参数，通过给其赋值，就可按任意次序提供任意多参数。为此，键入命名参数，其后为冒号、等号和值（MyArgument := "SomeValue"），可以按任意次序安排这些赋值，它们之间用逗号分开。注意，下例中的参数顺序和子程序所要参数的顺序相反。

【例 7.3】 指名传送。

```
Sub ListText (strName As String, Optional strAddress As String)
    List1.AddItem strName
    List2.AddItem strAddress
End Sub

Private Sub Command1_Click ()
    ListText strAddress:= "12345", strName:="Your Name"
End Sub
```

如果过程有若干不必总要指定的可选参数，则上述方法更为有用。

3. 确定对命名参数的支持

要确定哪一个函数、语句和方法支持命名参数，可以使用代码窗口中的 AutoQuickInfo 功能，检查“对象浏览器”，或者参阅语言参考。

使用命名参数时要注意以下几点。

① 在 VB 对象库中的对象的方法不支持命名参数。而 Visual Basic for Applications（VBA）对象库中的所有的语言关键字都支持命名的参数。

② 在语法中，命名参数是用粗体和斜体字表示的。所有其他参数只用斜体字表示。

③ 使用命名参数时不能省略所需参数的输入，可以只省略可选参数。对于 VB 和 Visual Basic for Applications（VBA）对象库，“对象浏览器”对话框将可选参数用方括号[ ]括起来。

7.3.2 过程的参数传递方式

1. 参数的数据类型

过程的参数如果不定义其数据类型，则被默认为具有 Variant 数据类型。一般情况下，应该声明参数为某种确定的数据类型。

【例 7.4】 下面的函数接受一个字符串和一个整数。

```
Function WhatsForLunch(WeekDay As String, Hour As Integer) As String
    ' 根据星期几和时间，返回午餐菜单
    If WeekDay = "Friday" Then
      WhatsForLunch = "Fish"
    Else
      WhatsForLunch = "Chicken"
    End If
    If Hour > 4 Then WhatsForLunch = "Too late"
End Function
```

2. 按值传递参数

值传递就是实参与形参结合时，实参把本身的值传递给形参。传值的结合过程是：当调用一个过程时，系统将实参的值复制给形参后，实参与形参断开了联系。被调用过程中的操作是在形参自己的存储单元中进行的，当过程调用结束时，这些形参所占用的存储单元也同时被释放。

按值传递参数时，传递的只是变量的副本。如果过程改变了这个值，则所作变动只影响副本而不会影响变量本身。在 VB 中，用 ByVal 关键字指出参数是按值来传递的。也就是说，在定义通用过程时，如果形参前面有关键字 ByVal，则该参数用传值方式传送。

【例 7.5】 传值方式传送参数。

```
Sub PostAccounts (ByVal a As Integer)
    a=a+10
    Print a
End Sub

Sub Form_Click()
    Dim b As Integer
    b=5
    Call PostAccounts(b)
    Print b
End Sub
```

在过程 PostAccounts 中，a 被定义为按传值方式传送，所以 b 把 5 传送给 a，然后 a 加

10，则a变为15，然后输出；执行了过程调用后，输出b，则b的值为5。b的值不是15，原因就是a参数为值传递。

3. 按引用传递参数

按引用传递参数就是按地址传递参数，即实参与形参结合时，实参把自己的地址传递给形参，使形参和实参使用同一个存储单元。引用的结合过程是：当调用一个过程时，它将实参的地址传递给形参。所以在被调用过程体中对形参的任何操作都变成了对相应实参的操作，所以实参的值就会随着形参的改变而改变。使用引用传递参数，会使程序的效率提高。

按引用传递参数时，传递的是变量的地址。如果被调用过程中改变了形参的值，则对应实参的值会跟着改变，因为形参与实参使用的是同一个存储单元。按地址传递参数在VB中是通过关键字ByRef实现的。该传递方式是系统默认的参数传递方式，所以ByRef关键字通常可以省略。

如果给按引用传递参数指定数据类型，则在调用该过程时，必须将这种类型的实参变量传给形参。

【例7.6】 按引用方式传递参数。

```
Sub intswap(x As Integer,y As Integer)
    Dim m As Integer
    Print x,y              ' 过程中交换前x，y的值
    m=x
    x=y
    y=m
    Print x,y              ' 过程中交换后x，y的值
End Sub

Private Sub Form_Click()
    Dim a As Integer,b As Integer
    a=5
    b=9
    Print a,b              ' 过程调用前a，b的值
    Call intswap(a,b)
    Print a,b              ' 过程调用后a，b的值
End Sub
```

过程调用前a，b的值为5，9；

过程中交换前x，y的值为5，9；

过程中交换后x，y的值为9，5；

过程调用后a，b的值为9，5。

通过上述分析可知，a和x、b和y的结合是按引用方式传递的，实参随着形参的改变而改变。

过程的形参是按引用方式定义的，如果调用时给形参传递一个表达式，则VB计算表达式的值，并将值传递给形参。把变量转换成表达式的最简单的方法就是把它放在括号内。

【例7.7】 表达式作为实参传递给形参。

```
Sub intsum(x As Integer,y As Integer)
    x=x+1
    y=y+1
    Print x,y
End Sub

Private Sub Form_Click()
    Dim a As Integer, b As Integer
    a=5
    b=5
    Call intsum((a),(b))          ' 过程调用时输出结果是 6,6
    Print  a,b                    ' 输出结果是 5,5
End Sub
```

在 intsum 过程中，参数 x、y 是按引用定义的，但运行结果过程中和过程后不一致，原因就是在调用 intsum 过程时，传递的实参是两个表达式，则在传递时，只把表达式的值传递给了形参，没有把地址传递给形参，所以过程中和过程后不一致。

按引用方式定义的参数会改变实际参数的值。如果一个过程能改变实际参数的值，则称这样的过程是有副作用的过程，在使用该类过程时，要十分注意此类问题。

【例 7.8】 按引用传递参数的副作用。

```
Function f(a As Integer,b As Integer) As Integer
    a=a+1
    b=b+1
    If a>b Then
      f=a
    Else
      f=b
    End If
End Function
Private Sub Form_Click()
    Dim a1 As Integer,a2 As Integer
    A1=2
    A2=3
    Print f(a1,a2)         ' 输出结果为 4
    Print f(a1,a2)         ' 输出结果为 5
End Sub
```

7.3.3 可选参数和可变参数

VB 为过程提供了多种参数定义形式，在参数中允许使用可选参数和可变参数。在调用过程时，可以向过程传送可选的参数或者任意多个的参数。可选参数是指参数是可选的，即如果该参数是可选的，则该参数对应的实参可以有也可以没有。可变参数是指参数的个数是任意的，可根据问题的需要传递任意个参数。

1. 使用可选参数

在过程的参数列表中写入 Optional 关键字，就可以指定过程的参数为可选的。如果指定了可选参数，则参数表中此参数后面的其他参数也必须是可选的，并且要用 Optional 关键字来声明。一般情况下，可选参数放在参数表的最后，如果没有定义变量类型，则默认类型为 Variant 类型，否则按指定类型定义。

【例 7.9】 可选参数应用。假定有一个窗体，其内有一命令按钮和一列表框。设计一个 Sub 过程，该过程有两个可选参数，用来实现传递两个字符串数据。利用该过程验证可选参数的用法。

程序代码如下：

```
Dim strName As String
Dim strAddress As String

Sub ListText(Optional x As String, Optional y As String)
    List1.AddItem x
    List1.AddItem y
End Sub

Private Sub Command1_Click ()
    strName = "yourname"
    strAddress ="12345"
    Call ListText (strName, strAddress)    ' 提供了两个参数
End Sub
```

而下面的代码并未提供全部可选参数：

```
Dim strName As String
Dim varAddress As Variant

Sub ListText (x As String, Optional y As Variant)
    List1.AddItem x
    If Not IsMissing (y) Then              ' 判断该参数是否被使用
      List1.AddItem y
    End If
End Sub

Private Sub Command1_Click ()
    strName = "yourname"                   ' 未提供第二个参数
    Call ListText (strName)
End Sub
```

在未提供某个可选参数类型时，可将该参数作为具有 Empty 值的变体变量来赋值。上例说明如何用 IsMissing 函数测试丢失的可选参数。

2. 提供可选参数的缺省值

也可以给可选参数指定缺省值。在下例中，如果未将可选参数传递到函数过程，则返回

一个缺省值。

【例 7.10】 可选参数的默认值应用。假定有一个窗体，其内有一命令按钮和一列表框。设计一个 Sub 过程，该过程有两个可选参数，用来实现传递两个字符串数据。利用该过程验证可选参数缺默认的用法。

程序代码如下：

```
Sub ListText(x As String, Optional y As String="12345")
   List1.AddItem x
   List1.AddItem y
End Sub

Private Sub Command1_Click ()
   strName = "yourname"          ' 未提供第二个参数
   Call ListText (strName)       ' 添加"yourname"和"12345"
End Sub
```

3. 使用可变参数

一般来说，过程调用中的参数个数应等于过程说明的参数个数。在 VB 中，允许使用 ParamArray 关键字定义参数。该关键字只用于参数表的最后一个参数，表示最后的参数是一个 Variant 元素的 Optional 的数组。在过程中使用该关键字定义的参数将接受任意个数的参数。如果使用了 ParamArray，则任何参数都不能使用 Optional。ParamArray 关键字不能与 ByVal、ByRef 或 Optional 一起使用，即不能同时使用这些关键字修饰一个参数。

【例 7.11】 可变参数应用。

程序代码如下：

```
Dim y As Integer
Dim intSum As Integer
Sub Sum (ParamArray intNums ())
   For Each x In intNums
     y = y + x
   Next x
   intSum = y
End Sub

Private Sub Command1_Click ()
   Sum 1, 3, 5, 7, 8
   List1.AddItem intSum
End Sub
```

7.3.4 数组参数

在 VB 中，数组可以作为参数传递到过程中，数组一般通过引用方式进行传递。数组元素和变量的用法一致。在使用数组作为参数时，要注意如下两方面的问题。

1）在实参列表和形参列表中如果存在数组名，则数组的维数可以省略，但括号不能省略。

2）如果被调用过程不知道实参数组的上下界，可用 Lbound() 和 Ubound() 两个函数确定实参数组的下界和上界。

Lbound()和 Ubound()函数的使用方法如下。

格式：

```
Lbound(数组名[,维数])
Ubound(数组名[,维数])
```

说 明 

维数是指要测试的是第几维的下标值，默认是一维数组。

例如：

```
Dim a(2,3) As Integer
Print Lbound(a,1)          ' 结果是 a 数组的第一维的下界 0
Print Ubound(a,2)          ' 结果是 a 数组的第二维的上界 3
```

例如：有如下过程定义：

```
Sub Add(a() As Integer,b() As Integer)
…
End Sub
```

调用格式为：Call Add（m(),n()），其中，m()、n()为实参数组。

7.3.5　对象参数

在 VB 中，通用过程一般用变量作为形式参数，但也允许使用对象作为参数，即窗体或控件作为通用过程的参数。

当使用对象作为参数时，含有对象参数的过程的定义与一般过程定义基本没有区别。

格式：

```
Sub 过程名(形参表)
    语句块
[Exit Sub]
    …
End Sub
```

说 明

形参表中的对象参数类型通常为 Form 或 Control。使用对象参数时，其参数传递方式为引用方式。

1. 窗体参数

窗体参数的定义格式如下。

```
窗体对象变量名  As Form
```

【例 7.12】 在某程序中有两个窗体，窗体名分别为 Form1、Form2，建立一个通用过程设置两个窗体的位置、高度和宽度、背景颜色。

程序代码如下：

```
Sub SetFormattrib(frmname As Form,row As Integer ,col As Integer,gao As_
Integer,kuan As Integer,bkcolor As Integer)
    Frmname.Top=row
    Frmname.Left=col
    Frmname.Height=gao
    Frmname.Width=kuan
    Frmname.BackColor=bkcolor
End Sub
' 设置窗体 Form1、Form2 的位置、高宽度、背景色。
SetFormattrib   Form1,200,200,100,200,Rgb(255,0,0)
SetFormattrib   Form2,300,200,100,200,Rgb(0,255,0)
```

2. 控件参数

由于控件相同的属性不多，所以利用通用过程方法定义一个过程来设定一类控件的属性操作比较困难，所以一般可以通过 Typeof 函数先测试是否符合约定，若符合则可以传递参数，否则不允许传递参数。

控件参数的定义格式如下。

```
控件对象变量名 As Control
```

【例 7.13】 控件参数示例。设计一个 Sub 过程，过程的参数为一个控件对象，通过该过程实现对文本框控件的字体、字号、颜色属性的设置。

程序代码如下：

```
Sub SetAttrib(test1 As Control)
    If Typeof test1 Is TextBox Then
      test1.FontName="黑体"
      test1.FontSize=20
      test1.ForeColor=vbRed
    End If
End Sub
```

说 明

Typeof 函数用于测试对象的类型。控件类型是指各种不同控件的所属类别。与控件类型有关的关键字如下：CheckBox、Frame、ComboBox、HScorllBar、CommandButtom、Label、ListBox、DirListBox、DriveListBox、Menu、FileListBox、OptionButton、PictureBox、TextBox、Timer 和 VScrollBar。

7.4 递 归 过 程

递归在数据结构中是一个非常重要的概念。利用递归解决某些问题是一种非常方便的方法。VB 支持递归过程。本节主要介绍递归的概念，递归过程的定义，实现递归的条件，使用递归过程的注意事项。

7.4.1 递归概念

“递归”过程是指过程直接或间接调用自身完成某任务的过程。递归分为两类：直接递归和间接递归。直接递归就是在过程中直接调用过程自身；间接递归就是间接的调用一个过程，如第一个过程调用了第二个过程，而第二个过程又调用了第一个过程。

7.4.2 递归子过程和递归函数

在VB中，允许一个子过程或函数在自身定义的内部调用自己，这样的子过程或函数称为递归子过程或递归函数。在许多问题中具有递归的特性，用递归描述该类问题非常方便。

【例7.14】 求fac（n）=n!的值。

根据求n！的定义可知n！=n*（n-1）！，可写成如下形式：

$$fac(n)=\begin{cases}1 & n=1\\ n*fac(n-1) & n>1\end{cases}$$

则求fac（n）函数的代码是：

```
Function fac(ByVal n As Integer) As Integer
    If n <= 1 Then
      Fac=1
    Else
      Fac=fac(n - 1) * n
    End If
End Function

Private Sub Form_Click()
    Print  "fac(4)=";fac(4)
End Sub
```

递归处理过程一般用栈来实现。栈中存放：形参、局部变量、调用结束时的返回地址。每调用一次自身，把当前参数压栈，直到达到递归结束条件，这个过程叫做递推过程；然后不断从栈中弹出当前的参数，直到栈空，这个过程叫做回归过程。

根据递归处理过程可知，用递归算法解决的问题必须具备以下条件。

- 存在递归结束条件及结束时的值，即经过若干次递推后能够找到一个已知结果。
- 能用递归形式表示，并且递归向终止条件发展，即可以将原问题转化为较低级别的同样的问题，并且向着终止条件发展。

使用递归过程时要注意如下事项。

1）限制条件。在设计一个递归过程时，必须至少测试一个可以终止此递归的条件，并且还必须对在合理的递归调用次数内未满足此类条件的情况进行处理。如果没有一个在正常情况下可以满足的条件，则过程将陷入执行无限循环的高度危险之中。

2）内存使用。应用程序的局部变量所使用的空间有限。过程在每次调用它自身时，都会占用更多的内存空间以保存其局部变量的附加副本。如果这个进程无限持续下去，最终会导致StackOverflowException错误。

3）效率。几乎在任何情况下都可以用循环替代递归。循环不会产生传递变量、初始化附加存储空间和返回值所需的开销，因此使用循环相对于使用递归调用可以大幅提高性能。

4）相互递归。如果两个过程相互调用，可能会使性能变差，甚至产生无限循环。此类设计所产生的问题与单个递归过程所产生的问题相同，但更难检测和调试。

5）调用时使用括号。当 Function 过程以递归方式调用它自身时，必须在过程名称后加上括号（即使不存在参数列表）。否则，函数名就会被视为表示函数的返回值。

6）测试。在编写递归过程时，应非常细心地进行测试，以确保它总是能满足某些限制条件。还应该确保不会因为过多的递归调用而耗尽内存。

7.5 过程与变量的作用域

作用域是程序设计中的一个重要概念，理解作用域概念对于编写程序是十分重要的。作用域包括变量的作用域和过程的作用域。变量作用域反映了变量的有效使用范围，过程作用域反映了过程的有效使用范围。

7.5.1 变量的作用域

变量的作用域是指变量的有效使用范围，即变量可在程序的什么地方能被访问。在一个过程内部声明变量时，只有过程内部的代码才能访问或改变此变量的值；它有一个范围，对该过程来说是局部的。但是，有时需要使用具有更大范围的变量，例如有这样一个变量，其值对于同一模块内的所有过程都有效，甚至对于整个应用程序的所有过程都有效。VB 允许在声明变量时指定它的使用范围。

1. 变量分类及应用

Visul Basic 应用程序主要由 3 种模块组成，即窗体模块（Form）、标准模块（Module）和类模块（Class）。窗体模块包括事件过程、通用过程和声明部分；标准模块包括通用过程和声明部分。

根据变量的定义位置和所使用的变量定义语句的不同，VB 中的变量分为 3 类，即局部（Local）变量、模块级（窗体级和标准模块级）变量、全局（Public）变量。

（1）局部变量

在过程或函数体内定义的变量为局部变量。局部变量作用域就在其定义的过程体内。不同过程可以定义具有相同名称的局部变量，但它们之间互不影响。用 Dim、Private 或者 Static 关键字来定义局部变量。

局部变量定义格式为：

```
Dim 变量名 As  数据类型
Private 变量名 As  数据类型
Static 变量名 As  数据类型
```

例如：

```
Dim intTemp As Integer
Private intNum As Integer
Static intTe As Integer
```

局部变量的生命周期为所属过程的生命周期，即该变量的值只在所属过程的活动期间有效，当退出该过程时，该变量和值就会被清除。下一次进入该过程时，VB重新创建和初始化该变量。

用Static定义的局部变量在所属过程体结束后，其值仍然存在。下一次进入该过程时，其值不被重置，仍然保留原来的结果。

对任何临时计算来说，局部变量是最佳选择。例如，可以建立十来个不同的过程，每个过程都包含称作intTemp的变量。只要每个intTemp都声明为局部变量，那么每个过程只识别它自己的intTemp变量。任何一个过程都能够改变它自己局部的intTemp变量的值，而不会影响别的过程中的intTemp变量。

（2）模块级变量

模块级变量分为窗体模块变量和标准模块变量。按照缺省规定，模块级变量对该模块的所有过程都可用，但对其他模块的代码不一定可用。可在模块顶部的声明段用Private或Dim关键字声明变量，从而建立模块级变量。

模块级变量定义格式为：

```
Private 变量名 As 数据类型
```

或

```
Dim 变量名 As 数据类型
```

例如：

```
Private intTemp As Integer
```

在模块级，Private和Dim之间没有什么区别，但Private更好些，因为很容易把它和Public区别开来，使代码更容易理解。

在模块级用Private或Dim声明的变量，只能被本模块使用，不能被其他模块使用。

（3）全局变量

如果整个应用程序中的代码都可以访问该变量，则该变量称为全局变量。全局变量是在标准模块或窗体模块的顶部用关键字Public或Global定义的变量。全局变量只能在标准模块或窗体模块最开始的声明段中定义，不能在过程中定义。

在窗体模块级用Public声明的变量，既可被本模块使用，也可被其他模块调用。

格式：模块名称.变量名称

在标准模块中用Public声明的变量也是全局变量。

全局变量的定义格式为：

```
Global 变量名 As 数据类型
```

或

```
Public 变量名 As 数据类型
```

例如：

```
Public num As Integer
```

3种变量的作用域见表7-1。

表 7-1　变量的作用域

作用范围	局部变量	模块级变量	全局变量	
		窗体/标准模块	窗体模块	标准模块
声明方式	Dim、Static	Dim、Private	Public	
声明位置	过程体	窗体/标准模块的通用声明段	窗体的通用声明段	标准模块的通用声明段
被本模块的其他过程存取	不能	能	能	能
被其他模块中的过程存取	不能	不能	能，但在变量名前加窗体名	能

2. 使用多个同名的变量

如果不同模块中的公用变量使用同一名称，则通过同时引用模块名和变量名就可以在代码中区分它们。例如，如果有一个在 Form1 和 Module1 中都声明了的公用 Integer 变量 intX，则把它们作为 Module1.intX 和 Form1.intX 来引用，便可得到正确值。

为了看清这是如何工作的，在一个新工程中插入两个标准模块，并在窗体上画上三个命令按钮。

在第一个标准模块 Module1 之中声明一个变量 intX。Test 过程设置它的值：

```
Public intX As Integer      ' 声明 Module1 的 intX
Sub Test ()
   intX = 1                 ' 设置 Module1 的 intX 变量的值
End Sub
```

在第二个标准模块 Module2 中声明了第二个变量 intX，它有相同的名字。又是名为 Test 的过程设置它的值：

```
Public intX As Integer         ' 声明了 Module2 的 intX
Sub Test ()
   intX = 2                    ' 设置 Module2 的 intX 变量的值
End Sub
```

在窗体模块中声明了第三个变量 intX。名为 Test 的过程又一次设置它的值：

```
Public intX As Integer         ' 声明了该窗体的 intX 变量
Sub Test ()
   intX = 3                    ' 设置 Form 中的 intX 变量值
End Sub
```

在三个命令按钮的 Click 事件过程中，每一个都调用了相应的 Test 过程，并用 MsgBox 来显示这三个变量的值。

```
Private Sub Command1_Click ()
   Module1.Test                ' 调用 Module1 中的 Test
   MsgBox Module1.intX         ' 显示 Module1 的 intX
End Sub
Private Sub Command2_Click ()
```

```
    Module2.Test                  ' 调用 Module2 中的 Test
    MsgBox Module2.intX           ' 显示 Module2 的 intX
End Sub

Private Sub Command3_Click ()
    Test                          ' 调用 Form1 中的 Test
    MsgBox intX                   ' 显示 Form1 的 intX
End Sub
```

运行应用程序，单击三个命令按钮中的每一个按钮，将看到三个公用变量被分别引用。注意在第三个命令按钮的 Click 事件过程中，在调用 Form1 的 Test 过程时不必指定 Form1.Test，在调用 Form1 的 Integer 变量的值时也不必指定 Form1.intX。如果多个过程或变量同名，则 VB 会取变化更受限制的值，在这个例子中，就是 Form1 变量。

3. 公用变量与局部变量的比较

在不同的范围内也可有同名的变量。例如，在窗体的通用声明部分定义了名为 Temp 的公用变量，然后在过程 Test 中声明名为 Temp 的局部变量。在过程内通过引用名字 Temp 来访问局部变量；而在过程外则通过引用名字 Temp 来访问公用变量；通过用模块名限定模块级变量就可在过程内访问这样的变量。

```
Public Temp As Integer
Sub Test ()
    Dim Temp As Integer
    Temp = 2                      ' Temp 的值为 2
    MsgBox Form1.Temp                   ' Form1.Temp 的值为 1
End Sub

Private Sub Form_Load ()
    Temp = 1                      ' 将 Form1.Temp 的值设置成 1
End Sub
Private Sub Command1_Click ()
    Test
End Sub
```

一般说来，当变量名称相同而范围不同时，局限性大的变量总会用“阴影”遮住局限性不太大的变量（即优先访问局限性大的变量）。所以，如果还有名为 Temp 的过程级变量，则它会用“阴影”遮住模块内部的公用变量 Temp。

虽然上面讨论阴影规则并不复杂，但是用阴影的方法可能会带来麻烦，而且会导致难以查找的错误。因此，对不同的变量使用不同的名称才是一种好的编程习惯。在窗体模块中应尽量使变量名和窗体中的控件名不一样。

4. 声明所有的局部变量为静态变量

为了使过程中所有的局部变量为静态变量，可在过程头的起始处加上 Static 关键字。例如：

```
Static Function RunningTotal (num)
```

这就使过程中的所有局部变量都变为静态，无论它们是用 Static、Dim 或 Private 声明的还是隐式声明的。可以将 Static 放在任何 Sub 或 Function 过程头的前面，包括事件过程和声明为 Private 的过程。

7.5.2 过程的作用域

过程的作用域是指过程的有效使用范围，即过程可以在程序中的什么地方被调用。Visul Basic 应用程序主要由 3 种模块组成，即窗体模块（form）、标准模块（Module）和类模块（Class）。窗体模块包括事件过程、通用过程和声明部分；标准模块包括通用过程和声明部分。

1. 过程分类及应用

根据过程的定义位置和所使用的过程定义的不同，可分为模块级过程和全局级过程。

（1）模块级过程

可以使用关键字 Private、Static 定义模块级过程。

① 用关键字 Private 声明。

该过程的作用范围是创建该过程的模块。此模块中所有的过程都可以调用该过程，而在其他模块中则不能调用该过程。

② 用关键字 Static 声明。

该过程的作用范围是创建该过程的模块，且该过程中的所有变量都称为静态变量。

（2）全局级过程

在窗体模块或标准模块中用关键字 Public 声明或缺省关键字声明的过程，称为全局级过程。

窗体模块中定义的全局级过程，作用域是创建该过程的模块，也可以被其他模块调用，但调用时必须在过程名前加上窗体模块名称，即：窗体模块名称.过程名称（实参表）。

标准模块中定义的全局级过程在工程的任何一个模块中都可以被调用，即它的作用域是整个工程。如果过程名不唯一，则在调用该过程时，需加上模块名称，否则不需加模块名称。

2. 调用其他模块中的过程

调用在其他模块中定义的 Public 过程（也称外部调用），要看该过程是在哪一个模块中声明的，不同模块的 Public 过程在调用时略有不同。

（1）窗体模块的全局级 Public 过程

窗体模块的 Public 过程在被其他模块调用时，须指出该过程所隶属的窗体。如在窗体模块 Form1 中声明了 Public 过程 mySub，则在其他模块中要用如下语句调用该过程：

```
Call Form1.mySub
```

（2）标准模块的全局级过程

① 直接用过程名调用，无须在过程名前加模块名。

如果标准模块的全局级过程在整个工程中名称是唯一的，也就是说，与其他标准模块的全局级过程都不同名，则在其他模块中可直接用过程名调用此过程。

② 在过程名前加上模块名。

在调用不同模块中的同名全局级过程时，要在过程名前加上模块名。例如，在 Module1

和 Module2 中分别有一个名为 sameSub 的全局级过程，则在调用时须通过 Call Module1.sameSub 或 Call Module2.sameSub 指明调用的是哪一个模块中的过程。

在第二种情况下，在主调模块中有与被调用的过程同名的过程，则运行规律与变量类似。在同一模块中过程名不能相同，而在不同模块中过程名可以相同。在未指定模块名时本模块中的过程优先调用。

例如，在 Module1 中有一个模块级过程 sameSub，在 Module2 中有一个名为 sameSub 的全局级过程，则在模块 Module1 中调用 sameSub 过程时，若不加模块名，则调用 Module1 中的 sameSub 过程；若加上模块名 Module2，则调用 Module2 中的 sameSub 过程。

过程作用域的几种情况如表 7-2 所示。

表 7-2 过程作用域

作用范围	模块级		全局级	
	窗体	标准模块	窗体	标准模块
定义方式	过程名前加 Private Private Sub Mysub（形参表）		过程名前加 Public 或缺省 [Public] Sub Mysub（形参表）	
能否被本模块其他过程调用	能	能	能	能
能否被本应用程序其他模块调用	不能	不能	能，但必须在过程名前加窗体名	能，但过程名必须唯一，否则要加标准模块名

7.6 常用算法

在程序设计过程中，经常涉及一些常用经典算法。通过对这些算法的学习，可以进一步提高对 VB 程序的认识。在前面的章节中已学习了一些常用算法，如求数组中数据的最大值、最小值问题，排序问题等。本节主要对一些较复杂的算法进行分析，并用过程或函数的方法实现，以便加深对过程和函数的理解。

7.6.1 排序问题

排序在程序设计中是一种非常重要的问题。排序就是将一组无序数据按由小到大或由大到小的顺序排列起来。排序在日常生活中的应用非常广泛，如资料的整理、数据的查询等问题。排序算法有许多种，常用的有比较排序、选择排序、冒泡排序、插入排序等。

1. 比较排序

基本思想：利用交换，使无序表中的第一个元素与其后的每一个元素比较交换，从而使无序表中第一个元素成为无序表中所有数据的最大值或最小值。

如果按降序排列数据，则算法的处理过程如下。

1）将数组中的第一个元素与其后面的每一个元素进行比较，如果比第一个元素大的就立即和第一个元素交换，否则不交换，比较一遍后，则第一个元素成为数组中最大的元素。

2）然后，将数组中的第二个元素和其后面的每个元素比较，并进行必要的交换，如此进行，比较交换完毕后，则第二个元素成为数组中的第二大元素。

3）以此类推，进行 n-1 遍比较互换后，可将 n 个元素按降序排列。

【例 7.15】 比较排序。

```
Public Sub sort(a() As Integer)
Dim i As Integer, j As Integer,t as Integer
   For i = LBound(a) To UBound(a) - 1
     For j = i + 1 To UBound(a)
        If a(j) > a(i) Then
          t = a(i)
          a(i) = a(j)
          a(j) = t
        End If
      Next j
     Next i
End Sub

Private Sub Form_Click()
   Dim b(10) As Integer
   Dim i As Integer
   For i = 0 To 10
     b(i) = Val(InputBox("input data"))
   Next i
   Call sort(b())
   For i = 0 To 10
     Print b(i) ;
   Next i
   Print
End Sub
```

2. 选择排序

基本思想：将无序部分中最小的或最大的数据选择出来，附加在有序表表尾。

选择排序，应该采用以下算法。

1）对有 n 个数的序列（存放在数组 a（n）中），从中选出最小的或最大的数，与第 1 个数交换位置。

2）除第 1 个数外，从其余 n-1 个数中选最小（或最大）的数，与第 2 个数交换位置。

3）依此类推，选择了 n-1 次后，这个数列已按升序或降序排列。

【例 7.16】 选择排序。

```
Public Sub selesort(a() As Integer)
   Dim i As Integer, j As Integer, imax As Integer, t As Integer
   For i = LBound(a) To UBound(a) - 1
     imax = i
     For j = i + 1 To UBound(a)
        If a(j) > a(imax) Then imax = j
     Next j
     t = a(i)
```

```
      a(i) = a(imax)
      a(imax) = t
    Next i
End Sub

Private Sub Form_Click()
    Dim b(10) As Integer
    For i = 0 To 10
      b(i) = Val(InputBox("input data"))
    Next i
    Call selesort(b())
    For i = 0 To 10
      Print b(i) ;
    Next i
    Print
End Sub
```

3. 冒泡排序

基本思想：通过对一无序表（具有 N 个数）中相邻两数两两进行比较，将大的交换到后面，这样一趟比较交换后就将一个数沉下去，至多经 N-1 趟后无序表变为有序。算法描述如下。

1）有 n 个数（存放在数组 a（n）中），第一趟将相邻两个数两两比较，小的调到前头，经 n-1 次两两相邻比较后，最大的数已“沉底”，放在最后一个位置，小的数上升“浮起”。

2）第二趟对余下的 n-1 个数（最大的数已“沉底”）按上述方法比较交换，经 n-2 次两两相邻比较后得次大的数。

3）依此类推，n 个数共进行 n-1 趟比较交换，在第 j 趟中要进行 n-j 次两两比较。

【例 7.17】 冒泡排序。

```
Private Sub bubblesort(a() As Integer)
    Dim i As Integer, j As Integer, t As Integer
    For i = LBound(a) To UBound(a) - 1
      For j = LBound(a) To UBound(a) - i - 1
        If a(j) > a(j + 1) Then
           t = a(j)
           a(j) = a(j + 1)
           a(j + 1) = t
        End If
     Next j
    Next i
End Sub

Private Sub Form_Click()
    Dim b(10) As Integer
    For i = 0 To 10
      b(i) = Val(InputBox("input data"))
```

```
    Next i
    Call bubblesort(b())
    For i = 0 To 10
      Print b(i);
    Next i
    Print
End Sub
```

4. 插入排序

基本思想：将一新数据插入到一有序表中，使该有序表成为一新的、数据个数增 1 的有序表。

插入排序的算法如下。

1）在有序表中查找新数据要插入的位置。

2）找到新数据要插入的位置后，把该位置空出来，即把该位置的数据后移。

3）在空出的位置上，把新数据插入有序表中。

【例 7.18】 插入排序。

```
Private Sub InsertSort(a() As Integer, ByVal key As Integer)
  For i = 0 To UBound(a)
    If key < a(i) Then Exit For          ' 找到 key 在数组中的位置
  Next i
  j = I                                  ' 找到了插入位置 j
  ReDim Preserve a (UBound(a) + 1)       ' 重定义 a,将其元素个数增 1
  For i = UBound(a) To j + 1 Step -1
    a(i) = a(i - 1)                      '将 i 后面的元素向后移，给 key 腾出位置
  Next i
  a(j) = key                             ' 将 key 插入
End Sub

Private Sub Form_Click()
  Dim a () As Integer , x As Integer     ' a 必须定义为动态数组
  ReDim a(0)
  Randomize
  a(0) = Int(Rnd * 21 + 30)              ' 先初始化一个元素
  For i = 0 To 10
    x = Int(Rnd * 21 + 30)
    InsertSort a(), x                    ' 每插入一个数，就调用一次插入过程
  Next i
  Print "数组 a 为: "
  For i = 0 To UBound(a)
    Print a(i);
  Next i
End Sub
```

7.6.2 查找问题

查找问题是数据结构中的一个重点问题，在数据处理中具有非常重要的作用。查找算法有许多种方法，例如顺序查找、折半查找等。下面主要介绍顺序查找和折半查找。

1. 顺序查找

基本思想：从第一个元素开始逐一比较，进行查找，直到末尾。

假设一列数放在数组 a（1）～a（n）中，待查找的数放在 x 中，把 x 与 a 数组中的元素从头到尾一一进行比较查找。用变量 p 表示 a 数组元素下标，p 的初值为 1，使 x 与 a（p）比较，如果 x 不等于 a（p），则使 p=p+1，不断重复这个过程；一旦 x 等于 a（p）则退出循环；另外，如果 p 大于数组长度，循环也应该停止。

【例 7.19】 顺序查找示例。

```
Public Sub subSearch(a(), ByVal key, index As Integer)
  Dim i%
  For i = LBound(a) To UBound(a)
    If key = a(i) Then
      index = I              ' 找到元素，退出过程，index 变量将所在位置带回
      Exit Sub
    End If
  Next i
  index = -1                 ' 未找到元素， index 置为-1，退出过程
End Sub
Public Function FunSearch(a(), ByVal key) As Integer
  Dim i%
  For i = LBound(a) To UBound(a)
    If key = a(i) Then
      funSearch = i
      Exit Function
    End If
  Next i
  funSearch = -1
End Function
```

2. 折半查找

基本思想：在有序表中，例如数据以升序排列，如果要查找的数值和中间位置的数值比较，超过中间值，则查找的数据必在有序表的后半部分范围内；否则，必在有序表的前半部分范围内。从而使查找范围缩小了一半，即折半查找。

设 n 个有序数（从小到大）存放在数组 a（1）～a（n）中，要查找的数为 x。用变量 bottom、top、mid 分别表示查找数据范围的底部（数组下界）、顶部（数组的上界）和中间，mid=（top+bottom）/2，折半查找的算法描述如下。

1）x=a（mid），则已找到 x，然后退出循环，否则进行下面的判断。

2）x<a（mid），x 必定落在 bottom 和 mid-1 的范围之内，令 top=mid-1。

3）x>a（mid），x 必定落在 mid+1 和 top 的范围之内，令 bottom=mid+1。

4）在确定了新的查找范围后，重复进行以上比较，直到找到或者 bottom>top。

【例 7.20】 折半查找示例。若找到则返回该数所在数组中的下标值；若没找到则返回-1。

```
Sub midsearch(a(),ByVal bottom%, ByVal top%, ByVal x, index%)
   Dim mid As Integer
   mid = (top + bottom) \ 2                    ' 取查找区间的中点
   Do While bottom <= top
   If a(mid) = x Then
      index = mid                              ' 查找到，返回查找到的下标
      Exit Do
   End If
   If x< a(mid) Then                           ' 查找区间在上半部
     top= mid - 1
   Else
      bottom = mid + 1                         ' 查找区间在下半部
   End If
   mid = (top + bottom) \ 2
   Loop
   If bottom > top Then
     index = -1
   End If
End Sub
' 主调程序调用：
Private Sub Command1_Click()
   Dim b() As Variant
   b = Array(5, 13, 19, 21, 37, 56, 64, 75, 80, 88, 92)
   Call midsearch(b, LBound(b), UBound(b), 90, n%)
   Print n
End Sub
```

7.6.3 素数问题

素数就是只能被 1 和本身整除的数，也叫质数。判断一个数是否是素数，可以根据素数定义判定。

基本思想：根据素数定义判定该数是否是素数。

对于素数 x，i=2,3,4,…,x-1，判断 x 是否能被 i 整除，如果全部不能被 i 整除，则 x 是素数。只要有一个能被 i 整除，则 x 就不是一个素数。为了减少循环次数，可将判断范围从 2～x-1 缩小为 2～int（sqr（x））。

【例 7.21】 判别素数函数示例。

```
Function sushu(m as integer) As Boolean
  Dim j As Integer,i As Integer
```

```
    j=sqr(m)
    i=2
    Do While (i<=j) And (m mod i)<>0
      i=i+1
    Loop
    If i>j Then
      Sushu=true
    Else
      Sushu=false
    End If
End Function
```

7.6.4 一元高次方程求解问题

对于二次方程求解有求解公式，而一元高次方程求解，没有求解公式，只能采用近似求解方法。求一元高次方程解的方法有许多种，经常使用的方法有迭代法、牛顿迭代法、二分法、弦截法等方法。下面主要介绍迭代法、二分法。

1. *迭代法*

基本思想：对方程 f（x）给定一个初值 x0 作为方程的近似解，然后按迭代公式，迭代若干次后，得到方程较高精度的近似解。

算法描述：对于一个问题的求解 x，可由给定的一个初值 x0，根据某一迭代公式得到一个新的值 x1，这个新值 x1 比初值 x0 更接近要求的值 x；再以新值作为初值，即：x1→x0，重新按原来的方法求 x1，重复这一过程直到|x1-x0|< ε（某一给定的精度）。此时可将 x1 作为问题的解。

【例 7.22】 用迭代法求某个数的平方根。 已知求平方根的迭代公式为

$$x_1=\frac{1}{2}\left(x_0+\frac{a}{x_0}\right)$$

```
Private Function Fsqrt( a As Single ) AS Single
    Dim x0 As Single, x1 As Single
    x0 =a/2                              ' 迭代初值
    x1 = 0.5*(x0 + a/x0)
    Do
      x0 = x1                            ' 为下一次迭代作准备
      x1 = 0.5*(x0 + a/x0)
    Loop While Abs(x1 - x0) > 0.00001
    Fsqrt=x1
End Function
```

2. *二分法解一元方程*

基本思想：任取两点 x1 和 x2，判断在 x1 和 x2 之间是否有实根。判断方法：如果 f（x1）和 f（x2）符号相反，则在 x1 和 x2 之间有一个实根。取 x1 和 x2 的中点 x，如果 f（x）和

f（x1）符号相同，则在 x 和 x2 之间有实根，如果符号不相同，则在 x 和 x1 之间有实根。采用如此方法，可使查找范围减少一半。然后采用相同的方法再缩小查找范围。假设根在 x 和 x2 之间，则取 x 和 x2 的中点，再判断。依此进行下去，直到区间相当小为止。

分析：如果 f（x）和 f（x1）符号不同，则把 x 赋给 x2，舍去（x,x2）区间；如果 f（x）和 f（x2）符号不同，则把 x 赋给 x1，舍去（x1,x）区间。然后根据新的 x1 和 x2 再去求中点 x，再判断符号问题，依此进行下去，直到区间相当小，符合题目精度要求为止。

【例 7.23】 用二分法求 f（x）$=x^3-6x-1$ 在 x=2 附近的一个实根，取 x1=1，x2=4。

```
' 构造高次方程函数
Private Function funf(a() As Integer, x As Single)
    Dim i As Integer
    funf = a(0)
    For i = 1 To UBound(a)
      funf = funf + a(i) * x ^ i
    Next i
End Function
' 求高次方程 x1 和 x2 之间根的函数
Private Function fungen(a() As Integer, x1 As Single, x2 As Single, m As_
Single, n As Single)
    Dim x As Single
    Do
      x = (x1 + x2) / 2
      If funf(a(), x1) * funf(a(), x) >= 0 Then
        x1 = x
      End If
      If funf(a(), x2) * funf(a(), x) >= 0 Then
        x2 = x
      End If
    Loop While Abs(x1 - x2) > m And funf(a(), x) > n
    If funf(a(), x) < n Then fungen = (x1 + x2) / 2
End Function

Private Sub Form_Click()
    Dim x1 As Single, x2 As Single, m As Single, n As Single, gen As Single
    Dim a(3) As Integer
    For i = 0 To 3
      a(i) = Val(InputBox("input"))        '数组 a 保存方程各次幂的系数
    Next i
    x1 = 1
    x2 = 4
    m = 0.00001
    n = 0.000001
    gen = fungen(a(), x1, x2, m, n)
    Print gen
End Sub
```

7.6.5 简单加解密问题

加密的基本思想：将每个字母c加（或减）一序数k，即用它后的第k个字母代替，变换公式：c=chr（Asc（c）+k）。

例如序数k为5，这时“A”→“F”，“a”→“f”，“B”→“G”；当加序数后的字母超过“Z”或“z”，则c=Chr（Asc（c）+k -26）。

例如：You　are　good→ Dtz　fwj　ltti

解密为加密的逆过程，其基本思想为将每个字母c减（或加）一序数k，即用它前面的第k个字母代替，变换公式：c=chr（Asc（c）-k）。

例如序数k为5，这时“Z”→“U”，“z”→“u”，“Y”→“T”；当减序数后的字母小于“A”或“a”，则c=Chr（Asc（c）-k +26）。

【例7.24】 字母的加密过程和解密过程示例。

```
Private Sub incode(a1 As String, b1 As String)
  Dim i As Integer, length As Integer, c As String * 1, iAsc As Integer
  length = Len(RTrim(a1))      '去掉字符串右边的空格,求真正的长度
  b1 = ""
  For i = 1 To length
    c = Mid$(a1, i, 1)                      ' 取第 i 个字符
    Select Case c
      Case "A" To "Z"                       ' 大写字母加序数 5 加密
        iAsc = Asc(c) + 5
        If iAsc > Asc("Z") Then iAsc = iAsc - 26   '加密后字母超过 Z
        b1 = b1 + Chr$(iAsc)
      Case "a" To "z"
        iAsc = Asc(c) + 5                   ' 小写字母加序数 5 加密
        If iAsc > Asc("z") Then iAsc = iAsc - 26
        b1 = b1 + Chr$(iAsc)
      Case Else
' 当第 i 个字符为其他字符时不加密,与加密字符串的前 i-1 个字符连接
        b1 = b1 + c
    End Select
  Next i
End Sub

Private Sub uncode(a1 As String, b1 As String)
  Dim i As Integer, length As Integer, c As String * 1, iAsc As Integer
  length = Len(RTrim(a1))            ' 若还未加密,不能解密,出错
  b1 = ""
  If length = 0 Then J = MsgBox("先加密再解密", 48, "解密出错")
  i = 1
  Do While (i <= length)
    c = Mid$(a1, i, 1)
    If (c >= "A" And c <= "Z") Then
```

```
      iAsc = Asc(c) - 5
      If iAsc < Asc("A") Then iAsc = iAsc + 26
        b1 = Left$(b1, i - 1) + Chr$(iAsc)
    ElseIf (c >= "a" And c <= "z") Then
      iAsc = Asc(c) - 5
      If iAsc < Asc("a") Then iAsc = iAsc + 26
      b1 = Left$(b1, i - 1) + Chr$(iAsc)
    Else
      b1 = Left$(b1, i - 1) + c
    End If
    i = i + 1
    Loop
  End Sub
```

7.6.6 数制转换问题

数制转换是一类使用非常广泛的问题，包括各种数制之间的转换。数制转换就是将一个十进制整数 m 转换成 r（2～16）进制数，或把一个 r 进制数转换为一个十进制整数 m。

十进制转换为 r 进制的算法：

将 m 不断除 r 取余数，直到商为 0，以反序得到余数结果，则该数即为转换结果。

r 进制转换为十进制的算法：

将 r 进制数的每位的数码乘以该位上的位权并加和，即可得到对应的十进制数。

【例 7.25】 编程实现将 R（2～16）进制转换为十进制，十进制转换为 R 进制。

（1）程序界面设计

新建工程，在窗体中添加 2 个 Frame 控件，在 2 个 Frame 控件中分别添加 2 个 Label 控件、3 个 TextBox 控件、1 个 CommandButton 控件。界面如图 7-13 所示，属性设置如表 7-3 所示。

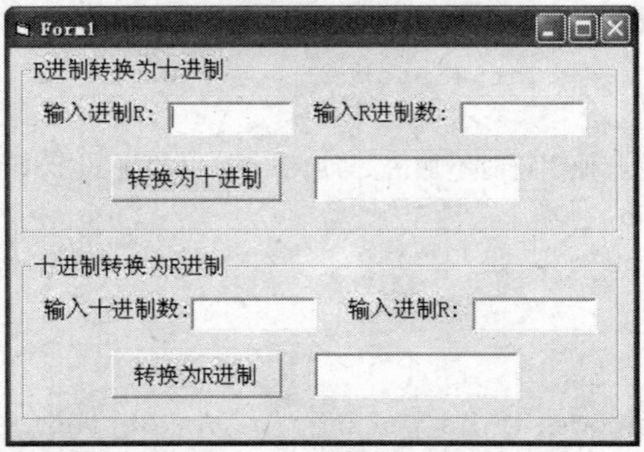

图 7-13　进制转换程序窗口

表 7-3　控件属性值

控 件 名	控件属性	属 性 值
Frame1	Caption	R 进制转换为十进制
Label1	Caption	输入进制 R:
Label2	Caption	输入 R 进制数:

续表

控件名	控件属性	属性值
Command1	Caption	转换为十进制
Frame2	Caption	十进制转换为R进制
Label3	Caption	输入十进制数:
Label4	Caption	输入进制R:
Command2	Caption	转换为R进制

（2）代码设计

```
Private Function TrDec(ByVal idec As Integer, ByVal ibase As Integer) As String
    Dim strDecR$, iDecR%
    strDecR = ""
    Do While idec <> 0
      iDecR = idec Mod ibase
      If iDecR >= 10 Then
        strDecR = Chr$(65 + iDecR - 10) & strDecR
      Else
        strDecR = iDecR & strDecR
      End If
      idec = idec \ ibase
    Loop
    TrDec = strDecR
End Function

Private Function ToDec(ByVal idec As String, ByVal ibase As Integer) As Integer
    Dim i As Integer, s As String * 1, y As Integer
    y = 0
    For i = 1 To Len(idec)
      s = Mid(idec, i, 1)
      Select Case s
        Case "0" To "9"
            y = y + Val(s) * ibase ^ (Len(idec) - i)
        Case "A" To "F"
            y = y + (Asc(s) - 55) * ibase ^ (Len(idec) - i)
      End Select
    Next i
    ToDec = y
End Function

Private Sub Command1_Click()
    Dim s As String, r As Integer
    s = Text2
    r = Val(Text1)
    Text3 = ToDec(s, r)
End Sub
```

```
Private Sub Command2_Click()
    Dim m As Integer, r As Integer
    m = Val(Text5)
    r = Val(Text6)
    Text4 = TrDec(m, r)
End Sub
```

7.7 习 题

1. 选择题

（1）定义过程的语句为：Sub Suba(x as Single,b as Single)，则正确的调用语句为________。

A．Suba 10,12　　B．Call Suba（"A",Sin（1.57））

C．Call Suba x,y　　D．Call Suba（12,10,x）

（2）在窗体的通用段声明变量时，不能使用________关键字。

A．Dim　　B．Public　　C．Private　　D．Static

（3）Sub 过程与函数过程最主要的区别是________。

A．后者可以有参数，而前者不行

B．前者可以用 Call 语句直接调用，而后者不行

C．两种过程的参数传递方式不同

D．前者的过程名不能返回值，而后者的过程名可以返回值

（4）要想在过程调用后返回两个值，下列过程定义正确的是________。

A．Sub Proc（ByVal n,ByVal m）　　B．Sub Proc（n,ByVal m）

C．Sub Proc（n, m）　　D．Sub Proc（ByVal n, m）

（5）若希望在离开某过程后，还能保存该过程中局部变量的值，则应使用________关键字在该过程中定义局部变量。

A．Dim　　B．Private　　C．Public　　D．Static

（6）在一个多窗口程序中，可以在标准模块或某个窗体模块的通用声明处，分别用________语句定义一个在所有窗体模块都可以引用的变量 IntA。

A．Private IntA As Integer, Public IntA As Integer

B．Public IntA As Integer, Private IntA As Integer

C．Public IntA As Integer, Public IntA As Integer

D．Private IntA As Integer, Private IntA As Integer

（7）若在应用程序的标准模块、窗体模块和过程 Sub1 的说明部分，分别用“Public G As Integer”、“Private G As Integer”和“Dim G As Integer”语句说明了 3 个同名变量 G。如果在过程 Sub1 中使用赋值语句“G=3596”，则该语句给在________说明部分定义的变量 G 赋值。

A．标准模块　　B．过程 Sub1

C．窗体模块　　D．标准模块、窗体模块和过程 Sub1

（8）要使得每一个新建的窗体和模块里面自动出现 Option Explicit 关键字，则________。

A．通过“工具”菜单的“选项”命令，在打开的对话框中选中“要求变量声明”

复选框

B. 通过“文件”菜单的“选项”命令，在打开的对话框中选中“要求变量声明”复选框

C. 通过“工程”菜单的“选项”命令，在打开的对话框中选中“要求变量声明”复选框

D. 通过“编辑”菜单的“选项”命令，在打开的对话框中选中“要求变量声明”复选框

（9）在进行参数传递的时候，ByVal 和 ByRef 的含义分别是________。

A. 前者表示按地址，后者表示按数值

B. 前者表示按数值，后者表示按地址

C. 前者表示按地址，后者也表示按地址

D. 前者表示按数值，后者也表示按数值

（10）以下关于 Sub 过程的说法中，只有________是正确的。

A. 一个 Sub 过程必须有一个 Exit Sub 语句

B. 一个 Sub 过程必须有一个 End Sub 语句

C. 在 Sub 过程中可以定义 Function 过程

D. 退出 Sub 过程也可以使用 GoTo 语句

（11）Sub 过程的定义________。

A. 一定要有形参

B. 不一定要有过程的名称

C. 要指明过程是公有的还是私有的，如不指明则默认是公有的

D. 一定要指定返回值类型

（12）以下叙述中，________是正确的。

A. 过程的定义可以嵌套，但过程的调用不能嵌套

B. 过程的定义不可以嵌套，但过程的调用可以嵌套

C. 过程的定义与调用均不能嵌套

D. 过程的定义与调用均可以嵌套

（13）关于函数过程叙述正确的是________。

A. 函数名只能被赋值一次

B. 没有对函数名赋值，没有函数值返回到调用过程中

C. 函数名可以被多次赋值

D. 定义函数的类型是指定义形参的类型

（14）在窗体上有一个命令按钮，编写如下程序：

```
Private Sub Command1_Click()
    Dim n As Long, r As Long
    n = InputBox("请输入一个数")
    n = CLng(n)
    r = fun(n)
    Print r
End Sub
Function fun(ByVal num As Long) As Long
```

```
    Dim k As Long
    k = 1
    num = Abs(num)
    Do While num
      k = k * (num Mod 10)
      num = num\10
    Loop
    fun = k
End Function
```

则该程序运行后，单击命令按钮，在对话框中输入100，输出结果为________。

A. 0 B. 100 C. 200 D. 300

（15）有一个按钮事件及一个 Sub 过程：

```
Private Sub Command1_Click()
    ind 2
End Sub
Sub ind(a As Integer)
    Static x As Integer
    x = x + a
    Print x;
End Sub
```

程序运行后，单击命令按钮 3 次，输出结果为________。

A. 2 2 2 B. 1 2 3 C. 2 4 6 D. 2 4 8

（16）以下是一个按钮事件过程中调用一个函数过程：

```
Private Sub Command1_Click()
    a = 100
    b = 25
    x = gys(a, b)
    Print x
End Sub
Function gys(ByVal x As Integer, ByVal y As Integer) As Integer
    Do While y <> 0
      remi = x Mod y
      x = y
      y = remi
    Loop
    gys = x
End Function
```

程序运行的结果是________。

A. 0 B. 25 C. 50 D. 100

（17）有一过程如下：

```
Sub Cmax(x, y, max)
```

```
    max = IIf(x > y, x, y)
End Sub
```

调用过程如下：

```
Private Sub Command1_Click()
    i = Val(InputBox("请输入第一个数"))
    j = Val(InputBox("请输入第二个数"))
    Cmax i, j, a
    Print a
End Sub
```

程序运行后，分别输入12、56后，结果为________。

A. 12　　B. 56　　C. 24　　D. 112

2. 填空题

（1）在过程定义中出现的变量名叫做__________参数，而在调用过程时传送给过程的__________、__________、__________或__________叫做实际参数。

（2）静态变量只能在__________中声明和使用。

（3）在用 Public、Private、Dim、Static 4 种关键字声明的变量中，__________声明的变量作用域最大。

（4）模块级变量声明使用关键字 Dim 或__________。

（5）根据变量的定义位置和所使用的定义语句的不同，VB 中的变量可以分为 3 类，即__________、__________和全局变量。

（6）在过程的定义中，如想使用按值传递的参数传递方式，则必须在相应形参前加上__________关键字。

（7）在调用过程时，如果不用“Call”命令，则在调用命令中必须省略加在实际参数前后的__________。

（8）为了能在过程调用结束后，仍然能保存过程中某个变量的值，则应将该变量声明成__________变量。

（9）以下程序用来计算 1 至指定数（由调用程序传入）之间所有奇数的和，将程序补充完整。

```
Function mult _______
    Dim Sum As Integer
    Sum = 0
    Dim i As Integer
    For i = 1 To _______
    If i Mod 2 _______ Then _______
      Next i
    mult = Sum
End Function
```

若要计算并输出 100之内所有奇数的和，则正确的调用语句是__________。

3. 编程题

（1）求出数组 B 中的最大元素及其下标值，并将数组 B 中各元素交换。要求：

① 第一个和最后一个交换，第二个和倒数第二个交换，依次类推即可；

② 用子过程实现。

（2）判断某数是否是水仙花数。如果一个数的各位数码的立方和等于这个数，则这个数就是水仙花数。要求：用函数实现。

（3）判断某年是否是闰年。要求：用函数实现，若是闰年，则函数值返回 1，否则返回 0。

第 8 章 常用控件及界面设计

本章重点

☑ 单选按钮与复选框控件的使用。
☑ 列表框与组合框控件的使用。
☑ 计时器与滚动条控件的使用。
☑ 图形框与图像框控件的使用。
☑ 菜单编辑器的使用。

本章难点

☑ 单选按钮与复选框控件的使用。
☑ 列表框控件与组合框控件的使用。

控件是构成用户界面的基本元素。在 VB 中，控件分为两类：一类是标准控件，另一类是 ActiveX 控件。标准控件又称内部控件，共有 20 个。启动 VB 后，标准控件总是出现在工具箱中，且无法从工具箱中删除。ActiveX 控件又称外部控件，是扩展名为.OCX 的独立文件，通常存放在 Windows 的 SYSTEM32 目录中。对于复杂的应用程序，仅仅使用 VB 的标准控件是远远不够的，此时，可以利用 VB 以及第三方开发商提供的大量 ActiveX 控件，将这些控件通过"部件"对话框添加到工具箱上，然后像标准控件一样使用。目前，在 Internet 上大约有上千种 ActiveX 控件可供下载，大大节约了程序员的开发时间。

本章首先系统、深入地介绍标准控件中单选按钮、复选框、框架、列表框、组合框、计时器、滚动条和图形控件的常用属性、方法和事件以及这些控件的基本用法。其后，介绍功能强大、应用广泛的 ActiveX 控件——通用对话框的使用。在本章的后两节，介绍界面设计中普遍应用的菜单界面设计和多窗体程序设计。

8.1 单选按钮、复选框及框架

Visual Basic 提供了单选按钮和复选框控件以实现选择操作。在一组单选按钮中，每次只能从中选择一项，而在一组复选框中，允许同时选择多个。框架控件主要用于对窗体上的控件进行分组，使窗体上的内容更有条理。本节主要介绍三个控件的常用属性和基本用法。

8.1.1 单选按钮

单选按钮（OptionButton）控件可以为用户提供选项，并显示该选项是否被选中。在工具箱面板上，单选按钮控件的图标是⊙。

单选按钮使用时，常以单选按钮组的形式出现，用于"多选一"的情况。当单选按钮组内的某个按钮被选中时，其他按钮将自动失效。如果需要在同一个窗体中创建多个单选按钮组，则需要将其绘制在不同的容器中（如框架、图形框等）。

单选按钮默认名称为 OptionX（X 为阿拉伯数字 1、2、3 等），命名规则为 OptX（X 为用户自定义名字，如 OptRed、OptArial 等）。单选按钮常用的属性如表 8-1 所示。

表 8-1　单选按钮的常用属性

属　性	功　能
Caption	设置单选按钮边上的文本标题
Value	当该属性值为 True，表示被选中，False 表示没有选中
Enabled	当该属性值为 False，表示该按钮对应的选项被禁止，运行时是灰色的
Style	设置选项按钮的外观。值为 0，为标准方式；值为 1，为图形方式

【例 8.1】 利用单选按钮设置文本框文本的字体和颜色。

（1）界面设计

建立窗体，在窗体上增加 8 个单选按钮，其中 4 个采用了标准外观，用于控制文本字体；4 个采用了图形样式，用于控制文本颜色。界面如图 8-1 所示，各控件属性设置见表 8-2。

表 8-2　控件的属性设置

<table>
<tr><th>控 件 名</th><th>属　性</th><th>值</th><th>属　性</th><th>值</th></tr>
<tr><td>Label1</td><td>Caption</td><td>请输入文本内容:</td><td>BackStyle</td><td>0（透明）</td></tr>
<tr><td>Text1</td><td>Text</td><td>空</td><td>Font</td><td>宋体、加粗、小三号</td></tr>
<tr><td>Option1</td><td>Caption</td><td>宋体</td><td>Font</td><td>宋体、加粗、小四号</td></tr>
<tr><td>Option2</td><td>Caption</td><td>楷体</td><td>Font</td><td>楷体_GB2312、加粗、小四号</td></tr>
<tr><td>Option3</td><td>Caption</td><td>黑体</td><td>Font</td><td>黑体、加粗、小四号</td></tr>
<tr><td>Option4</td><td>Caption</td><td>隶书</td><td>Font</td><td>隶书、加粗、小四号</td></tr>
<tr><td>Option5</td><td>BackColor</td><td>&H000000FF&（红色）</td><td colspan="2" rowspan="4">说明：
（1）将 Option5～Option8 这四个单选按钮设置为图形方式，即 Style 属性值为 1。
（2）设置 Option5～Option8 这四个单选按钮的 Caption 属性值为空。</td></tr>
<tr><td>Option6</td><td>BackColor</td><td>&H0000FF00&（绿色）</td></tr>
<tr><td>Option7</td><td>BackColor</td><td>&H00FF0000&（蓝色）</td></tr>
<tr><td>Option8</td><td>BackColor</td><td>&H00000000&（黑色）</td></tr>
</table>

（2）代码设计

```
Private Sub Form_Load()
   Option1.Value = True
   Text1.TabIndex = 0
End Sub
Private Sub Option1_Click()
   Text1.FontName = "宋体"
End Sub
Private Sub Option2_Click()
   Text1.FontName = "楷体_GB2312"
End Sub
Private Sub Option3_Click()
   Text1.FontName = "黑体"
End Sub
```

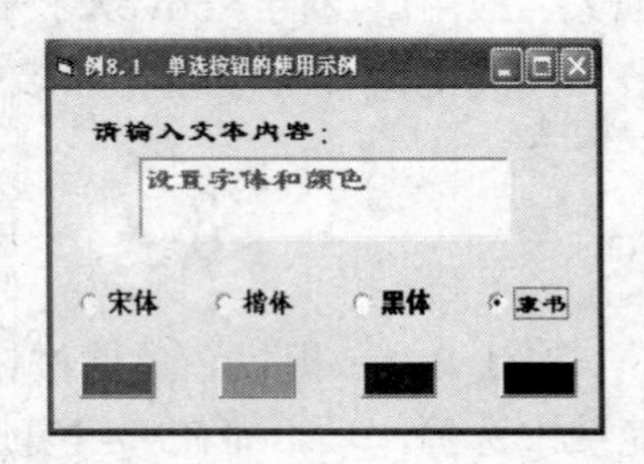

图 8-1　运行界面

```
Private Sub Option4_Click()
    Text1.FontName = "隶书"
End Sub

Private Sub Option5_Click()
    Text1.ForeColor = Option5.BackColor
End Sub

Private Sub Option6_Click()
    Text1.ForeColor = Option6.BackColor
End Sub

Private Sub Option7_Click()
    Text1.ForeColor = Option7.BackColor
End Sub

Private Sub Option8_Click()
    Text1.ForeColor = Option8.BackColor
End Sub
```

运行程序，在文本框中输入文字，然后单击单选按钮，文本框中的字体将发生变化。

8.1.2　复选框

复选框（CheckBox）控件与单选按钮控件的作用差不多，都是为用户提供选项，只是复选框允许用户从提供的多个选项中选中一个或多个。在 VB 工具箱面板上，复选框控件的图标是☑。

复选框控件默认名称为 CheckX（X 为 1、2、3 等），命名规则为 ChkX（X 为用户自定义名字，如 ChkName、ChkRed 等）。复选框的常用属性如表 8-3 所示。

表 8-3　复选框的常用属性

属　性	功　能
Caption	设置复选框边上的文本标题
Value	当该属性值为 1 表示被选中，0 表示没有选中，2 禁止用户选择，显示为灰色
Enabled	当该属性值为 False，表示该按钮对应的选项被禁止，运行时是灰色的
Style	设置选项按钮的外观。值为 0，为标准方式；值为 1，为图形方式

【例 8.2】 在例 8.1 的基础上，添加复选框，设置文本框文本的字形和效果。

（1）程序界面设计

界面设计如图 8-2 所示。添加的复选框的属性如表 8-4 所示。

表 8-4　复选框控件的属性设置

控 件 名	属　性	值	属　性	值
Check1	Caption	粗体	Font	宋体、加粗、小四
Check2	Caption	斜体	Font	宋体、加粗斜体、小四
Check3	Caption	下划线	Font	宋体、加粗、下划线、小四
Check4	Caption	删除线	Font	宋体、加粗、删除线、小四

（2）代码设计

```
Private Sub Check1_Click()
    Text1.FontBold = Check1.Value
End Sub
Private Sub Check2_Click()
    Text1.FontItalic = Check2.Value
End Sub
Private Sub Check3_Click()
    Text1.FontUnderline = Check3.Value
End Sub
Private Sub Check4_Click()
    Text1.FontStrikethru = Check4.Value
End Sub
```

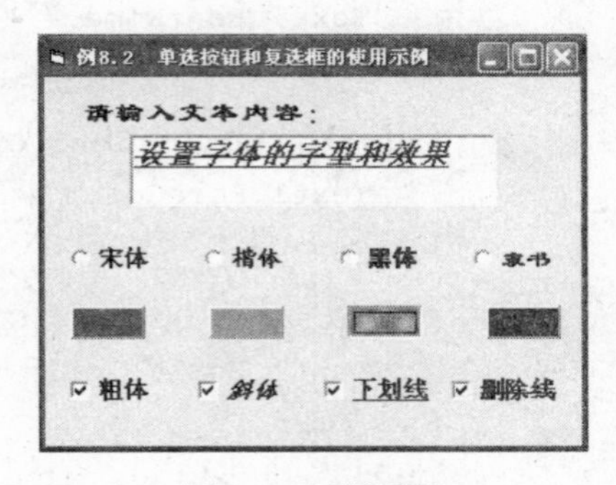

图 8-2 运行界面

运行程序，选中复选框，文本框中的字形将相应改变。

8.1.3 框架

框架（Frame）控件是一种容器控件，在框架控件内部的控件可以随着框架一起移动，并受到框架控件某些属性（如 Visible、Enabled 等）的控制。在 VB 工具箱面板上，框架控件的图标是▫。

Frame 控件常用的属性如表 8-5 所示。

表 8-5 框架的常用属性

属 性	功 能
Caption	设置框架上的文本标题。如果标题为空字符串，则框架为封闭的矩形
Enabled	当该属性值为 False，表示该框架内的所有控件被禁止使用，运行时呈现灰色
Visible	当该属性值为 False，在程序运行期间，框架及其中的全部控件被隐藏起来

常用 Frame 控件对其他控件分组，操作方法是：首先在窗体上绘制 Frame 控件，然后激活 Frame 控件，再在框架中绘制其他的控件。这样能将框架及其中的控件作为一个整体一起移动。

如果要使用框架将现有的控件分组，则可先选定所有的控件，将它们剪切到剪贴板，然后选定 Frame 控件，再粘贴剪贴板上的控件到 Frame 控件上。

【例 8.3】 利用框架修饰例 8.2 中的窗体，如图 8-3 所示。

程序界面设计：

1）首先在例 8.2 的窗体中添加三个框架。

2）将 Option1～Option4 单选按钮剪切。

3）选定框架 Frame1。

4）再将 Option1～Option4 单选按钮粘贴到框架中。

5）按上述方法，将 Option5～Option8 单选按钮剪切并粘贴到框架 Frame2 中，将 Ckeck1～Check4 复选框剪切并粘贴到框架 Frame3 中。

6）按图 8-3 所示，分别设置 Frame1～Frame3 框架的标题。

【例 8.4】 单选按钮、复选框及框架的综合应用。

（1）程序界面设计

1）在例 8.3 的窗体上添加一个图形方式的复选框和一个无标题框架 Frame4，见图 8-4。

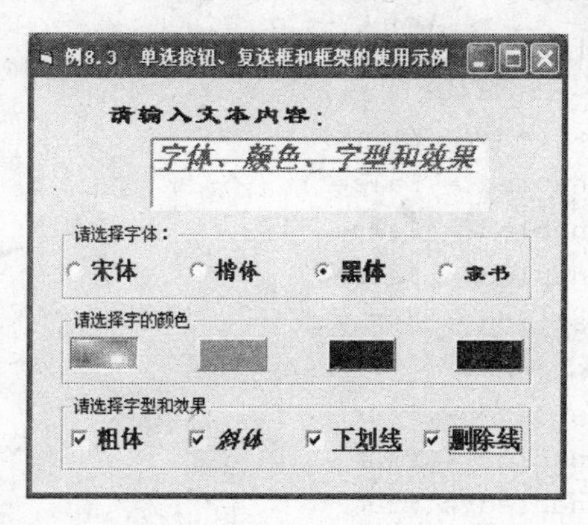

图 8-3　运行界面

2）在 Frame4 中，建立 3 个图形方式的单选按钮。这 3 个单选按钮的作用分别是：单击按钮实现文本框中文本的左对齐，单击按钮实现文本的居中对齐，单击按钮实现文本的右对齐。

3）按表 8-6 所示对添加的图形方式的单选按钮和复选框进行相应的属性设置。

表 8-6　单选按钮和复选框的属性设置

控件名	属　性	值	说　明
Option9	Picture	C:\Program Files\Microsoft Visual Studio \Common\Graphics\Bitmaps\TlBr_W95\LFT.BMP	设置 Option9～Option11 三个单选按钮的 Style 属性值为 1，Caption 属性值为空
Option10	Picture	C:\Program Files\Microsoft Visual Studio \Common\Graphics\Bitmaps\TlBr_W95\CNT.BMP	
Option11	Picture	C:\Program Files\Microsoft Visual Studio \Common\Graphics\Bitmaps\TlBr_W95\RT.BMP	
Check5	Picture	C:\Program Files\Microsoft Visual Studio \Common\Graphics\Icons\Misc\SECUR02A.ICO	设置 Check5 的 Style 属性值为 1，Caption 属性值为“R 锁定”
	DownPicture	C:\Program Files\Microsoft Visual Studio \Common\Graphics\Icons\Misc\SECUR02B.ICO	

复选框按钮的作用是：单击“锁定”按钮，则文本框中的文本不能做字体、颜色、字形和效果的修改，同时将复选框的标题“R 锁定”变为“R 修改”，复选框的图形由打开的锁变为锁着的锁。如图 8-4 所示。单击“修改”按钮，允许对文本框中的文本进行字体、颜色、字形和效果的修改，同时将复选框的标题变为“R 锁定”，复选框的图形由锁着的锁变为打开的锁。

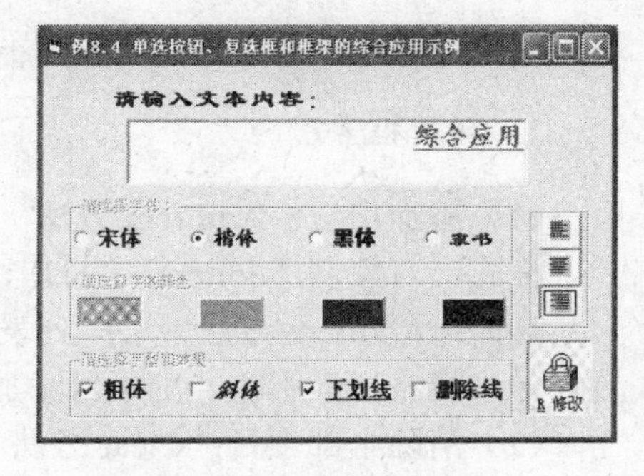

图 8-4　运行界面

（2）代码设计

```
Private Sub Option9_Click()
    Text1.Alignment = 0
End Sub

Private Sub Option10_Click()
    Text1.Alignment = 2
End Sub
```

```
Private Sub Option11_Click()
   Text1.Alignment = 1
End Sub

Private Sub Check5_Click()
   If Check5.Value = 1 Then
      Frame1.Enabled = False
      Frame2.Enabled = False
      Frame3.Enabled = False
      Check5.Caption = "&R 修改"
   ElseIf Check5.Value = 0 Then
      Frame1.Enabled = True
      Frame2.Enabled = True
      Frame3.Enabled = True
      Check5.Caption = "&R 锁定"
   End If
End Sub
```

运行程序，选择字体、颜色、效果，文本框中的文字将发生变化。

8.2 列表框和组合框

在 Visual Basic 的 20 个标准控件中，提供了 4 个用于选择的控件，分别是单选按钮、复选框、列表框和组合框。上一节介绍了单选按钮和复选框，本节介绍列表框和组合框。

8.2.1 列表框

VB 提供了列表框（ListBox）控件以供用户进行多个项目的选择。在工具箱面板上，列表框控件的图标是▤。列表框控件能够显示多个项目，当列表框中的项目太多，无法直接显示出所有的项目时，VB 将自动给列表框加一个垂直滚动条，使用户可以上下滚动列表，以浏览所有的选项。

列表框控件名默认为 ListX（X 为阿拉伯数字 1、2、3、…），规则的命名方式为 LstX（X 为用户自定义的名字，如 LstName、LstUser 等）。

1. 列表框的常用属性

列表框常用的属性如表 8-7 所示。

2. 列表框常用的方法

（1）添加项目：AddItem 方法

格式：对象名.Additem 字符串 [,索引值]

功能：AddItem 方法用来向列表框中添加项目。索引值指定了添加的项目在列表框中位置，如果省略了索引值，则项目添加到列表框的最后。

（2）清除全部项目：Clear 方法

格式：对象名.Clear

功能：清除列表框中的全部内容。

表 8-7　列表框的常用属性

属　性	功　能
Columns	确定列表框的列数，只能在界面设置时使用。属性值为 0（默认），呈单列显示
List	设置或返回列表中的项目。例如：List1.List（2）表示列表框 List1 中第 3 项的值 特别注意，列表框中的第一项是 List（0），而不是 List（1）
ListCount	返回列表框中的项目个数，只能在程序中使用。列表框项目的排列序号从 0 开始，最后一项的序号为 ListCount-1
ListIndex	返回当前选择的项目的索引号，只能在程序中使用。第 1 项项目的索引号为 0，第 2 项为 1，依此类推，ListCount 始终比最大的 ListIndex 值大 1。如果没有项目被选中，该属性值为-1。
MultiSelect	该属性决定能否在列表框中选择多个选项，只能在界面设置时指定。值为 0 时，每次只能选择一项，如果选择另一项则会取消对前一项的选择。值为 1，表示可以同时选择多个选项。值为 2，是功能最强大的多重选择，可以结合 Shift 键或 Ctrl 键完成多个项目的多重选择。方法是：选择连续的多个项目，单击所要选择的范围的第一项，然后按住 Shift 键，再单击选择范围的最后一项；如果按住 Ctrl 键，并单击列表框中的项目，则可选择不连续的多个项目
SelCount	如果 MultiSelect 属性值为 1 或 2，则 SelCount 属性给出选择的多个项目的数目。通常与 Selected 一起使用，以处理控件中的所选项目
Selected	该属性只能在程序中使用，返回或设置在列表框控件中某项目是否选中的状态。选中时，值为 True；未被选中，值为 False。例如：List1.Selected（2）=true，使得列表框 List1 中的第 3 条项目被选中
Sorted	该属性只能在设计时使用，确定列表框中的选项是否按字母升序排列。如果属性值为 True，表示项目按字母顺序排列，属性值为 False（默认），则列表框中的项目按加入的先后次序排列
Style	本属性只能在界面设置时定义，确定列表框的外观。共有两个值：值为 0—Standard，表示标准型；值为 1—CheckBox，表示复选框型
Text	设置或返回列表中当前项目的值。只能在程序中设置或引用

（3）删除项目：RemoveItem 方法

格式：对象名.RemoveItem 索引值

功能：用来删除列表框中索引值指定的项目。

3. 列表框的事件

列表框能够响应 Click 和 DblClick 事件。

4. 列表框初始列表项目的设置

可以用下面 3 种方法设置列表框的初始列表项目。

方法 1：在窗体的 Load 事件，用 Additem 方法将项目添加到列表框中。

方法 2：在窗体的 Load 事件，通过给 List 属性赋值实现。语句格式为：

```
对象名.List(下标)=字符串表达式
```

方法 3：在设计阶段通过属性窗口给 List 属性赋值。操作方法是：在属性窗口中选择 List 属性，单击右端的向下箭头按钮，在打开的下拉列表中输入内容，每输入一项按 Ctrl+Enter 组合键换行，全部输入完毕，按 Enter 键结束。

【例 8.5】 列表框应用示例。选用上面介绍的 3 种方法之一，给列表框建立如图 8-5 所示的学生名单初始列表。程序运行后，在文本框中输入学生姓名，单击“添加”按钮可添加到列表框中；在列表框中双击一个学生姓名，该姓名从列表框中删除并出现在文本框中，可以在文本框中进行修改。单击“删除”按钮，将删除列表框中选定的列表项目。单击“清空”按钮，删除列表框中所有的项目。

（1）程序界面设计

添加窗体，在窗体中添加 3 个按钮、1 个文本框和 1 个列表框，并在“属性”窗口中设置，Command1 的 Caption 属性值是“添加”，Command2 的 Caption 属性值是“删除”，Command3 的 Caption 属性值是“清空”。文本框 Text1 的 Text 属性值为空，列表框 List 1 的 List 属性值为“张三、李四、王五、赵六、陈七”。界面如图 8-5 所示。

（2）代码设计

```
Private Sub Command1_Click()              ' “添加”按钮
    List1.AddItem Text1.Text
    Text1.SetFocus
    Text1.SelStart = 0
    Text1.SelLength = Len(Text1.Text)
End Sub

Private Sub Command2_Click()              ' “删除”按钮
    If List1.ListIndex <> -1 Then
      x = List1.ListIndex
      List1.RemoveItem x
    End If
End Sub

Private Sub Command3_Click()              ' “清空”按钮
    List1.Clear
End Sub

Private Sub List1_DblClick()              ' 列表框
    Dim x As Integer
    x = List1.ListIndex
    Text1.Text = List1.List(x)
    List1.RemoveItem x
End Sub
```

运行程序，在文本框中输入学生姓名，单击“添加”按钮，将学生的姓名添加到学生名单列表框中，程序运行结果如图 8-6 所示。

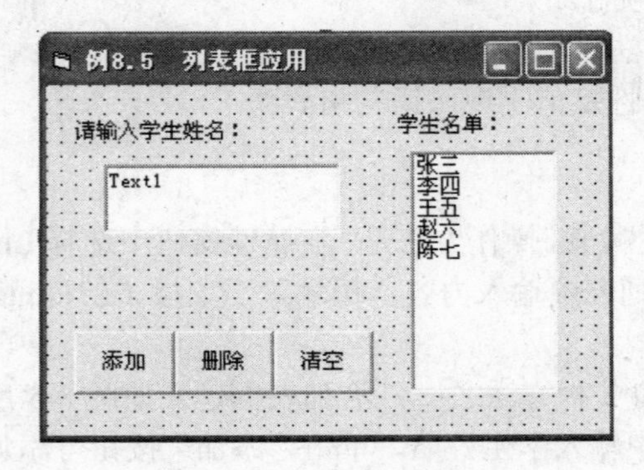

图 8-5 界面设计

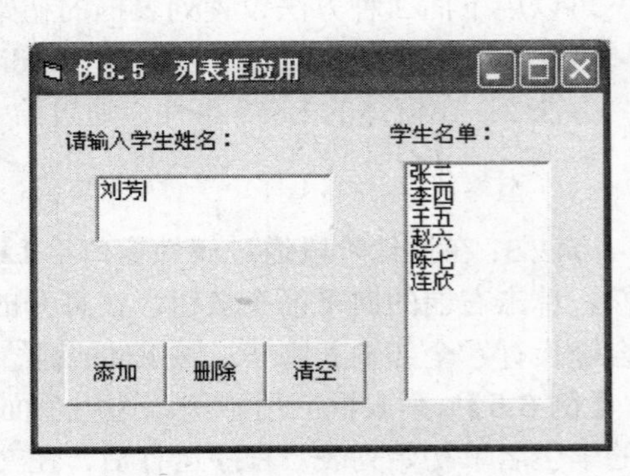

图 8-6 运行界面

8.2.2　组合框

组合框（ComboBox）控件将文本框（TextBox）控件与列表框（ListBox）控件的特性融为一体，兼具文本框与列表框两者的特性。它可以如同列表框一样，让用户选择所需项目；又可以如文本框一样通过输入文本来选择表项。组合框在VB工具箱面板中的图标是☐。

组合框默认的名称是 ComboX（X 为阿拉伯数字 1、2、3、…），规则的命名方式为：CboX（X 为用户自定义的名字，如 CboName、CboColor 等）。

列表框的大部分属性都可用于组合框，此外，组合框还有一些自己特有的属性。

1. 组合框特有的重要属性

（1）Style属性

Style属性决定了组合框的类型，属性值有 0、1 或 2 三种。

当值为 0 时，组合框称为“下拉式组合框”（DropDown Combo），样式如图 8-7 所示。程序运行时，列表框部分被隐藏，可以单击右侧的三角按钮，从弹出的下拉列表中选择项目，选中的项目将显示在文本框中。

当值为 1 时，组合框称为“简单组合框”（Simple Combo），样式如图 8-8 所示。由文本框和一个标准列表框组成。程序运行时，列表框部分一直显示，列表框的大小由创建时的大小决定，不能改变。即可以在列表框中选择项目，也可以在上面的文本框中输入内容。

当值为 2 时，组合框称为“下拉式列表框”（Dropdown ListBox），样式如图 8-9 所示。它的右边有个下三角形按钮，可供进行“展开”或“收起”操作。下拉式列表框与 Style 值为 0 时的下拉式组合框外观完全相同，不同的是，下拉式组合框可以通过输入文本的方法在列表项中进行选择，下拉式列表框不允许用户在文本框中输入内容。

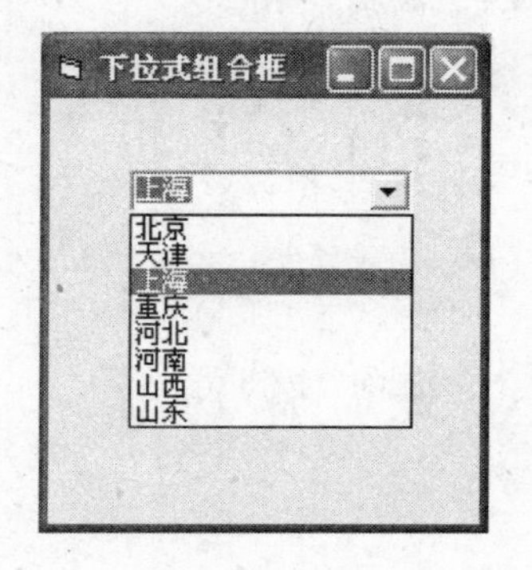

图 8-7　下拉组合框

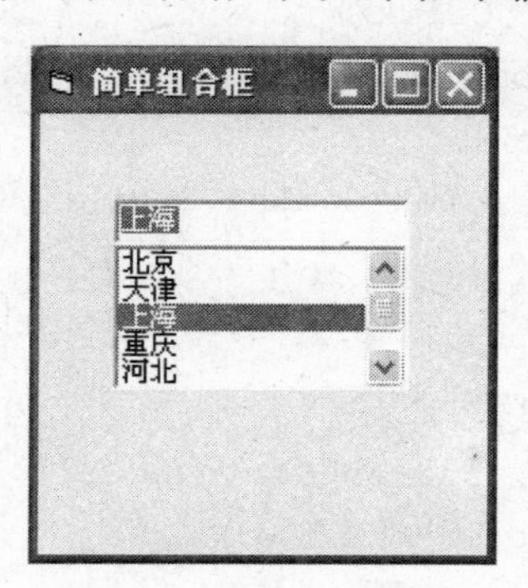

图 8-8　简单组合框

图 8-9　下拉式列表框

综上所述，如果想让用户能够输入项目，则将组合框的 Style 属性设置成 0 或 1，如果只想让用户对已有项目进行选择，则将组合框的 Style 属性设置成 2。

（2）Text属性

本属性值返回用户选择的文本或直接在文本框中输入的文本，可以在界面设置时在“属性”窗口中直接输入，表示运行开始时文本框中显示的内容。

2. 组合框的事件

根据组合框的类型，它们所响应的事件是不同的。

当组合框的 Style 属性为 0 时，下拉式组合框可识别 Dropdown、Click、Change事件。

当组合框的 Style 属性为 1 时，简单组合框可识别 Change、DblClick事件。

当组合框的Style属性为 2 时，它不能识别 DblClick 及 Change 事件，但可识别 Dropdown、Click事件。

3. 组合框的方法

列表框的 AddItem、Clear、RemoveItem 方法也适用于组合框，用法跟列表框相同。

【例 8.6】 组合框应用示例。将例 8.5 中的文本框和列表框用简单组合框来替换，实现同样的功能：输入学生姓名，单击“添加”按钮，可添加到组合框中；在组合框列表中双击一个项目，该项目从列表中删除，并显示在文本框中允许进行修改；单击“删除”按钮，将删除当前的选项；单击“清空”按钮，清除组合框中的所有项目。

（1）程序界面设计

设计程序界面如图 8-10 所示，设置组合框 Combo1 的 Style 属性值为 1，Text 属性值为“张三”。

（2）代码设计

```
Private Sub Combo1_DblClick()
    Dim str As String
    str = Combo1.List(Combo1.ListIndex)
    Combo1.RemoveItem Combo1.ListIndex
    Combo1.Text = str
End Sub

Private Sub Command1_Click()                              ' “添加”按钮
    Combo1.AddItem Combo1.Text
    Combo1.SelStart = 0
    Combo1.SelLength = Len(Combo1.Text)
    Combo1.SetFocus
End Sub

Private Sub Command2_Click()                              ' “删除”按钮
    Dim x As Integer, str As String
    str = Combo1.Text + "将被删除!"
    x = MsgBox(str, 49, "删除成员")
    If x = 1 And Combo1.ListIndex <> -1 Then
        Combo1.RemoveItem Combo1.ListIndex
    ElseIf Combo1.ListIndex = -1 Then
        MsgBox ("组合框中无可供删除的项目! ")
    End If
End Sub

Private Sub Command3_Click()                              ' “清空”按钮
    Combo1.Clear
End Sub
```

程序运行结果如图 8-11 所示。

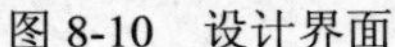
图 8-10　设计界面

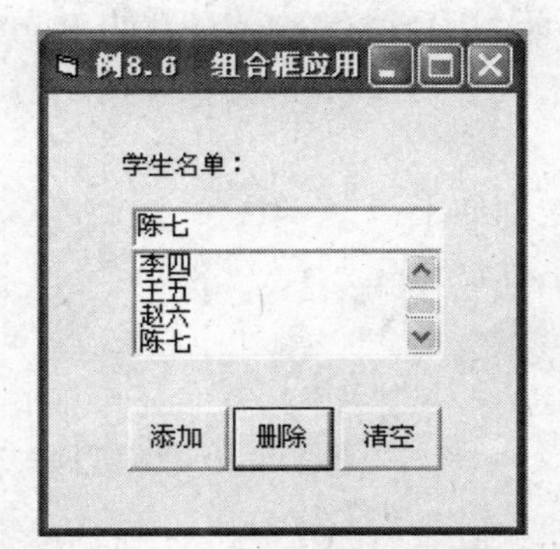

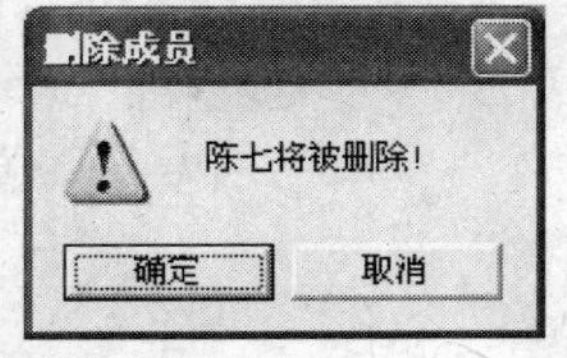

图 8-11　程序删除功能界面

8.3　计时器和滚动条

在 Windows 应用程序中常要用到时间控制的功能，如在程序界面上显示当前时间，产生动画效果或者每隔一段时间触发一个事件等。VB 中提供 Timer 控件专门解决这方面的问题。滚动条在 Windows 应用程序中，常附加在窗口上，帮助用户观察数据或确定位置。

8.3.1　计时器

Timer 控件在工具箱面板上的图标是⏱。

在窗体上绘制 Timer 控件跟其他控件不同的是，Timer 控件的大小不能改变。另外，Timer 控件只有在程序设计过程中看得见，在程序运行时不可见。

1. Timer 控件的属性

（1）Interval 属性

格式：对象名.Interval = X，其中，X 代表具体的时间间隔。

功能：设定计时器的时间间隔，是 Timer 控件最重要的属性。

说 明

Interval 属性决定了计时器事件之间的间隔，以毫秒为单位，取值范围为 0 ~ 65535，因此其最大时间间隔不能超过 65 秒，即 1 分钟多一点的时间。如果把 Interval 属性设置为 1000，则表示每秒触发一个 Timer 事件。

（2）Enabled 属性

设置计时器是否响应用户的 Timer 事件。如果 Enabled 属性值设为 False，则不管 Interval 属性值是否为 0，计时器都不起作用。

2. Timer 控件的 Timer（定时）事件

每个 Timer 控件经过预定的时间间隔，将激发自身的 Timer 事件。Timer 事件是计时器控件支持的唯一事件，用来实现计时器控件的控制功能，如显示系统时钟、制作动画等。

【例 8.7】 利用计时器在标签上每隔 1 秒自动显示当前时间。

（1）程序界面设计

界面设计如图 8-12 所示。设置标签 Label1 的 BorderStyle 属性值为 1，计时器 Timer1 的 Interval 属性值为 1000。

（2）代码设计

计时器的 Timer 事件过程如下：

```
Private Sub Timer1_Timer()
    Label1.FontSize = 24
    Label1.FontName = "宋体"
    Label1.Caption = "当前时间为："& Time
End Sub
```

程序运行结果如图 8-13 所示。

图 8-12 设计界面

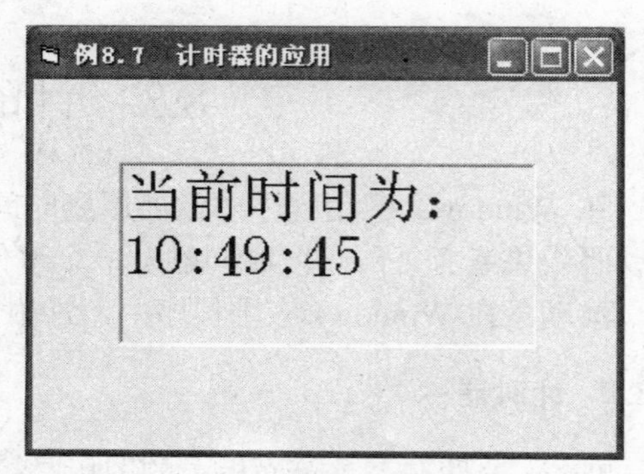

图 8-13 运行界面

说 明

Time 是 VB 内部函数，返回系统当前时间。

【例 8.8】 设计一个电子标题板，标题“热烈欢迎新同学”在窗体上从右向左反复滚动。单击窗体上的“开始”按钮，标题开始滚动，此时命令按钮上的标题显示“暂停”；单击“暂停”按钮，标题停止滚动，此时按钮上的标题显示“继续”；单击“继续”按钮，标题继续滚动。程序的运行效果如图 8-15 所示。

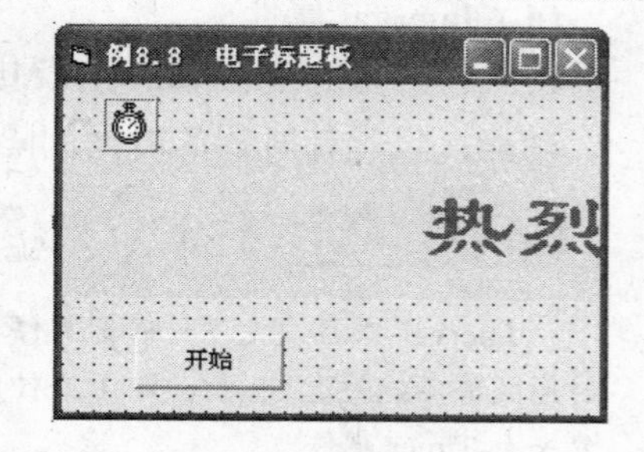

图 8-14 设计界面

表 8-8 控件属性设置

对 象	属 性	属 性 值
Timer1	Interval	100
	Enabled	False
Frame1	Caption	无
	Backcolor	&H0000FFFF&（黄色）
	BorderStyle	0

续表

对　象	属　性	属 性 值
Label1	AutoSize	True
	BackStyle	0（透明）
	Caption	热烈欢迎新同学
	Font	隶书、粗体、36
	Forecolor	&H000000FF&
Command1	Caption	开始

（1）程序界面设计

设计界面如图 8-14 所示，窗体上有 1 个命令按钮、1 个计时器、1 个框架以及在框架中放置的 1 个标签控件，各控件的属性设置如表 8-8 所示。

（2）代码设计

```
Private Sub Command1_Click()
    If Command1.Caption = "暂停" Then
        Command1.Caption = "继续"
        Timer1.Enabled = False
    Else
        Command1.Caption = "暂停"
        Timer1.Enabled = True
    End If
End Sub

Private Sub Form_Load()
    Frame1.Width = Form1.ScaleWidth
    Label1.Left = Form1.ScaleWidth
End Sub

Private Sub Timer1_Timer()
    If Label1.Left + Label1.Width > 0 Then
        Label1.Move Label1.Left - 50
    Else
        Label1.Left = Form1. ScaleWidth
    End If
End Sub
```

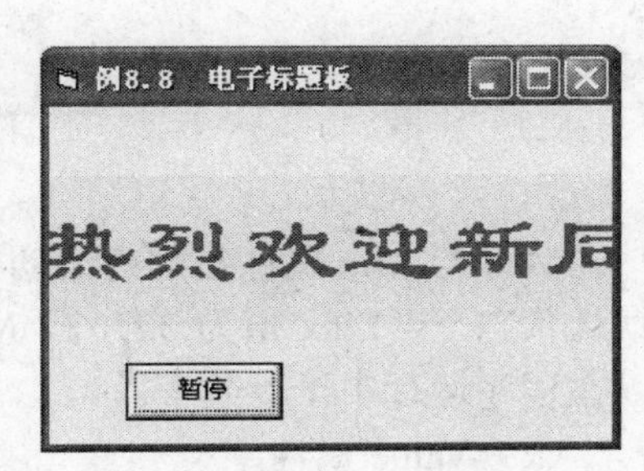

图 8-15　运行界面

8.3.2　滚动条

滚动条常用来附在某个窗口上，帮助观察数据或确定位置，也可以用来作为数据输入的工具。在日常操作中，我们常常遇到这样的情况：在某些程序中，如 Photoshop，一些具体的数值我们并不清楚，如调色板上的自定义颜色，这时，可以通过滚动条，用尝试的办法找到需要的数值。

在 VB 中，滚动条分为水平滚动条（HscrollBar）与垂直滚动条（VscrollBar）两种，它们在工具箱上的图标如图 8-16 所示。

图 8-16　滚动条

1. 滚动条控件的属性

（1）Max（最大值）与 Min（最小值）属性

滚动块处于最右边（水平滚动条）或最下边（垂直滚动条）时返回的值就是最大值；滚动块处于最左边或最上边，返回的值最小，如图 8-17 所示。

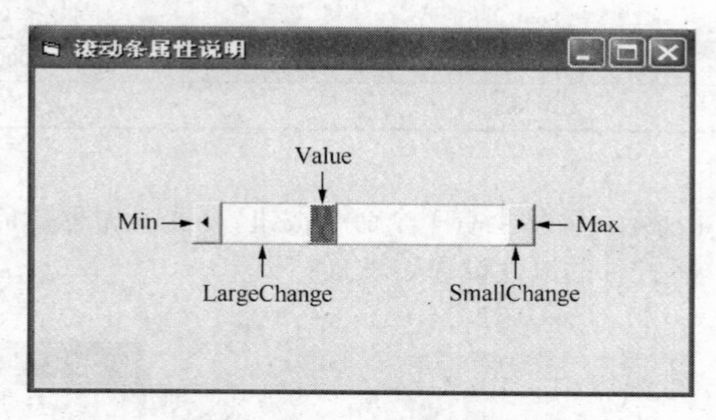

图 8-17　水平滚动条属性说明

Max 与 Min 属性是创建滚动条控件必须指定的属性，它们的取值范围为-32768～32767。默认状态下，Max 值为 32767，Min 值为 0。它们既可以在界面设计过程中予以指定，也可以在程序运行中予以改变。

（2）Value 属性

返回或设置滚动滑块在当前滚动条中的位置，如图 8-17 所示。

Value 值可以在设计时指定，也可以在程序运行中改变，但不能设置为 Max 和 Min 范围之外的值。

（3）SmallChange（小改变）属性

单击滚动条左右两端的箭头时，滚动条控件的 Value 值的改变量就是 SmallChange。

（4）LargeChange（大改变）属性

单击滚动条滚动滑块前面或后面的空白区域时，引发的 Value 值的改变量，就是 LargeChange。

2. 滚动条控件的事件

与滚动条控件相关的事件主要是 Scroll 事件与 Change 事件。当拖动滚动条内的滚动滑块时，触发 Scroll 事件（注意，单击滚动条两端的箭头或单击滚动条滑块前后的空白区域，不发生 Scroll 事件）；当改变滚动滑块的位置时，则触发 Change 事件。由此可见，Scroll 事件用来跟踪滚动滑块的动态变化，Change 事件则用来获取滚动条当前的值。

【例 8.9】 滚动条的应用。用一个水平滚动条控件数组 HScroll1 中的 3 个水平滚动条作为 3 种基本颜色的输入工具进行调色，合成的颜色显示在右边的颜色区中。颜色区使用了 1 个标签控件，用标签的 BackColor 属性显示合成的颜色。当完成调色后，用“设置前景颜色”和“设置背景颜色”按钮设置文本框 Text1 的前景和背景颜色。拖动水平滚动条控件 HScroll2 的滚动滑块，设置文本框 Text1 中字体大小。程序运行结果如图 8-19 所示。

（1）程序界面设计

设计界面如图 8-18 所示，窗体各控件主要属性的设置如表 8-9 所示。

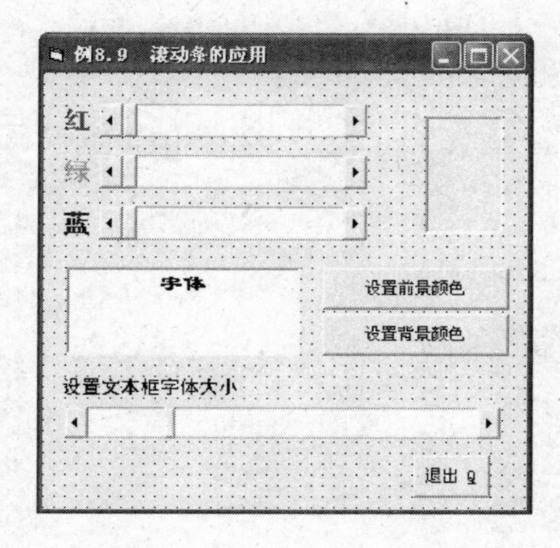

图 8-18　设计界面

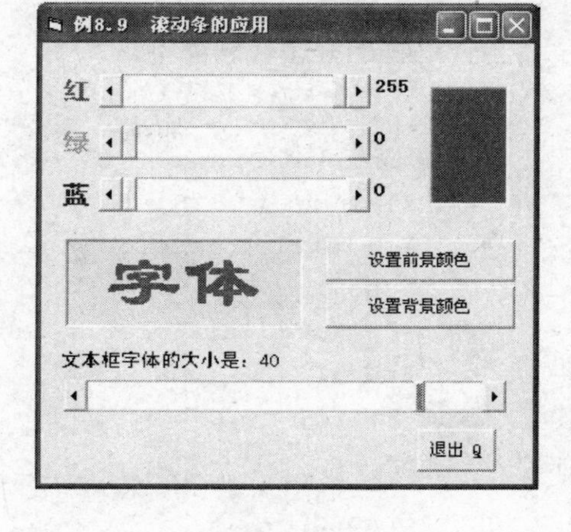

图 8-19　运行界面

表 8-9　窗体各控件属性设置

对　象	属　性	属 性 值	说　明
水平滚动条控件数组 HScroll1	LargeChange	15	设置颜色： HScroll1（0）：红色 HScroll1（1）：绿色 HScroll1（2）：蓝色
	Max	255	
	Min	0	
	SmallChange	1	
	Value	0	
水平滚动条控件 HScroll2	LargeChange	4	设置文本框字体大小
	Max	46	
	Min	6	
	SmallChange	1	
	Value	14	
Label1（0）	Caption	红	在 HScroll1（0）控件左端
	Forecolor	Rgb（255,0,0）	
Label1（1）	Caption	绿	在 HScroll1（1）控件左端
	Forecolor	Rgb（0,255,0）	
Label1（2）	Caption	蓝	在 HScroll1（2）控件左端
	Forecolor	Rgb（0,0,255）	
Label2（0） ～Label2（3）	Caption	无	Label2（0）～Label2（2） 分别放置在 HScroll1（0） ～HScroll1（2）的右端， Label2（3）显示合成颜色
Label3	Caption	设置文本框字体大小	
Text1	Text	字体	
Command1（0）	Caption	设置前景颜色	
Command1（1）	Caption	设置背景颜色	
Command2	Captiom	退出 &Q	

（2）代码设计

各事件过程的程序代码如下：

```
Dim red As Long, green As Long, blue As Long        ' 在通用模块声明
Private Sub Command1_Click(Index As Integer)
   If Index = 0 Then
      Text1.ForeColor = Label2(3).BackColor
   Else
      Text1.BackColor = Label2(3).BackColor
   End If
End Sub

Private Sub Command2_Click()
   Unload Me
End Sub

Private Sub Form_Load()
   Text1 = "字体"
   Text1.FontSize = HScroll2.Value
   Label2(0) = HScroll1(0).Value
   Label2(1) = HScroll1(1).Value
   Label2(2) = HScroll1(2).Value
   Label2(3).BackColor = RGB(red, green, blue)
End Sub

Private Sub HScroll1_Change(Index As Integer)
   red = HScroll1(0).Value
   green = HScroll1(1).Value
   blue = HScroll1(2).Value
   Label2(3).BackColor = RGB(red, green, blue)
   Label2(0) = red
   Label2(1) = green
   Label2(2) = blue
End Sub

Private Sub HScroll2_Scroll()
   Text1.FontSize = HScroll2.Value
   Label3.Caption = "文本框字体的大小是：" & HScroll2.Value
End Sub
```

8.4 图 形 控 件

为了在应用程序中创作图形效果，VB 为用户提供了简洁有效的图形图像处理能力。一方面可以利用 VB 标准控件中提供的 4 个图形控件，即 PictureBox 控件、Image 控件、Shape 控件和 Line 控件，无需编写代码，就可以在窗体或图形框中产生图形和图像；另一方面还可以利用 VB 提供的一系列基本的图形函数、语句和方法直接在窗体或图形框上绘制图形。

使用图形控件绘制图形，操作简单，但绘图样式和功能有限，要实现更高级绘图功能，还得采用本书第 9 章介绍的绘图方法。

8.4.1　Line（直线）控件

Line 控件用于在窗体、图形框和框架中画各种直线段。既可以在设计时，通过设置线段的端点坐标属性来画出直线，也可以在程序运行时，通过 x1、x2、y1 和 y2 属性来改变直线的位置和大小。Line 控件在工具箱中的图标样式是＼。

Line 控件的主要属性如下。

（1）x1 属性、y1 属性、x2 属性和 y2 属性

这 4 个属性决定了直线控件的两个端点在窗体上的坐标值。使用这 4 个属性可以调整直线控件绘制的线段长度和位置。

（2）BorderWidth 属性

该属性决定了绘制线条的宽度（单位是像素）。

（3）BorderStyle 属性

当 BorderWidth 属性值为 1 时，该属性决定了绘制线条的样式。当 BorderWidth 属性值大于 1 时，线条的样式都是实线。

8.4.2　Shape（形状）控件

Shape 控件用于在窗体、图形框和框架中画矩形、正方形、椭圆、圆、圆角矩形及圆角正方形。和直线控件一样，主要功能是修饰，不支持任何事件。Shape 控件在工具箱中的图标样式是。

Shape 控件的主要属性见表 8-10。

表 8-10　形状控件的主要属性

属　性	含　义
BackColor	设定形状控件的背景颜色
BackStyle	设定形状控件背景的样式，0 为透明（默认值），1 是不透明
BorderColor	设定形状控件的边框颜色
BorderStyle	设定形状控件的边框样式，值为 0（默认值）～6
BorderWidth	设定形状控件边框的宽度
DrawMode	设定形状控件的显示效果
FillColor	设定形状控件内填充图案的颜色
FillStyle	设定形状控件填充图案的样式，值为 0～7
Shape	设定形状控件的形状样式，值为 0（默认值）～5

其中 Shape 属性和 FillStyle 属性的取值效果如图 8-20 所示。

【例 8.10】 演示形状控件的形状、填充图案和填充颜色的随机变化。

（1）程序界面设计

在窗体上放置一个与窗体内部大小相同的形状控件。

功能要求：单击鼠标，形状控件的形状和填充图案及填充颜色发生随机变化。

（2）代码设计

因为形状控件不响应任何事件，本例的程序代码写在窗体的鼠标按下和释放事件中。

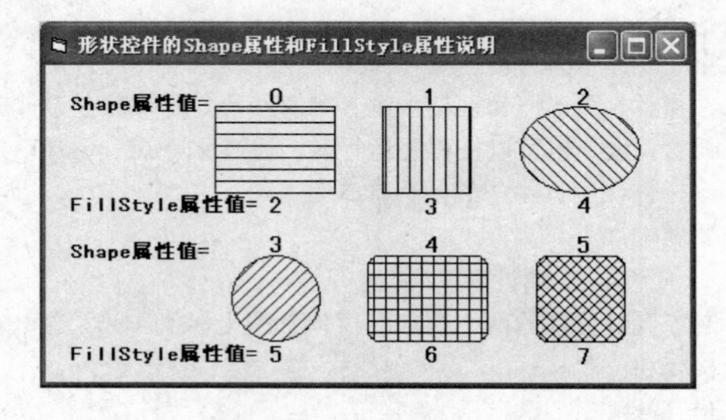

图 8-20 不同形状及不同的填充样式的 Shape 控件

```
Private Sub Form_Load()
    Shape1.Height = ScaleHeight
    Shape1.Width = ScaleWidth
End Sub

Private Sub Form_MouseDown(Button As Integer, Shift As Integer, X As Single,
Y As Single)
    Shape1.Shape = Int(Rnd * 6)
End Sub

Private Sub Form_MouseUp(Button As Integer, Shift As Integer, X As Single,
Y As Single)
    Shape1.FillColor = QBColor(Int(Rnd * 15))
    Shape1.FillStyle = Int(Rnd * 8)
End Sub
```

程序运行结果如图 8-21 所示。由于形状和填充图案及填充颜色是随机变化的，运行的结果有多种形式，图 8-21 只是其中的两种。

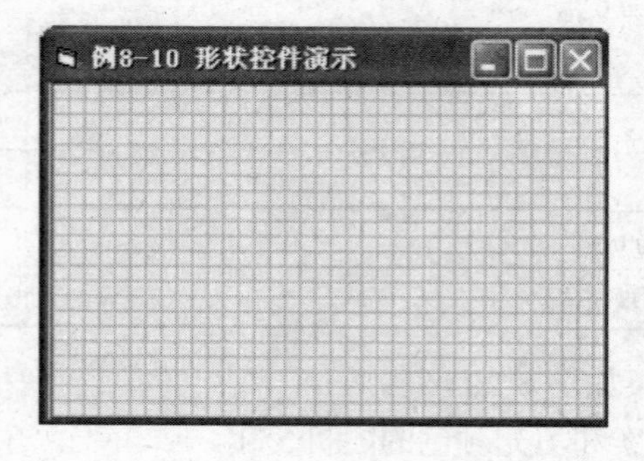

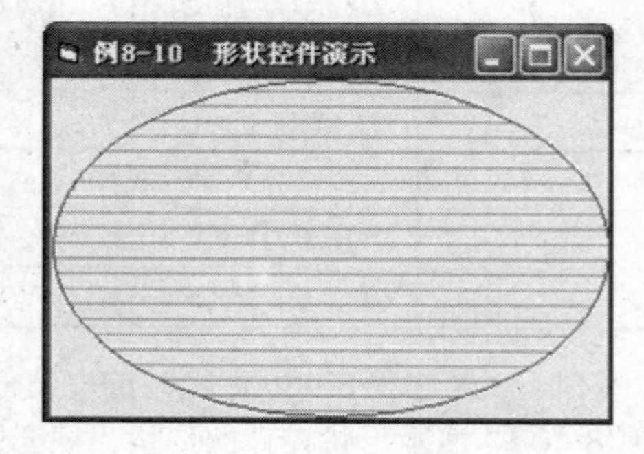

图 8-21 形状控件随机生成的形状、填充图案和颜色效果演示

【例 8.11】 利用形状控件和直线控件，在窗体上绘制时钟，利用计时器控件来控制时钟指针的走动，并在窗体的标题栏上显示当前时间。

（1）程序界面设计

1）在窗体上放置两个形状控件，一个绘制时钟形状，一个表示指针的轴心。使用了 15 个直线控件，其中 3 个分别表示秒针、分针和时针，另外 12 个表示时钟的时间刻度。使用了 12 个标签显示时间刻度值。设计界面见图 8-22。

2）主要对象属性见表 8-11。

表 8-11　控件的属性设置

控 件 名	属 性	值	属 性	值
Shape1（表盘）	BackColor	白色	BackStyle	不透明
	BorderWidth	2	Shape	圆角矩形
Shape2（表心）	BackColor	黑色	BackStyle	不透明
	Shape	圆		
Timer1	Interval	1000		

秒针、分针、时针的 Name 属性分别为 L1、L2、L3，分针和时针的线宽（BorderWidth）为 2。

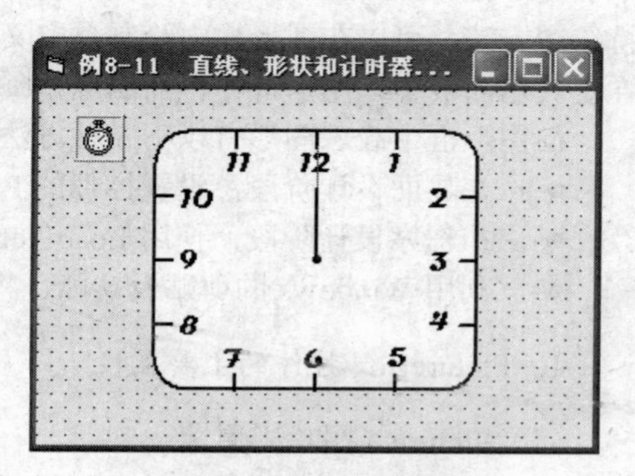

图 8-22　时钟的设计界面

（2）代码设计

```
Const pi = 3.1415926
                ' 在通用模块声明符号常量
Private Sub Form_Load()
    L1.Tag = L1.Y2 - L1.Y1
    L2.Tag = L2.Y2 - L2.Y1
    L3.Tag = L3.Y2 - L3.Y1
    Form1.Caption = Format(Time,
"Medium Time")
    s = Second(Time)
    L1.X1 = L1.X2 + L1.Tag * Sin(pi * s / 30)
    L1.Y1 = L1.Y2 - L1.Tag * Cos(pi * s / 30)
    m = Minute(Time)
    L2.X1 = L2.X2 + L2.Tag * Sin(pi * m / 30)
    L2.Y1 = L2.Y2 - L2.Tag * Cos(pi * m / 30)
    h = Hour(Time)
    s = IIf(h >= 12, h - 12, h) + m / 60
    L3.X1 = L3.X2 + L3.Tag * Sin(pi * s / 6)
    L3.Y1 = L3.Y2 - L3.Tag * Cos(pi * s / 6)
End Sub
Private Sub Timer1_Timer()
    s = Second(Time)
    L1.X1 = L1.X2 + L1.Tag * Sin(pi * s / 30)
    L1.Y1 = L1.Y2 - L1.Tag * Cos(pi * s / 30)
    If s = 0 Then
        Form1.Caption = Format(Time, "Medium Time")
        m = Minute(Time)
```

```
        L2.X1 = L2.X2 + L2.Tag * Sin(pi * m / 30)
        L2.Y1 = L2.Y2 - L2.Tag * Cos(pi * m / 30)
        h = Hour(Time)
        s = IIf(h >= 12, h - 12, h) + m / 60
        L3.X1 = L3.X2 + L3.Tag * Sin(pi *_
    s / 6)
        L3.Y1 = L3.Y2 - L3.Tag * Cos(pi *_
    s / 6)
    End If
End Sub
```

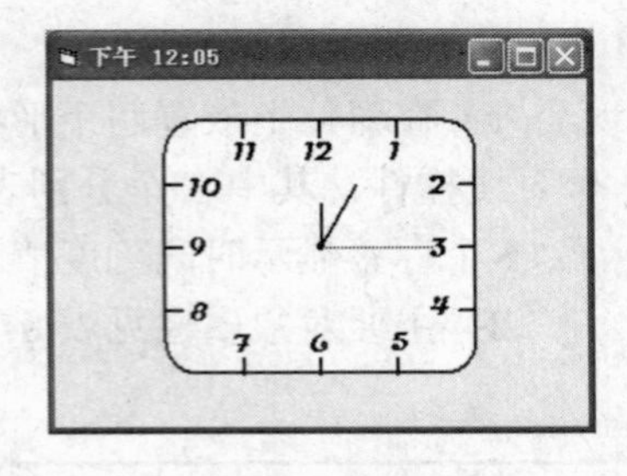

图 8-23 时钟的运行界面

程序运行结果如图 8-23 所示。

8.4.3 PictureBox（图形框）控件

图形框（PictureBox）控件可以用来显示位图、JPGE、GIF、图标等格式的图片，还支持绘图方法，可以在图形框中绘制自定义的图形；除此之外，还可以用作其他控件的容器。在工具箱面板中，图形框控件的图标是▣。

向图形框中载入图形有以下 3 种方法。

- 在界面设计阶段，设置控件的 Picture 属性值为图片文件名。
- 在程序设计阶段，使用 LoadPicture()函数载入图片。
- 利用 Windows 的剪贴板功能，将图片粘贴到图形框中。

1. PictureBox 控件的主要属性

（1）Picture（图片）属性

本属性用来返回或设置控件中要显示的图片，是默认属性。既可以通过“属性”窗口直接进行设置，也可以调用 LoadPicture()函数在程序设计阶段设置，其语法格式为：

```
对象名.Picture = LoadPicture("图形文件的路径与名字")
```

例如：

```
Picture1.Picture = LoadPicture("c:\Picts\pen.bmp")
```

如果省略了图片文件名，函数的功能是清除对象中的图片。例如：

```
Picture1.Picture=LoadPicture()
```

或

```
Picture1.Picture=LoadPicture
```

（2）AutoSize属性

本属性决定了图形框控件是否自动改变大小以显示图片的全部内容。当值为 True，图形框可以自动改变大小以显示全部内容；当值为 False，图形框不能自我缩放，载入的图像可能显示不完整。

（3）BorderStyle 属性

当属性值为 1（默认值）时，图形框有边框，当属性值为 0 时，图形框无边框。

（4）Align 属性

该属性决定图形框自动定位模式，其取值与意义见表 8-12。

用图形框制作工具栏和状态栏时，经常使用 Align 属性，定位图形框在窗体的顶部或底部。

表 8-12　图形框控件 Align 属性的取值

属性值	常　量	意　义
0	vbAlignNone	默认值，图形框不自动定位，位置受 Left 和 Top 属性决定
1	vbAlignTop	图形框自动定位在窗体的顶部，宽度等于窗体的 ScaleWidth 属性值。图形框大小能随窗体大小自动调整
2	vbAlignBottom	图形框自动定位在窗体的底部，宽度等于窗体的 ScaleWidth 属性值。图形框大小能随窗体大小自动调整
3	vbAlignLeft	图形框自动定位在窗体的左边，高度等于窗体的 ScaleHeight 属性值。图形框大小能随窗体大小自动调整
4	vbAlignRight	图形框自动定位在窗体的右边，高度等于窗体的 ScaleHeight 属性值。图形框大小能随窗体大小自动调整

2. 图形框控件的主要事件和方法

图形框可以接收 Click（单击）事件与 DblClick（双击）事件，还可以使用 Cls（清屏）和 Print 方法。在实际使用过程中，它多是作为一种图形容器出现，所以常常用来跟其他控件配合使用。

8.4.4　Image（图像框）控件

图像框控件也可以显示图片，但它不能作为其他控件的容器。与图形框控件相比，图像框载入图片的速度快、占用内存少。图像框在工具箱中的图标样式是▣。

1. 图像框控件的主要属性

1）Picture 属性：在图像框中加载图片。加载图片的方法与图形框相同。

2）Stretch 属性：当属性值为 True 时，则当显示图像的原始大小与控件大小不相同时，会缩放图像来填充整个控件，容易造成图像的失真和畸变。当属性值为 False（默认值）时，图像会以原始大小显示，图像框将自动缩放以适应图像大小。

说　明

图像框的 Stretch=False 的功能与图形框的 AutoSize=True 的功能一致，都是缩放控件大小以适应图像大小。

2. 图像框与图形框控件的区别

1）图形框是“容器”控件，可以作为父控件，其他控件可以作为图形框的子控件。而图像框不能作为父控件，其他控件不能作为图像框的子控件。

2）图形框可以通过 Print 方法显示与接收文本，而图像框不能。

3）图像框比图形框占用内存少，显示速度更快一些，因此，在图形框与图像框都能满足设计需要时，应该优先考虑使用图像框。

4）图像框和图形框在图像的自适应问题上的处理有所不同：PictureBox 用 AutoSize 属性控制图形框的尺寸以适应图片的大小，而 Image 控件则用 Stretch属性控制图片的缩放以适应控件的大小。

【例 8.12】 演示图形框和图像框内图形的加载方法，以及图形框的 Autosize 属性与图像框的 Stretch 属性对加载图形的影响。

（1）程序界面设计

在窗体上添加两个框架，左边框架内添加了 1 个图形框，右边框架内添加了 1 个图像框。图形框和图像框大小相同，图像框的 BorderStyle 属性值为 1。窗体上还放置了 2 个复选框和 4 个命令按钮，如图 8-24（a）所示。

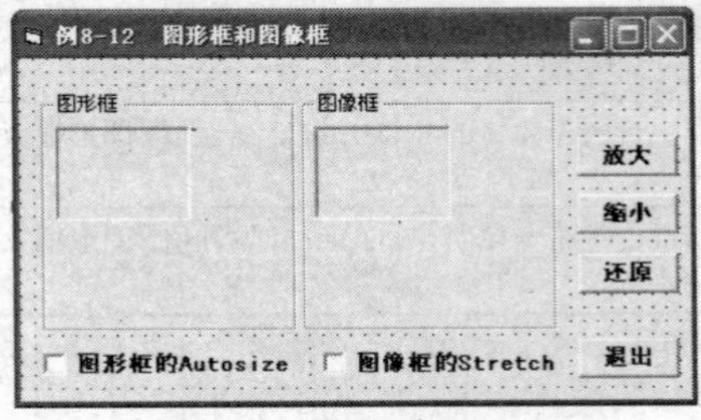

（a）设计界面

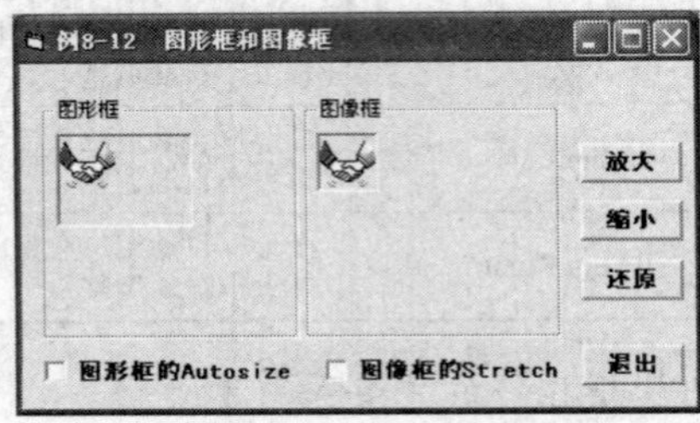

（b）运行初始界面

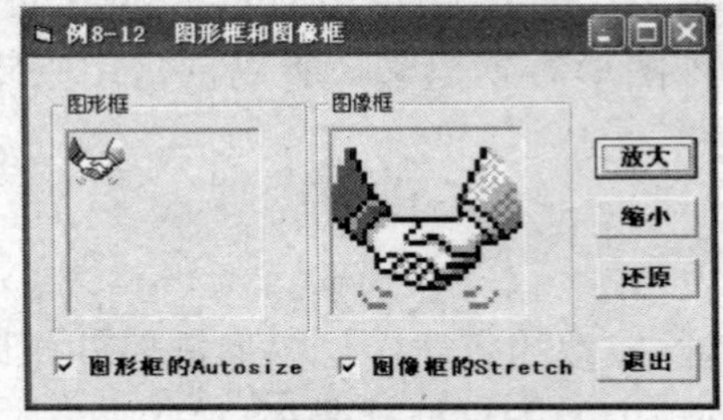

（c）两个复选框都选中并单击放大按钮

（d）两个复选框都选中并单击还原按钮

图 8.24 图形框的 Autosize 属性和图像框的 Stretch 属性作用演示

设计功能要求：每单击一次“放大”按钮，图形框和图像框的高和宽增大 10%，每单击一次“缩小”按钮，图形框和图像框的高和宽缩小 10%，单击“还原”按钮，图形框和图像框恢复设计时的大小。勾选“图形框的 Autosize”复选框，图形框将根据加载的图形调整大小，选择“图像框的 Stretch”复选框，图像框中加载的图像将缩放以适应图像框的大小。主要属性设置见表 8-13。

表 8-13 主要控件属性设置

对 象 名	属 性	属 性 值
Frame1	Caption	图形框
Frame2	Caption	图像框
Check1	Caption	图形框的 Autosize
Check2	Caption	图像框的 Stretch
Command1	Caption	放大
Command2	Caption	缩小
Command3	Caption	还原
Command4	Caption	退出

（2）代码设计

```
Dim x1, y1, x2, y2                                   ' 在通用模块声明
Private Sub Check1_Click()
```

```
    Picture1.AutoSize = Not Picture1.AutoSize
End Sub

Private Sub Check2_Click()
    Image1.Stretch = Not Image1.Stretch
End Sub

Private Sub Command1_Click()
    Picture1.Width = Picture1.Width + 0.1 * Picture1.Width
    Picture1.Height = Picture1.Height + 0.1 * Picture1.Height
    Image1.Width = Image1.Width + Image1.Width * 0.1
    Image1.Height = Image1.Height + Image1.Height * 0.1
End Sub

Private Sub Command2_Click()
    Picture1.Width = Picture1.Width - 0.1 * Picture1.Width
    Picture1.Height = Picture1.Height - 0.1 * Picture1.Height
    Image1.Width = Image1.Width - Image1.Width * 0.1
    Image1.Height = Image1.Height - Image1.Height * 0.1
End Sub
Private Sub Command3_Click()
    Picture1.Width = x1
    Picture1.Height = y1
    Image1.Width = x2
    Image1.Height = y2
End Sub

Private Sub Command4_Click()
    End
End Sub

Private Sub Form_Load()
    x1 = Picture1.Width
    y1 = Picture1.Height
    x2 = Image1.Width
    y2 = Image1.Height
    Picture1.Picture = LoadPicture(App.path+"\HANDSHAK.ICO")
    Image1.Picture = Picture1.Picture
End Sub
```

运行程序，结果如图 8-24（b）、（c）、（d）所示。

说　明

① 程序中使用 x1、y1、x2、y2 四个变量用来保存图形框和图像框设计时的大小。利用 App.path 属性返回应用程序当前的路径。

② 本例加载的图形文件是：C:\Program Files\Microsoft Visual Studio\Common\Graphics\Icons\Comm\HANDSHAK.ICO，将 HANDSHAK.ICO 文件复制到当前路径下。

由于该图形的大小比设计的图形框和图像框小，程序运行后，因为图形框的 Autosize 属性和图像框的

Stretch 属性初值都是 False，则图形框大小不变，图像框自动缩小为图形的大小，如图 8-24（b）所示。

③ 图 8-24（c）反映出当图形框的 Autosize 属性和图像框的 Stretch 属性值都是 True 时，单击“放大”按钮后，图像框中的图像能随图像框的放大而放大。

④ 图 8-24（d）反映出当图形框的 Autosize 属性和图像框的 Stretch 属性值都是 True 时，单击“还原”按钮后的界面。

8.5　通用对话框

VB 中的对话框有 3 种类型，即预定义对话框、自定义对话框和通用对话框。预定义对话框由系统提供，VB 提供了两种预定义对话框，即用 InputBox 函数建立的输入框和用 MsgBox 函数建立的信息框。自定义对话框由用户根据自己的需要自行建立。当要定义的对话框较复杂时，将会花费较多的时间和精力。为此，VB 提供了通用对话框控件，通过设置此控件的 Action 属性或使用相应的 Show 方法可以得到一组基于 Windows 的标准对话框界面，如打开文件、另存为、颜色、字体、打印和帮助等。

8.5.1　通用对话框

通用对话框是一种 ActiveX 控件，启动 VB 后，在工具箱中并没有通用对话框控件，需要通过“工程”→“部件”命令，打开“部件”对话框，选择“控件”选项卡，然后在控件列表框中选择 Microsoft Common Dialog Control　6.0，从而将通用对话框控件添加到工具箱中，图标为▣。

通用对话框的默认名称（Name 属性）为 CommonDialogX（X 为 1，2，3，…）。在设计状态，通用对话框控件以图标的形式显示，不能调整大小，在程序运行时，控件本身被隐藏（类似计时器控件）。要在程序运行中使用一种通用对话框，必须对控件的 Action 属性进行设置，或调用相应的 Show 方法。表 8-14 列出了各类对话框所对应的 Action 属性值和 Show 方法。

表 8-14　Action 属性和 Show 方法

Action 属性值	Show 方法	说　明
1	ShowOpen	显示文件“打开”对话框
2	ShowSave	显示文件“另存为”对话框
3	ShowColor	显示“颜色”对话框
4	ShowFont	显示“字体”对话框
5	ShowPrinter	显示“打印”对话框
6	ShowHelp	显示 Windows“帮助”对话框

特别要说明的是，这些对话框仅用于返回信息，不能真正实现对文件的操作。要想实现对文件的操作必须编写相应的程序代码。下面我们将分别学习文件打开、另存为、颜色、字体、打印和帮助这六种对话框的应用。

8.5.2　文件对话框

文件对话框分为两种，即文件的“打开”（Open）对话框和文件的“另存为”（Save As）对话框。从结构上看，“打开”和“另存为”对话框是类似的。在对文件操作时，可以进行的属性设置如下。

1）DefaultExt 属性：设置对话框默认的文件类型，即扩展名。该扩展名出现在“文件类型”下拉列表框内。如果在打开或保存的文件名中没有给出扩展名，则自动将 DefaultExt 属性值作为打开或保存文件的扩展名。

2）DialogTitle 属性：该属性用来设置对话框的标题。在默认情况下，“打开”对话框的标题是“打开”，“保存”对话框的标题是“保存”。

3）FileName 属性：用来设置或返回要打开或保存的文件的路径和文件名。如果在文件对话框中显示的一系列文件名中，选择了一个文件并单击“打开”或“保存”按钮（或双击所选择的文件），所选择的文件即作为要打开或保存的文件，该文件的完整路径和文件名成为属性 FileName 的值。

4）FileTitle 属性：该属性设计时无效，在程序中为只读，用来返回文件对话框中所选择的文件名。该属性与 FileName 属性的区别是：FileName 属性用来指定完整的路径，如“d:\aaa\vb\xt1.frm”，而 FileTitle 只指定文件名，如“xt1.frm”。

5）Filter 属性：用来指定在对话框中显示的文件类型。用该属性可以设置多个文件类型，供用户在对话框的“文件类型”下拉列表中选择。Filter 的属性值由一对或多对文本字符串组成，每对字符串用“|”隔成两部分内容，在“|”前面的部分称为描述符，后面的部分一般为通配符和文件扩展名，称为过滤器，如“文本文件|*.txt”。Filter 属性的语法格式为：

```
[窗体.]对话框名.Filter=描述符 1|过滤器 1|描述符 2|过滤器 2|…
```

例如，要在“文件打开”对话框的“文件类型”列表框中显示的三种文件类型，则对话框的 Filter 属性应设置为：CommonDialog1.Filter = "Word 文档|*.doc|文本文件|*.txt|所有文件|*.*"。

6）Flags 属性：为文件对话框设置选择开关，用来控制对话框的外观。属性值是一个整数，可以使用符号常量、十六进制整数和十进制整数这三种形式之一。文件对话框的 Flags 属性取值及其含义如表 8-15 所示。

表 8-15 文件对话框中 Flags 属性的取值及其含义

十进制值	作 用
1	在对话框中显示“只读检查”（Read Only Check）复选框
2	如果用磁盘上已有的文件名保存文件，则显示信息框，询问是否覆盖
4	取消“只读检查”（Read Only Check）复选框
8	保留当前目录
16	显示一个 Help 按钮
256	允许在文件中有无效字符
512	允许用户选择多个文件，所选择的多个文件作为字符串存放在 FileName 中，各文件名用空格间隔
1024	用户指定的文件扩展名与由 DefaultExt 属性所设置的扩展名不同。如果 DefaultExt 属性为空，则该标志无效
2048	只允许输入有效的路径。如果输入了无效的路径，则发出警告
4096	禁止输入对话框中没有列出的文件名。设置该标志后，将自动设置 2048
8192	询问用户是否要建立一个新文件。设置该标志后，将自动设置 4096 和 2048
16384	对话框忽略网络共享冲突的情况
32768	选择的文件不是一个只读文件，并且不在一个写保护的目录中

7）FilterIndex 属性：用来指定默认的过滤器，属性值为一整数。用 Filter 属性设置多个过滤器后，每个过滤器都有一个值，第一个过滤器的值为 1，第二个过滤器的值为 2，依此类推。用 FilterIndex 属性指定作为默认显示的过滤器。

例如，用上面的例子来说，如果在打开对话框的文件类型列表框中，要默认显示“文本文件”，则需要设置对话框的 FilterIndex 属性为：CommonDialog1.FilterIndex = 2。

8）InitDir 属性：用于为“打开”或“另存为”对话框指定初始的目录。如果此属性没有指定，则使用当前目录。

9）CancelError 属性：当属性值为 True 时，用户单击“取消”按钮，对话框自动将错误对象 Err.Number 置为 32755（cdlCancel）以便程序判断。若属性值为假，则单击“取消”按钮不产生错误信息。

【例 8.13】 编写程序，其界面设计如图 8-25 所示。要求：单击“选择图片”按钮，显示文件“打开”对话框，初始目录为“C:\Windows”。在对话框中只允许显示各种图像文件，默认文件类型是所有图片文件。当选定一个图片文件后，使其在图形框中显示出来。

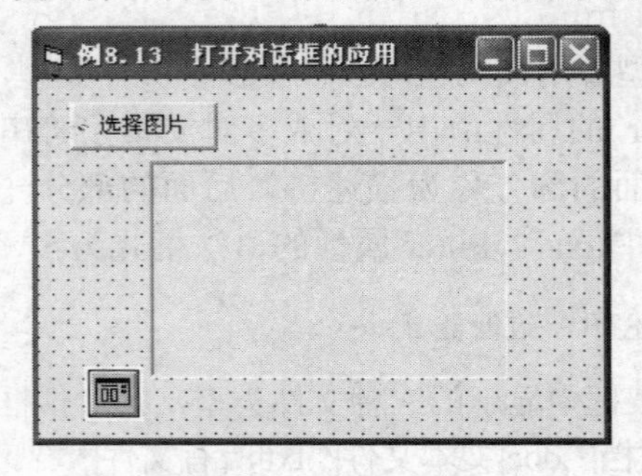

图 8-25 设计界面

（1）程序界面设计

建立窗体，在窗体上放置了 1 个命令按钮、1 个图形框和 1 个通用对话框。界面设计如图 8-25 所示。设置命令按钮的 Caption 属性为“选择图片”。

（2）代码设计

在“选择图片”命令按钮的单击事件中，程序代码如下：

```
Private Sub Command1_Click()
    CommonDialog1.InitDir = "c:\windows"
    CommonDialog1.Filter = "位图文件(*.bmp)|*.bmp|JPEG 图像文件(*.jpg)|_
  *.jpg|GIF 图像(*.gif)|*.gif|所有图片文件|*.bmp;*.jpg;*.gif;*.ico"
    CommonDialog1.FilterIndex = 4
    CommonDialog1.ShowOpen
    Picture1.Picture = LoadPicture(CommonDialog1.FileName)
End Sub
```

【例 8.14】 设计一个窗体，如图 8-26 所示。单击“打开”按钮（Command1），弹出打开对话框，任选一个文本文件打开，其文件内容将显示在文本框中；单击“保存”按钮（Command2），可将文本框中的内容保存到文本文件中；单击“清空”按钮（Command3），清除文本框中的内容。

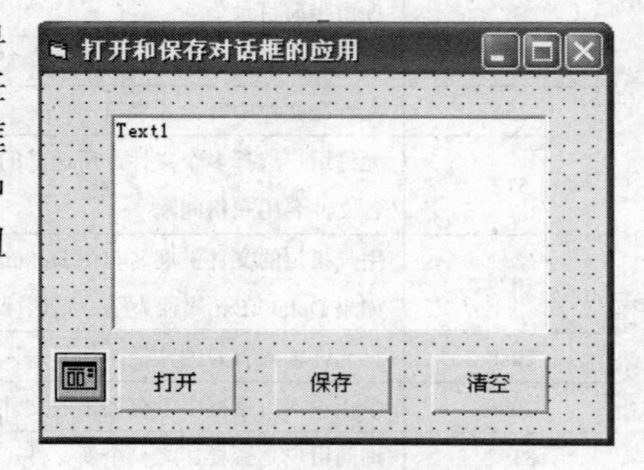

图 8-26 设计界面

（1）程序界面设计

按图 8-26 设计界面并进行相应的属性设置。

（2）代码设计

各命令按钮单击事件的程序代码如下：

```
Private Sub Command1_Click()
```

```
    Text1.Text = ""
    With CommonDialog1                          ' 设置打开对话框
      .InitDir = "d:\ "                         ' 设置初始目录
      .Filter = "文本文件|*.txt"                ' 设置打开的文件类型
      .Action = 1                               ' 设置通用对话框为文件打开对话框
    End With
    Open CommonDialog1.FileName For Input As #1      ' 打开指定的文件
    Do While Not EOF(1)                         ' 将文本文件一行一行读入到文本框
       Input #1, a$
       Text1.Text = Text + a$
    Loop
    Close #1
End Sub

Private Sub Command2_Click()
    With CommonDialog1                          ' 设置保存对话框
      .DefaultExt = "txt"                       ' 设置保存文件的默认扩展名
      .InitDir = "d:\smb"                       ' 设置初始目录
      .FileName = "default.txt"                 ' 设置保存的默认文件名
      .Filter = "文本文件|*.txt|All Files(*.*)|*.*"        ' 过滤文件类型
      .FilterIndex = 1                          ' 设置文件类型列表框默认为文本文件
      .Action = 2                               ' 设置通用对话框为另存为对话框
    End With
    Open CommonDialog1.FileName For Output As #1  ' 打开指定的文件供写入数据
    Print #1, Text1.Text                        ' 将整个文本框的内容一次性地写入文件
    Close #1
End Sub

Private Sub Command3_Click()
    Text1.Text = ""
End Sub
```

8.5.3　“颜色”对话框

当通用对话框的 Action 属性为 3 时建立“颜色”对话框，如图 8-27 所示。

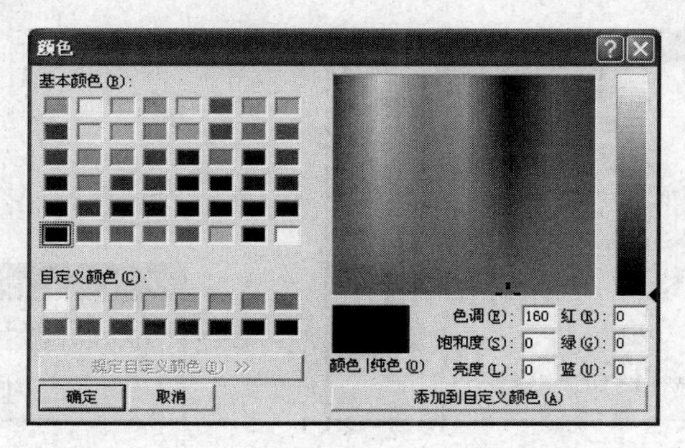

图 8-27　Flags 属性值为 2 的“颜色”对话框

“颜色”对话框中常用的属性有两个：即 Color 属性和 Flags 属性。Color 属性用来设置初始颜色，并把在对话框中选择的颜色值返回应用程序，属性值是一个表示颜色的长整型数。Flags 属性的取值及含义见表 8-16。

表 8-16　颜色对话框 Flags 属性值的含义

属 性 值	含　义
1	使得 Color 属性定义的颜色在对话框的初次显示时随之显示出来
2	打开完整的对话框（包括用户自定义颜色窗口）
4	禁止选择“规定自定义颜色”按钮
8	显示一个 Help 按钮

【例 8.15】 在例 8.14 的窗体上，添加一个“设置文本框背景颜色”的命令按钮，如图 8-28 所示。该按钮能建立“颜色”对话框来控制文本框的背景颜色。

（1）程序界面设计

建立窗体，在窗体上添加 1 个文本框、4 个命令按钮，如图 8-28 所示。设置控件的相应属性。

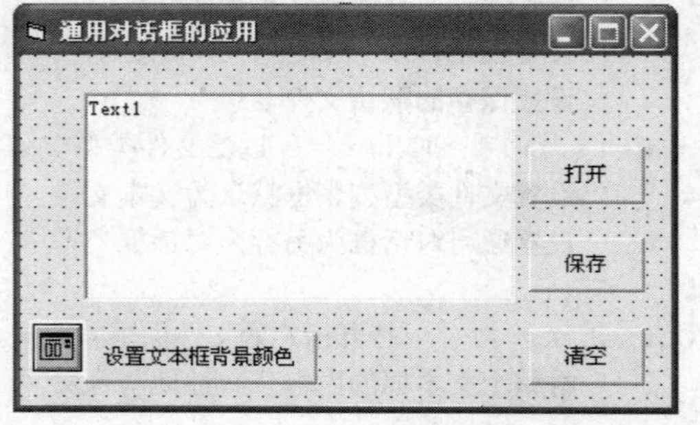

图 8-28　设计界面

（2）代码设计

对“设置文本框背景颜色”命令按钮编写如下事件过程：

```
Private Sub Command4_Click()
    CommonDialog1.Flags = 2
    CommonDialog1.Action = 3
    Text1.BackColor=CommonDialog1.
Color
End Sub
```

8.5.4 字体对话框

当通用对话框控件的 Action 属性值为 4 时，将建立“字体”对话框，如图 8-29 所示。

使用通用对话框控件建立字体对话框之前，必须设置 Flags 属性值。该属性通知 CommonDialog 控件是否显示屏幕字体、打印机字体或两者皆有，见表 8-17。否则，VB 将报告如图 8-30 所示的信息。

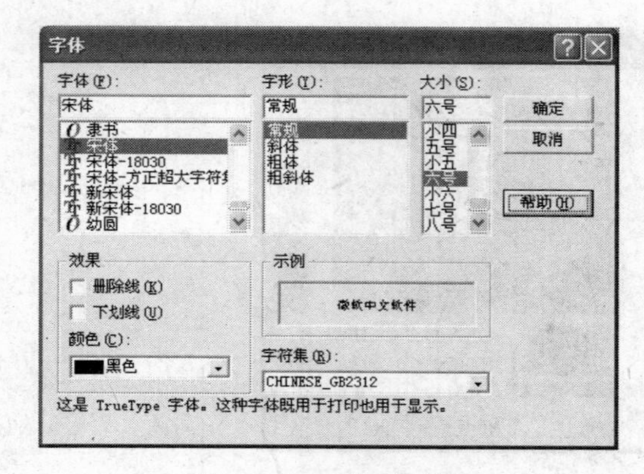

图 8-29　字体对话框

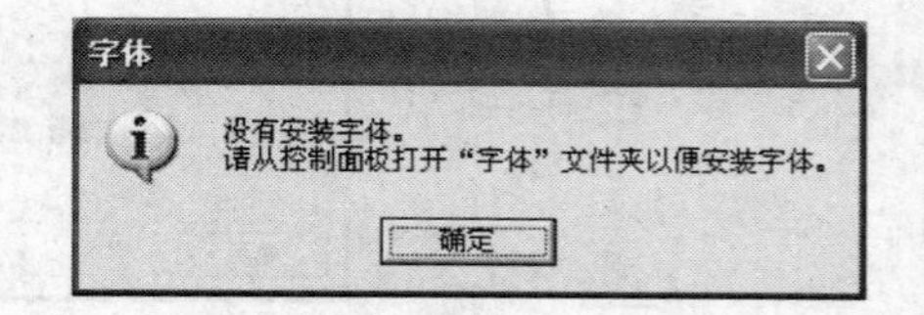

图 8-30　没有设置 Flags 属性

表 8-17　字体对话框 Flags 属性值的含义

属性值	符号常量	含　义
1	cdlCFScreenFonts	只显示屏幕字体
2	cdlCFPrinterFonts	只显示打印机字体
3	cdlCFBoth	显示屏幕字体和打印机字体
4	cdlCFShowHelp	显示一个 Help 按钮
256	cdlCFEffects	显示删除线、下划线和颜色元素

Flags 属性允许设置多个值，设置的方法如下。

1）如果属性值使用的是符号常量，则各值之间用 Or 运算符连接，如：

```
CommonDialog1.Flags= cdlCFBoth Or cdlCFEffects
```

2）如果属性值使用的是数值，则将需要的属性值直接相加，如：

```
CommonDialog1.Flags=259    (即 3+256)
```

【例 8.16】 在例 8.15 的窗体（见图 8-28）上，添加一个“设置字体”的命令按钮，如图 8-31 所示。该按钮能调用“字体”对话框来设置文本框中文本的字体。要求“字体”对话框内有删除线、下划线和颜色元素。

（1）程序界面设计

在图 8-28 所示的窗体上，添加一个命令按钮，并设置该按钮的 Caption 属性为“设置字体”，如图 8-31 所示。

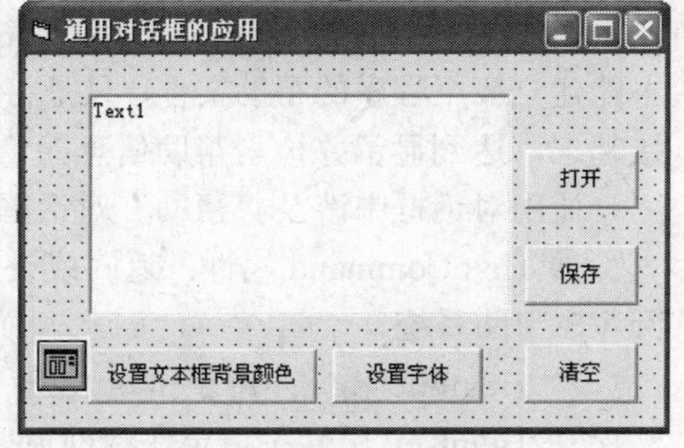

图 8-31　设计界面

（2）代码设计

对“设置字体”命令按钮编写如下事件过程：

```
Private Sub Command5_Click()
    CommonDialog1.Flags =259
    CommonDialog1.FontName = "宋体"
    CommonDialog1.ShowFont
    Text1.FontName = CommonDialog1.
FontName
    Text1.FontSize = CommonDialog1.
FontSize
    Text1.FontBold = CommonDialog1.FontBold
    Text1.FontItalic = CommonDialog1.FontItalic
    Text1.FontStrikethru = CommonDialog1.FontStrikethru
    Text1.FontUnderline = CommonDialog1.FontUnderline
    Text1.ForeColor = CommonDialog1.Color
End Sub
```

8.5.5　“打印”对话框

当通用对话框控件的 Action 属性值为 5 时，将建立“打印”对话框。用“打印”对话框可以选择要使用的打印机，并可为打印处理指定打印范围、打印份数等相应的选项。“打印”对话框并不能处理具体的打印工作，仅仅提供一个用户选择打印参数的界面，若要打印，必须编写程序来完成打印操作。

通用对话框中，涉及打印操作的重要属性如下。

1）Copies 属性：指定打印份数，属性值为整型数。

2）FromPage 属性：打印起始页号。

3）ToPage 属性：打印终止页号。

【例 8.17】 在例 8.16 的窗体（见图 8-31）上，添加 1 个“打印”命令按钮，见图 8-32。该按钮能调用打印对话框，打印文本框中的信息。

（1）界面设计

在图 8-31 所示的窗体上，添加了一个命令按钮，其 Caption 属性为“打印”，见图 8-32。

（2）代码设计

对“打印”按钮编写如下的事件过程：

```
Private Sub Command6_Click()
    CommonDialog1.ShowPrinter
    For i = 1 To CommonDialog1.Copies     ' Copies 的值在打印对话框中给出
        Printer.Print Text1.Text          ' 打印文本框内容
    Next i
    Printer.EndDoc                        ' 终止发送给 Printer 对象的打印操作
End Sub
```

8.5.6 “帮助”对话框

当通用对话框的 Action 属性值为 6 时，显示一个“帮助”对话框。“帮助”对话框本身不能建立应用程序的帮助文件，只是将已创建好的帮助文件从磁盘中提取出来，并与界面连接起来，达到显示并检索帮助信息的目的。创建帮助文件需要用 Help 编辑器。

通用对话框中涉及“帮助”对话框的重要属性如下。

1）HelpCommand 属性：返回或设置所需要的联机帮助类型。属性值有多种情况，请参阅 VB 帮助系统。

2）HelpFile 属性：用于指定 Help 文件的路径及文件名。

3）HelpKey 属性：指定在帮助窗口中显示该关键字指定的帮助信息。

4）HelpContext 属性：返回或设置所需要的帮助主题的上下文 ID。该属性与 HelpCommand 属性一起使用（设置 HelpCommand = cdlHelpContext）可指定要显示的帮助主题。

【例 8.18】 在例 8.16 的窗体（见图 8-31）上，添加一个“帮助”命令按钮，见图 8-32。该按钮能打开 VB 的 VBCMN96.HLP 帮助文件。

（1）程序界面设计

打开图 8-31 所示的窗体，再次添加一个命令按钮，其 Caption 属性为“帮助”，见图 8-32。

（2）代码设计

对“帮助”按钮编写如下的事件过程：

```
Private Sub Command7_Click()
    With CommonDialog1
        .HelpFile = "C:\windows\help\VBCMN96.HLP"
        .HelpCommand = &HB Or cdlHelpSetContents
```

```
        .ShowHelp
    End With
End Sub
```

运行程序，单击“帮助”按钮，弹出图 8-33 所示的窗口。

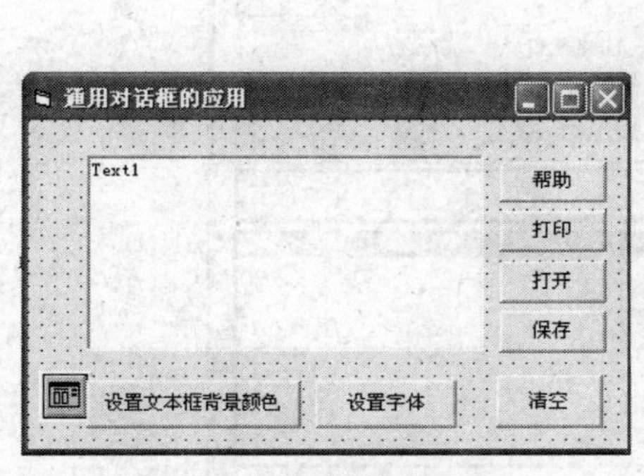

图 8-32　设计界面

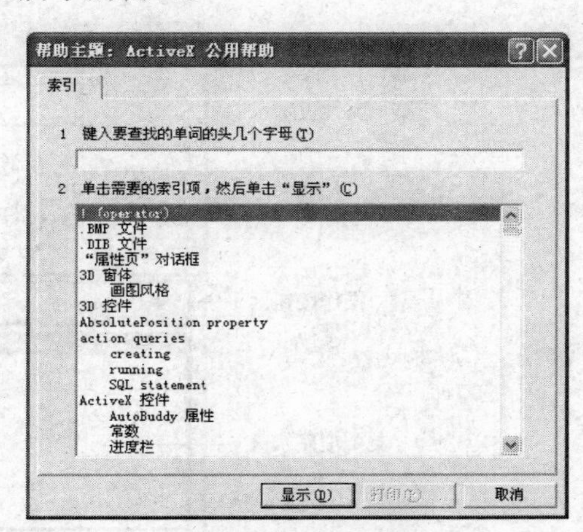

图 8-33　VB 帮助窗口

8.6　菜　单

任何一个应用程序，都需要通过各种命令来实现某项功能，而这些命令，通过程序的菜单来实现将使应用和操作十分直观和方便。

在 VB 中，菜单是一种特殊类型的控件：菜单（Menu）控件。菜单中的每个菜单项都是独立的菜单控件对象。与其他对象类似，菜单总是与窗体相关联，只有打开窗体才能定义该窗体使用的菜单；其次，菜单控件也有一组定义其外观和行为的属性，在设计或运行时可以进行设置或调用。菜单控件只有一个事件，即 Click 事件。与 VB 内部控件不同的是，菜单控件不出现在工具箱上，创建和编辑需使用 VB 提供的专门工具——菜单编辑器。

在实际应用中，菜单有两种形式：下拉式菜单和弹出式菜单。下拉式菜单有一个包含若干选项的主菜单，单击主菜单中的每一个菜单名，可以“下拉”出一个菜单项的列表。下拉式菜单结构和菜单组成元素见图 8-34，VB 建立的下拉菜单最多达 6 层。弹出式菜单通常指单击鼠标右键打开的菜单。

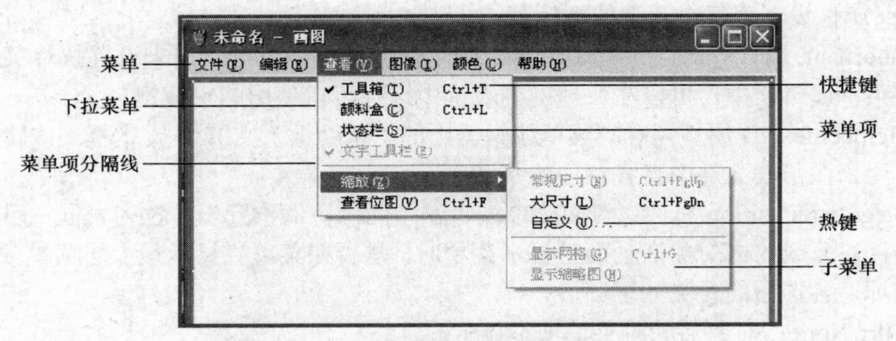

图 8-34　下拉式菜单结构和菜单组成元素

8.6.1 菜单编辑器

VB 提供了一个菜单编辑器，专门用来制作各式各样的菜单。打开的菜单编辑器如图 8-35 所示。打开菜单编辑器的方法有以下四种。

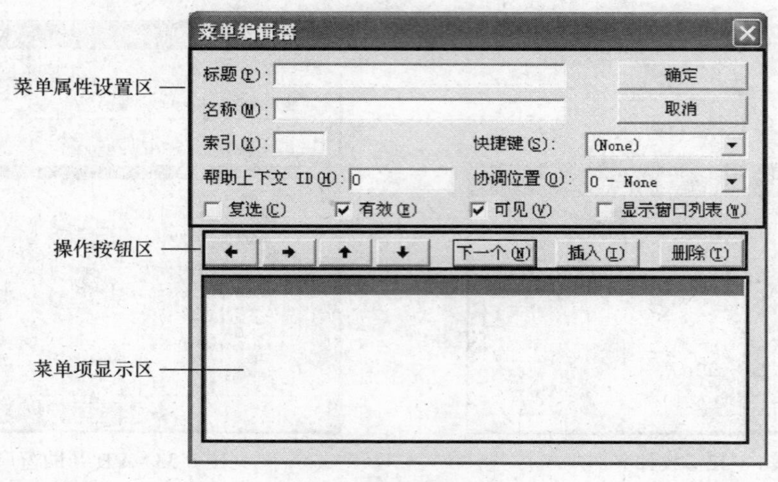

图 8-35 菜单编辑器

- 选择“工具”菜单中的“菜单编辑器”命令。
- 单击标准工具栏中的 “菜单编辑器”按钮。
- 在要建立菜单的窗体上右击，在弹出的快捷菜单中选择“菜单编辑器”命令。
- 按 Ctrl+E 组合键。

菜单编辑器窗口分为 3 个部分：菜单属性设置区、操作按钮区和菜单项显示区。

1. 菜单控件的属性

1）Caption 属性：对应菜单编辑器中的“标题”文本框，设置菜单项显示的文字（菜单标题）。可以在这个属性中使用“&”字符定义菜单项的访问键。如果该属性值为连字符“-”，表示此时的菜单项是一条分隔线。

2）Name 属性：对应菜单编辑器中的“名称”文本框，设置菜单项的对象名，意义与其他控件的 Name 属性相同。

3）Index 属性：为用户建立的菜单控件数组设立下标。菜单控件与其他控件一样，可以建立控件数组。建立菜单控件数组，首先建立几个具有相同 Name 属性的菜单项，然后将它们的 Index 属性设置为每个元素的下标值。

4）ShortCut 属性：对应菜单编辑器中的“快捷键”列表框，用来设置执行菜单项的快捷键。在菜单编辑器中，可以从快捷键列表框中选择可供使用的快捷键。

5）HelpcontextID 属性：对应菜单编辑器中的“帮助上下文 ID”文本框。该属性值为一个数值，用来在帮助文件中查找相应的帮助主题。

6）NegotiatePosition 属性：对应菜单编辑器中的“协调位置”下拉列表框，用来决定当窗体的链接对象或内嵌对象活动而且显示菜单时，是否在菜单栏显示最上层菜单项。属性值有四个选项，各选项的含义如下。

- 0—None：对象活动时菜单项不显示。
- 1—Left：菜单项显示在菜单栏左边。

- 2—Middle：菜单项显示在菜单栏中间。
- 3—Right：菜单项显示在菜单栏右边。

只有处于第一层的菜单项（主菜单栏上的菜单项）能设置此属性。

7）Check 属性：对应菜单编辑器中的“复选”复选框。属性值为 True 时，将在相应的菜单项前面显示“✓”记号，指明此菜单项处于活动状态。默认值是 False。

8）Enabled 属性：对应菜单编辑器中的“有效”复选框，决定菜单项是否可用。属性值为 False 时，菜单标题灰色显示，表示此菜单项不可用。默认值是 True。

9）Visible 属性：对应菜单编辑器中的可见复选框，确定菜单项是否显示。默认值是 True。

10）WindowList 属性：对应菜单编辑器中的“显示窗口列表”复选框，用于多文档窗体。当该属性值为 True 时，将显示当前打开的一系列子窗体。

2. 菜单编辑器的使用

首次打开菜单编辑器时，光标停留在标题文本框内，输入一个菜单项的显示标题，然后在“名称”文本框中输入程序中引用该菜单项的名称，这样就创建了一个菜单项。该菜单项的其他属性设置，既可以在菜单编辑器中进行，也可以在关闭菜单编辑器后，通过“属性”窗口来设置。

一个菜单项设置完成后，单击菜单编辑器中的“下一个”按钮或“插入”按钮，建立下一个菜单项。

要在下拉的菜单列表中添加一条分隔线，只要在标题文本框中输入一个连字符“-”，在名称文本框中输入一个名称。要注意的是，分隔线也要有 Name 属性值，不能是空白。

如果想在已有的菜单项中插入一个新的菜单项，可以单击“插入”按钮在当前位置上插入一个空行，然后进行设置。也可以使用“删除”按钮删除当前光标所在的菜单项。使用⇦、⇨两个按钮可以改变菜单项的层次级别。每单击一次⇨按钮，产生 4 个点，菜单项下移一层。8 个点表示下移了两层，依此类推，最多为 20 个点，可以下移五层。没有内缩点的菜单项是第一层，直接显示在菜单栏上，其他层的菜单项需要逐级打开才能看到。使用⇧、⇩两个按钮可以改变菜单项的显示次序。

为了便于键盘操作，可以为菜单项定义“热键”和“快捷键”。热键是菜单标题中的下划线字母，建立的方法是在定义菜单标题时，在“&”符号后面跟一个字符，此字符就是一个热键字符。当菜单在屏幕上可见时，按“Alt+热键字符”可以快速选择相应的菜单项。快捷键是指在不打开菜单的情况下，可以快速执行一个菜单项功能的组合键。菜单项的快捷键一般显示在这个菜单项的右边。

使用菜单编辑器设计好的菜单还不能完成任何任务，就像没有编写任何事件过程的按钮。要让一个菜单项实现某个功能，必须编写它的 Click 事件过程。

在应用程序的设计状态下，单击某个菜单项，将直接打开代码窗口并定位到该菜单对象的 Click 事件过程。也可以自行打开代码窗口，在对象的下拉列表中，找到某菜单对象，输入该对象的 Click 事件过程。

8.6.2 弹出式菜单

弹出式菜单指的是在窗体或控件上右击鼠标，在鼠标指针处显示出的一个菜单。弹出菜单在窗体上显示的位置取决于单击鼠标键时指针的位置。

建立弹出式菜单通常分两步进行：首先用菜单编辑器建立菜单结构，然后用 VB 提供的 PopupMenu 方法来显示。建立菜单结构的操作方法与下拉式菜单基本相同，唯一的区别是，必须把菜单名的 Visible 属性设置为 False。

调用弹出式菜单的 PopupMenu 方法为：

```
[对象名.] PopupMenu 菜单名[, Flags, x, y, BoldCommand ]
```

说 明

PopupMenu 方法中的菜单名是必不可少的，其他参数是可选的。x、y 参数指定弹出式菜单显示的位置。Flags 参数是一个数值或符号常量，用于进一步定义弹出式菜单的位置和性能，其值有两组，一组指定菜单位置，另一组用来定义菜单性能，见表 8-18。Flags 的两组参数可以单独使用，也可以联合使用。联合使用时，两参数用或（Or）运算连接。

表 8-18 Flags 参数说明

分 组	符号常量	值	说 明
位置	vbPopupMenuLeftAlign	0	X 坐标指定菜单的左边界（默认值）
	vbPopupMenuCenterAlign	4	X 坐标指定菜单的中心位置
	vbPopupMenuRightAlign	8	X 坐标指定菜单的右边界
性能	vbPopupMenuLeftButton	0	单击鼠标左键选择菜单命令（默认值）
	vbPopupMenuRightButton	8	单击鼠标右键选择菜单命令

右击鼠标显示弹出式菜单，通常是利用鼠标的 MouseDown 事件，在过程中用 Button 参数判断是否是鼠标右键，如果是，就调用 PopupMenu 方法，使用的语句是：

```
If Button=2 Then PopupMenu 菜单名
```

8.6.3 菜单应用实例

下面以 Windows 自带的记事本程序的菜单为样本，介绍如何制作下拉式菜单。

【例 8.19】 创建图 8-36、图 8-37 所示的“文件”和“编辑”下拉菜单。

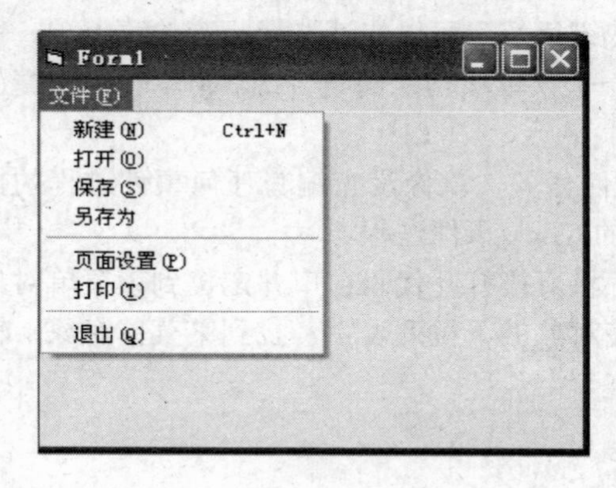

图 8-36 “文件”下拉菜单

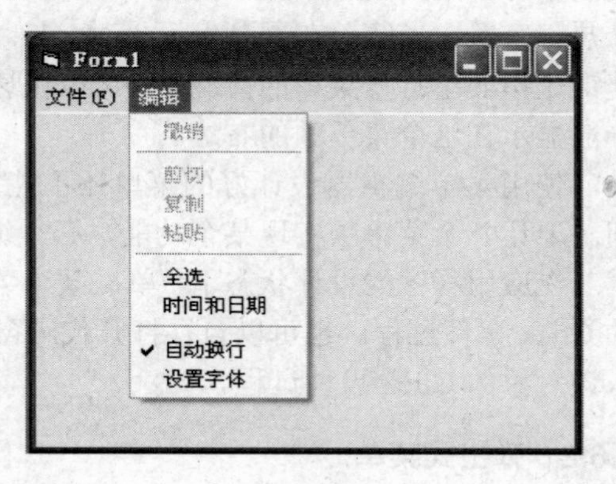

图 8-37 “编辑”下拉菜单

菜单设计步骤如下。

（1）创建“文件”主菜单项

新建一个工程，打开菜单编辑器，在“标题”文本框中输入“文件（&F)”，在“名称”文本框中输入“文件”菜单名为“MenuFile”。

“&F”定义了用键盘操作菜单的一个热键。当程序运行时，&字样不会出现，而是在字母 F 下加了下划线，这表示，只要用户在按住 Alt 键的同时再按下 F 键，就相当于用鼠标单击“文件”这个菜单命令。

菜单名主要用作程序调用，建议使用英文名。

“文件”菜单项制作完毕，如图 8-38 所示。

（2）下拉菜单各菜单项的创建

单击菜单编辑器操作按钮区的“下一个”按钮，菜单项显示区自动换到了下一行。再单击向右（⇨）按钮，本行前面出现了四个小点，表示本菜单项降了一级，是二级菜单（依此类推，如果要制作三级菜单，只需要再点一下向右按钮进行降级就行了）。用此方法，依些制作“新建（&N)”（MenuNew)、“打开（&O)”（MenuOpen)、“保存（&S)”（MenuSave)、“另存为”（MenuSaveOther）菜单项，如图 8-39 所示。

（3）制作文件下拉菜单各菜单项的快捷键

回到“新建”菜单项，先在“标题”文本框“新建（&N)”字样后面添加六个空格，以便后面显示的快捷键跟菜单名之间有些间隔，然后在“快捷键”下拉列表框中选择“Ctrl+N”，这表示在按住 Ctrl 键的同时按 N 键就能使用“新建”命令了，如图 8-39 所示。同理制作其他菜单项的快捷键。

（4）制作菜单分隔线

在“另存为”菜单下面是条分隔线。创建分隔线时，只要在“标题”文本框中输入“-”，在“名称”文本框中输入任意一个名称即可。本例分隔线的名称为（MenuSeprate1)。

按照上面介绍的方法，制作“页面设置”（MenuPage)、“打印”（MenuPrint)、“分隔线二”（MenuSeprate2)、“退出”（MenuQuit）各菜单项，见图 8-36。

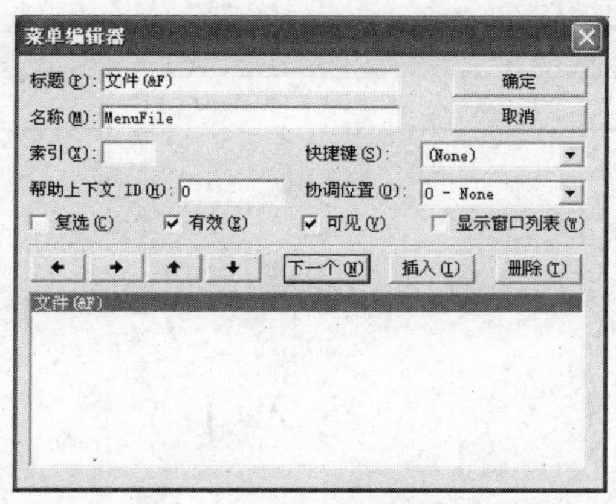

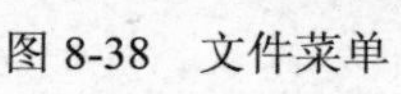
图 8-38　文件菜单

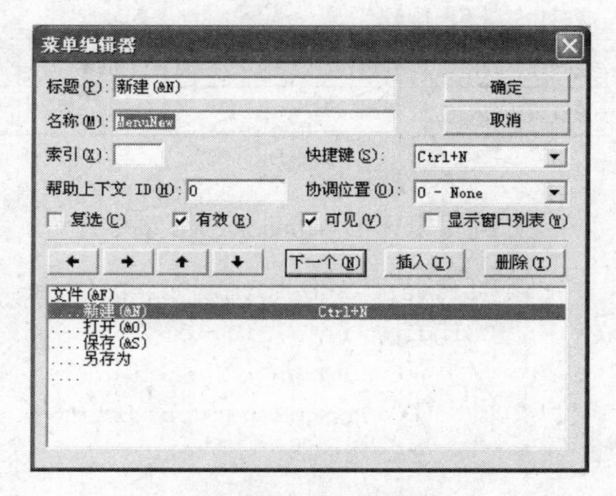

图 8-39　创建子菜单

（5）制作“编辑”主菜单项

由于“编辑”菜单是主菜单项，所以在完成“退出”菜单并单击“下一个”按钮后，还要单击向左（⇦）按钮，将当前菜单进行升级。这时可以看到，本行前面的四个小点消失了。

输入编辑菜单的标题为“编辑”，名称为 MenuEdit。

根据前面学到的知识，依次制作编辑菜单的“撤销”（MenuUndo）、“分隔条三”（MenuSeprate3）、“剪切”（MenuCut）、“复制”（MenuCopy）、“粘贴”（MenuPaste）、“分隔条四”（MenuSeprate4）、“全选”（MenuSelectAll）、“时间和日期”（MenuDate）、“分隔条五”（MenuSeprate5）、“自动换行”（MenuWrap）、“设置字体”（MenuFont）等下拉菜单项。

（6）进行菜单的属性设置

菜单的属性设置，可以在制作菜单的过程中进行，也可以在菜单设计完毕后集中进行处理。

打开菜单编辑器，找到“撤销”菜单项，然后取消对“有效”复选框的勾选，这样，“撤销”菜单项在程序运行时就无效了。同理，设置“剪切”、“复制”、“粘贴”三个菜单项变为失效。找到“自动换行”菜单项，勾选“复选”复选框，这样，在程序运行时，“自动换行”菜单项前显示一个对勾。

制作好的“编辑”下拉菜单如图 8-37 所示。

本例设计好的菜单还不能完成任何工作，必须编写各菜单项的单击事件代码才能实现相应的功能。菜单项的事件代码的编写类似于基本控件，本例只介绍菜单的制作，忽略代码的编写。

【例 8.20】 弹出式菜单的应用。在例 8.19 的窗体上添加一个通用对话框控件，用来建立“颜色”对话框。创建一个弹出式菜单，用来改变窗体的标题和背景颜色。窗体的背景颜色用“颜色”对话框来设置。

（1）菜单设计

打开菜单编辑器，建立弹出式菜单，各菜单项的属性设置如表 8-19 所示。

表 8-19 弹出式菜单各菜单项属性说明

标　题	Name	内缩符号	Visible
格式设置	Popformat	无	False
设窗体标题为当前日期	Popdate	1	True
设窗体标题为当前时间	Poptime	1	True
设置窗体背景色	Popbj	1	True

（2）代码设计

1）编写窗体的 MouseDown 事件过程：

```
Private Sub Form_MouseDown(Button As Integer, Shift As Integer, X As _
Single, Y As Single)
    If Button = 2 Then
        PopupMenu popformat
    End If
End Sub
```

2）编写弹出式菜单各菜单项的过程代码。编写弹出式菜单各菜单项的过程代码，必须首先进入代码窗口，然后打开“对象”下拉列表框，单击某个子菜单项，进入相应的代码输入区。各子菜单项的事件过程如下：

```
Private Sub popbj_Click()
    CommonDialog1.flags = 3
    CommonDialog1.Action = 3
    Form1.BackColor = CommonDialog1.
Color
End Sub
Private Sub popdate_Click()
    Form1.Caption = Date
End Sub
Private Sub poptime_Click()
    Form1.Caption = Time
End Sub
```

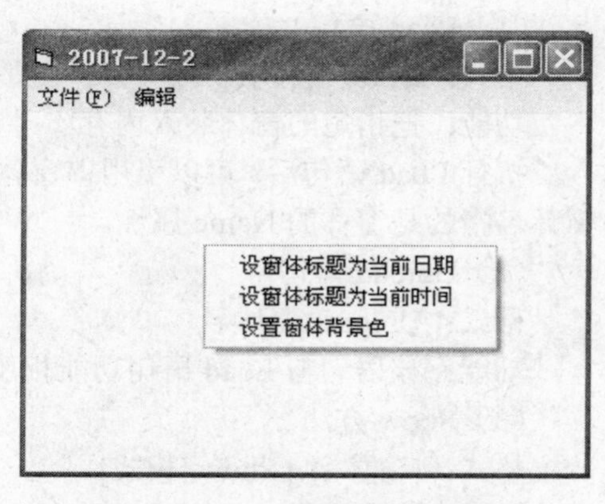

图 8-40　弹出式菜单的执行结果

运行程序，用弹出式菜单设置窗体的标题和背景色，结果如图 8-40 所示。

8.7　多重窗体和多文档界面

多重窗体是指一个应用程序中有多个并列的普通窗体，每个窗体可以有自己的界面和程序代码，完成不同的功能。多文档界面是指一个应用程序窗体作为父窗体，其中可以包含多个子窗体，子窗体始终处于父窗体内部，父窗体位置的移动会导致子窗体的位置发生相应变化。

8.7.1　多重窗体的操作

一个稍具规模的应用程序，其工程所含的窗体往往不止一个。若工程中有两个或两个以上的窗体，这就涉及如何在当前工程中添加窗体，多个窗体之间如何进行切换，如何调用不同窗体上的数据等操作。下面我们就来学习多重窗体的基本操作和相关的语句及方法。

1. 窗体的添加

在当前工程中添加窗体，常用的是下面两种方法。

- 选择“工程”菜单中的“添加窗体”命令。
- 单击标准工具栏上的“添加窗体”按钮。

在弹出的“添加窗体”对话框中，选择“新建”选项卡新建一个窗体；选择“现存”选项卡，可以把一个属于其他工程的窗体添加到当前工程中。

添加一个现存的窗体到当前工程，需要注意两个问题。

① 这个现存的窗体的 Name 属性值不能与当前工程中的窗体的 Name 属性值相同，否则不能添加。

② 如果添加的现存窗体在多个工程中共享，则在当前工程对该窗体所做的修改，会影响共享该窗体的所有工程。

2. 与多重窗体操作有关的语句和方法

在多重窗体程序中，需要打开、关闭、隐藏或显示指定的窗体，这些操作可以通过相应的语句和方法来实现。下面我们就来学习这些语句和方法。

（1）Load 语句

格式：Load 窗体名

功能：把指定的窗体装入内存。

执行 Load 语句后，可以引用该窗体中的控件及各种属性，但此时窗体并没有显示出来。窗体名指的是窗体的 Name 属性。

（2）Unload 语句

格式：Unload 窗体名

功能：该语句与 Load 语句功能相反，执行后，将释放内存中指定的窗体。

（3）Show 方法

格式：[窗体名.] Show [模式]

功能：用来显示一个窗体。省略窗体名，则显示当前窗体。

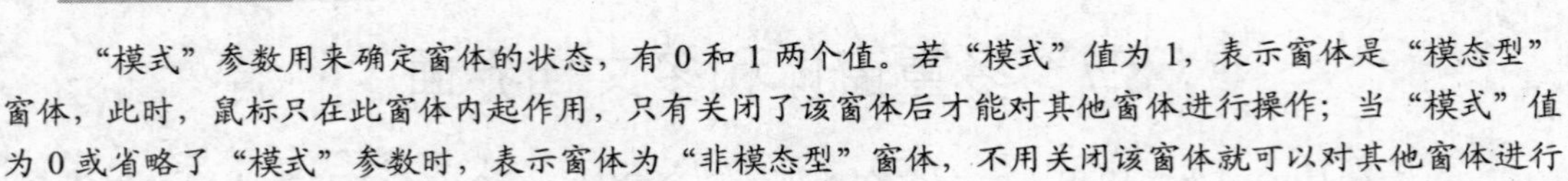

说 明

"模式"参数用来确定窗体的状态，有 0 和 1 两个值。若"模式"值为 1，表示窗体是"模态型"窗体，此时，鼠标只在此窗体内起作用，只有关闭了该窗体后才能对其他窗体进行操作；当"模式"值为 0 或省略了"模式"参数时，表示窗体为"非模态型"窗体，不用关闭该窗体就可以对其他窗体进行操作。

Show 方法兼有装入和显示窗体两种功能。也就是说，执行 Show 时，如果窗体不在内存中，则 Show 自动把窗体装入内存并显示出来。

（4）Hide 方法

格式：[窗体名.] Hide

功能：Hide 方法使窗体隐藏，即不在屏幕上显示，但仍在内存中。注意，与 Unload 语句作用不同。

在多窗体程序中，经常要用到关键字 Me，它代表程序代码所在的窗体。

3. 不同窗体间数据的调用

不同窗体数据的调用分为两种情况。

（1）调用控件中的属性

在当前窗体中要调用另一个窗体中某个控件的属性，调用格式为：

```
窗体名.控件名.属性
```

（2）调用变量的值

在当前窗体要调用另一个窗体中的变量，该变量必须在另一个窗体中声明的是全局变量，调用的格式为：

```
窗体名.全局变量名
```

如果要在多个窗体中调用某变量，一般把该变量放在标准模块中声明。

4. 多重窗体应用程序的执行

当应用程序包含多个窗体时，程序的执行究竟先从哪个窗体开始？VB 规定，对于多窗体程序，必须指定其中一个窗体为启动窗体。如果没有指定，就把设计的第一个窗体作为启动窗体。

程序运行后，只执行并显示启动窗体。其他窗体的执行和显示要利用 Show 方法。

指定启动窗体，要通过“工程”菜单中的“工程属性”命令，打开“工程属性”对话框，在该对话框的“通用”选项卡中，打开“启动对象”下拉列表框，见图 8-41，显示出当前工程中所有窗体的窗体名，从中选择一个窗体作为启动窗体即可。

5. 多重窗体程序的存取

多重窗体程序的保存同单窗体程序的保存类似，窗体和工程要分别保存，窗体要保存成扩展名为.frm 的文件，工程要保存成扩展名为.vbp 的文件；不同的是多重窗体程序需要将工程资源管理器中列出的每个窗体分别作为各自窗体文件一一存入磁盘，将所有窗体作为一个工程文件保存。

打开多重窗体程序比较简单，只要打开了工程文件，即可把属于该工程的所有文件装入内存，并在“工程资源管理器”窗口中显示出来。

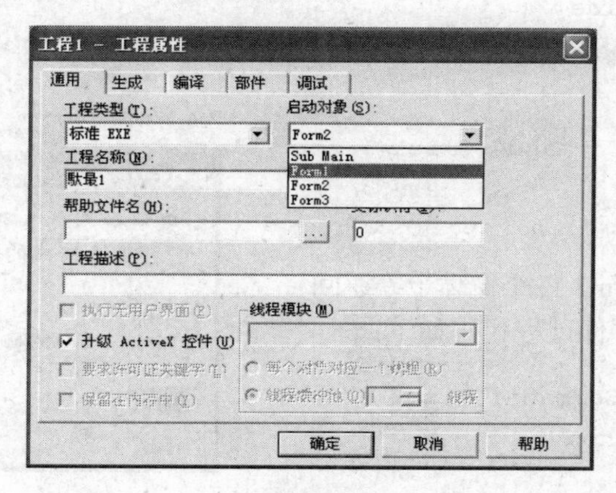

图 8-41　“工程属性”对话框

【例 8.21】　多重窗体程序应用。

（1）程序界面设计

新建一个工程，在 Form1 窗体上创建如图 8-43 所示的界面，将 form1 作为主窗口，修改名称为 Frmmain。将本章第一节的例 8.1、例 8.2、例 8.3 三个窗体文件添加到当前的工程中，此时工程资源管理器窗口界面如图 8-42 所示。单击主窗口各命令按钮（见图 8-43），将显示相应的窗体。在添加进来的 Form1、Form2、Form3 三个窗体上分别添加一个“返回主窗口”按钮，见图 8-44 所示。单击该按钮，将关闭当前窗体，重新显示主窗口。

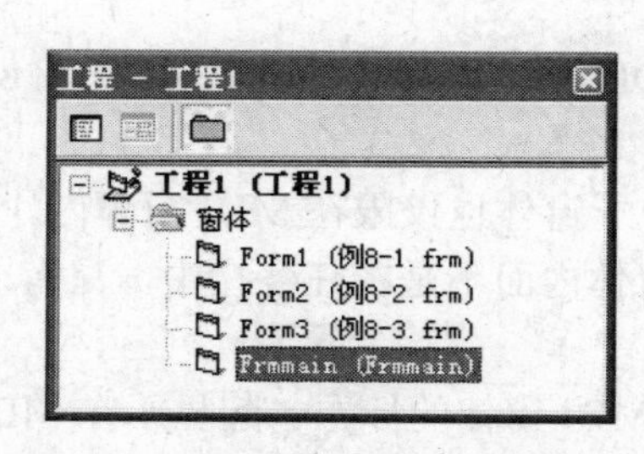

图 8-42　多重窗体工程资源管理器窗口

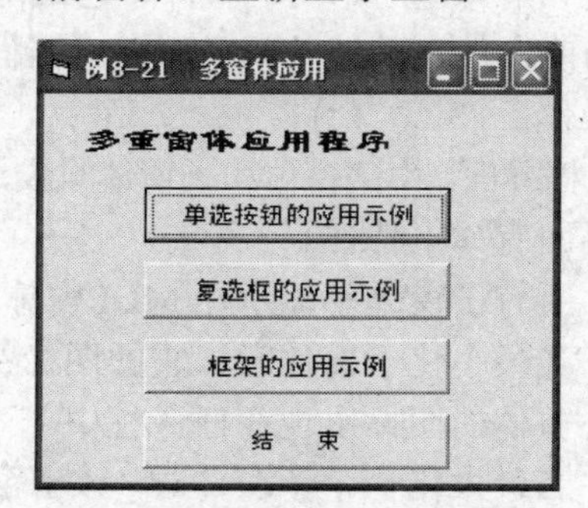

图 8-43　多重窗体应用主窗口界面

（2）代码设计

编写主窗口各命令按钮的事件过程代码如下：

```
Private Sub Command1_Click()
    Frmmain.Hide
    Form1.Show
End Sub
Private Sub Command2_Click()
    Frmmain.Hide
    Form2.Show
End Sub
Private Sub Command3_Click()
    Frmmain.Hide
    Form3.Show
End Sub
Private Sub Command4_Click()
    End
End Sub
```

Form1、Form2、Form3 三个窗体上“返回主窗口”按钮的 Click 事件过程代码如下：

```
Private Sub Command1_Click()
    Frmmain.Show
    Unload Me
End Sub
```

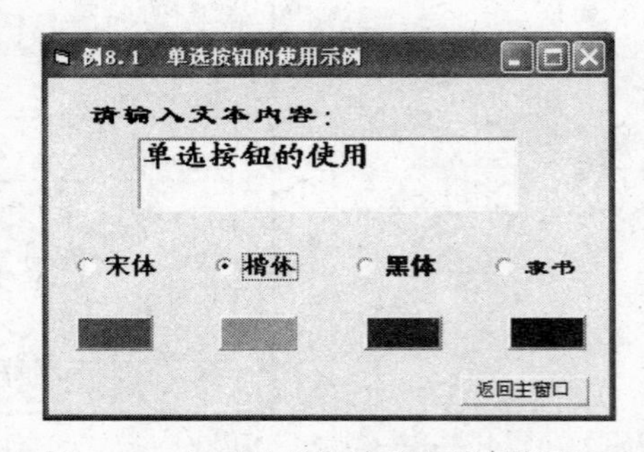

图 8-44 打开的单选按钮应用示例窗口

设置程序的启动对象是 Frmmain。运行程序，单击主窗口中的“单选按钮的应用示例”命令按钮，显示如图 8-44 所示的窗口界面，单击“返回主窗口”按钮，则关闭当前窗口，重新显示主窗口。

8.7.2 多文档界面

在 Windows 中，文档分为单文档（SDI）和多文档（MDI）两种。如我们熟悉的“记事本”就是一个典型的单文档程序，它最明显的特点是一次只能打开一个文件，当新建一个文件时，当前文件自动被关闭。而多文档程序，如 Word、Excel 等，允许用户同时打开多个文件进行操作。

多文档界面，由父窗体和子窗体组成，父窗体称为 MDI 窗体，是子窗体的容器，见图 8-45。多文档界面有如下特性。

- 所有子窗体都显示在 MDI 窗体内，移动或缩放子窗体也仅限在 MDI 窗体内。
- 当最小化子窗体时，它的图标将显示在 MDI 窗体内而不是在任务栏中。只有 MDI 窗体的图标出现在任务栏中。
- 当最大化一个子窗体时，该子窗体的标题栏与 MDI 窗体的标题一起显示在 MDI 窗体的标题栏上。

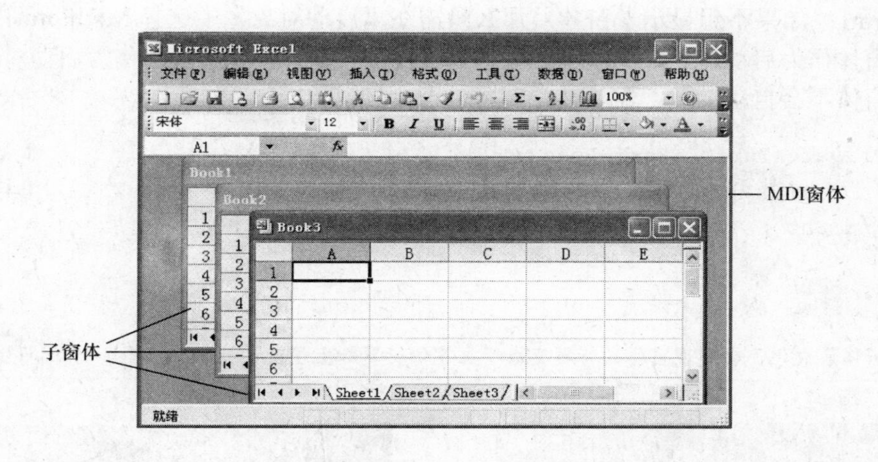

图 8-45　多文档界面

- MDI 窗体和子窗体都可以有各自的菜单，当子窗体加载后，子窗体的菜单将覆盖 MDI 窗体的菜单。

下面我们通过实例介绍多文档程序的设计方法。

【例 8.22】 创建多文档程序。

（1）程序界面设计

多文档程序至少有两个窗体，1 个主窗体（MDI 窗体）和 1 个或多个子窗体，主窗体是其他窗体的容器。

1）创建 MDI 窗体：新建一个工程，然后选择“工程”菜单中的“添加 MDI 窗体”命令，加入如图 8-46 所示的 MDI 窗体。

2）创建 MDI 子窗体：在工程资源管理器窗口中，双击 Form1 切换到 Form1 窗口，然后在其属性窗口将 MDIChild 属性设为 True，如图 8-47 所示。

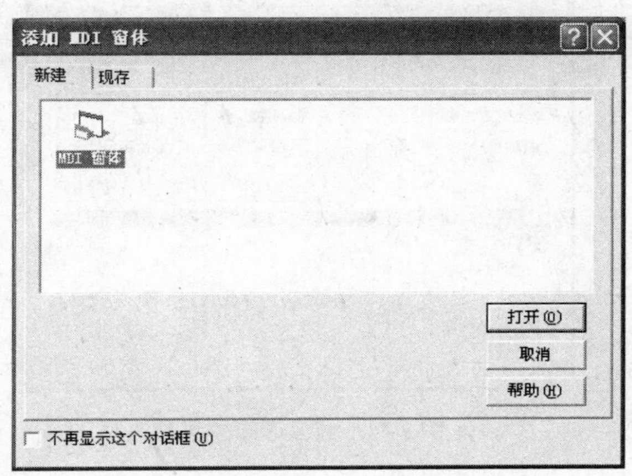

图 8-46　添加 MDI 窗体对话框

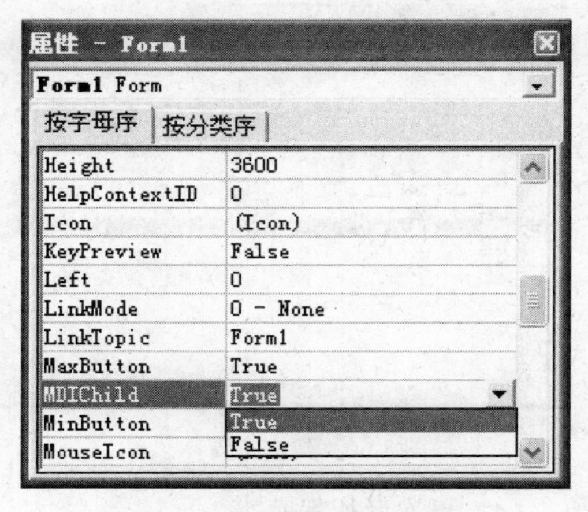

图 8-47　设置 MDIChild 属性

（2）运行程序

按 F5 功能键运行程序，结果如图 8-48 所示。

如果要让程序打开时自动载入 Form1 窗口，那么在工程的“属性”窗口中选择“启动对象”为Form1；如果不想显示子窗体，那么只需在“启动对象”中选择MDIForm1就行了。

以子窗体作为启动对象，程序运行时将自动打开主窗体；以主窗体作为启动对象，程序运行后子窗体不会自动加载，需要在主窗体的Load事件中编写如下代码：

```
Private Sub MDIForm_Load()
    Form1.Show
End Sub
```

说 明

把子窗体最大化，会发现窗体的标题变成了主窗体标题加上子窗体标题，如图8-49标题栏所示。

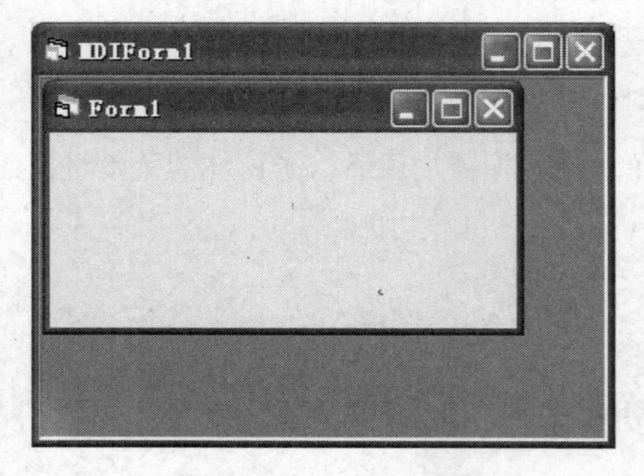

图8-48 多文档运行界面

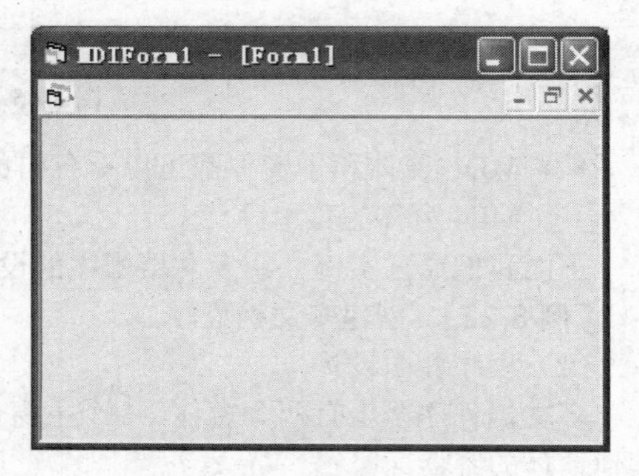

图8-49 子窗体最大化界面

（3）菜单设计

分别为主窗体和子窗体建立菜单，如图8-50、图8-51所示。

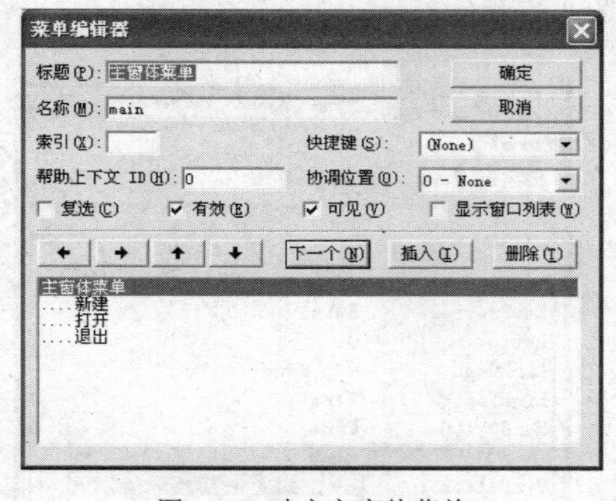

图8-50 建立主窗体菜单

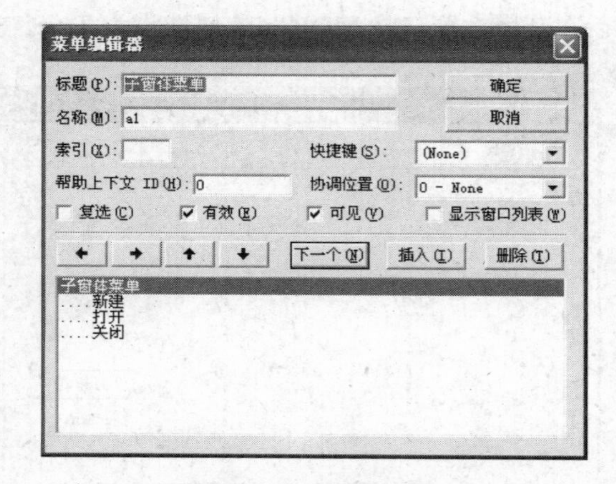

图8-51 建立子窗体菜单

（4）再次运行程序

如果子窗体载入，那么主窗体的菜单将被子窗体的菜单替换，如图8-52所示。只有当主窗体中没有子窗体时才能显示主窗体的菜单，如图8-53所示。

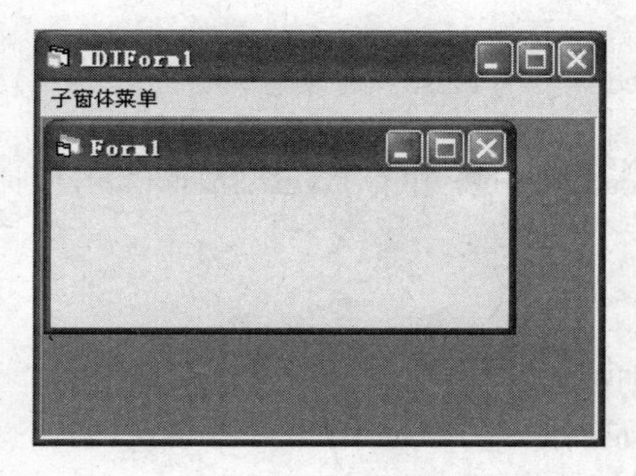

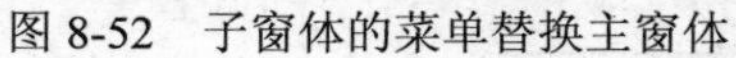
图 8-52　子窗体的菜单替换主窗体

图 8-53　只有主窗体

8.8　习　题

1. 选择题

（1）下列控件中，没有 Caption 属性的是________。

A．框架　　B．列表框　　C．复选框　　D．单选按钮

（2）复选框 Value 属性值为 1，表示________。

A．复选框未被选中　　B．复选框被选中

C．复选框内有灰色的对号　　D．复选框操作错误

（3）用来设置粗体字的属性是________。

A．FontItalic　　B．FontName　　C．FontBold　　D．Fontsize

（4）假定在图形框的 Picture 属性中装入了一个图形，为了清除该图形，应采用的正确方法是________。

A．选择图形框，然后按 Delete 键

B．执行语句 Picture1.Picture=LoadPicture（""）

C．执行语句 Picture1.Picture=""

D．选择图形框，在“属性”窗口中选择 Picture 属性，然后按 Enter 键

（5）在下列关于通用对话框的叙述中，错误的是________。

A．CommonDialog1.ShowFont 显示字体对话框

B．在文件“打开”或“另存为”对话框中，用户选择的文件名及其路径可以经 FileTitle 属性返回

C．在文件“打开”或“另存为”对话框中，用户选择的文件名及其路径可以经 FileName 属性返回

D．通用对话框可以用来制作和显示帮助对话框

（6）在用菜单编辑器设计菜单时，必须输入的项是________。

A．快捷键　　B．标题　　C．索引　　D．名称

（7）下列关于菜单的说法，错误的是________。

A．每个菜单项都是一个控件，与其他控件一样也有自己的属性和事件

B．除了 Click 事件之外，菜单项还能响应其他如 DblClick 等事件

C．菜单项的快捷键不能任意设置

D．在程序执行时，如果菜单项的 Enabled 属性为 False，则该菜单项变成灰色，不能被用户选择

（8）设 Form1 是启动窗体，并且 Form1 的 Load 事件过程中有 Form2.Show 语句，则程序启动后________。

A．发生一个运行时错误

B．发生一个编译错误

C．所有的初始代码运行后 Form1 是活动窗体

D．所有的初始代码运行后 Form2 是活动窗体

（9）设置复选框或单选按钮标题对齐方式的属性是________。

A．Align　　B．Alignment　　C．Sorted　　D．Value

（10）为了使列表框中的项目分为多列显示，需要设置的属性为________。

A．Column　　B．MultiSelect　　C．List　　D．Style

（11）删除列表框中指定的项目应使用的方法________。

A．Move　　B．Remove　　C．RemoveItem　　D．Clear

（12）当拖动滚动条中的滚动块时，将触发的滚动条事件是________。

A．Move　　B．Chang　　C．SetFocus　　D．Scroll

（13）用户在组合框中输入或选择的数据可以通过一个属性获得，这个属性是________。

A．List　　B．ListIndex　　C．ListCount　　D．Text

（14）为了使一个窗体从屏幕上消失但仍在内存中，所使用的方法或语句为________。

A．Hide　　B．Show　　C．Load　　D．Unload

（15）当一个工程中含有多个窗体时，其中的启动窗体是________。

A．启动 VB 时建立的窗体　　B．第一个添加的窗体

C．最后一个添加的窗体　　D．在“工程属性”对话框中指定的窗体

2. 填空题

（1）窗体、图形框和图像框中的图形通过对象的__________属性设置。

（2）计时器事件之间的间隔通过__________属性设置。

（3）组合框有 3 种不同的类型，通过__________属性来设置。

（4）在 3 种不同类型的组合框中，只能选择而不能输入数据的组合框是__________。

（5）在 VB 中可以建立__________菜单和__________菜单两种。

（6）建立弹出式菜单所使用的方法是__________。

（7）假设在窗体上有一个通用对话框，其名称为 CommonDialog1，为了建立一个保存文件对话框，则需要把__________属性设置为__________，与其等价的方法是__________。

（8）为了将一个窗体装入内存，所使用的语句是__________；为了清除内存中指定的窗体，所使用的语句是__________。

3. 编程题

（1）设计一个能帮助小学生进行四则整数运算练习和测试的应用程序。要求：

① 系统自动出题，学生解答，如果正确，加以提示祝贺；如果错误，允许再试一次。

再做错，将给出正确答案。

② 学生可自由选择任一种运算进行练习。可以是加、减、乘、除单项练习，也可以是四则运算的综合练习。

（2）设计一个能显示当前的日期、星期几和当月的日历的程序，参照图 8-54。

日历的计算方法：先计算出当年的年历，然后取出当月的日历。

年历的计算方法：关键是求出当年 1 月 1 日是星期几。假设 y 年 1 月 1 日是星期 m，从 1999 年开始，已知 1999 年的元旦是星期五，当 y＞1999 年，计算 m 的公式为：

m=mod（(y-1999）×365+int（(y－1997）÷4）+5，7）

注：当 m=0 为星期日

（3）设计能够显示一个按时间走针的时钟。要求：仿照例 8.11 进行设计。

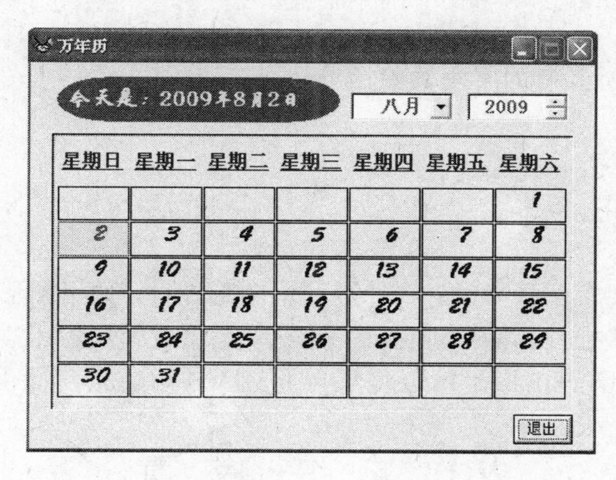

图 8-54　万年历

（4）编写多重窗体程序，实现不同窗体间的切换。要求：设计三个窗体，一个是封面窗体，一个是输入父亲的身高和母亲的身高，预测子女的身高的窗体。假设 h1 为父亲身高，h2 为母亲身高，身高的预测公式为：

男性成人时身高=（h1+h2）×0.54（cm）

女性成人时身高=（h1×0.923+h2）÷2（cm）

此外，坚持体育锻炼可增加身高 2%，营养及良好的饮食卫生习惯可增加身高 1.5%。

第三个窗体是根据用户的体指数，进行体型判断。体指数计算公式为：

体指数 t=体重 w/（身高 h）^{2}　　（w 单位为公斤，h 单位为米）

当 t＜18 时，为低体重；

当 18≤t＜25 时，为正常体重；

当 25≤t≤27 时，为超重；

当 t＞27 时，为肥胖。

第9章 Visual Basic 绘图基础

本章重点

- ☑ 窗体和图形框具有的与绘图有关的属性。
- ☑ 定义坐标系统。
- ☑ 窗体和图形框所具有的常用的绘图方法。

本章难点

- ☑ 自定义坐标系统。
- ☑ 绘图方法的使用。

在 VB 中绘图，主要有两种办法：一种是利用图形控件，如用图形框或图像框显示图片，用直线控件画线，用形状控件画矩形或圆等；另一种是通过使用 VB 语言本身的函数和方法，在屏幕上绘制点、线、圆等图形。本章将重点介绍 VB 语言自身提供的绘图函数和方法。

9.1 颜色设置

绘图离不开颜色的设置。VB 中颜色的设置采用了 RGB 颜色模型，即任何一种颜色都是由红（R）、绿（G）、蓝（B）三种颜色按不同比例混合而成。因此设定一种颜色，只要指定其红、绿、蓝分量的大小即可。在 VB 中要指定一种颜色有下列五种方法。

1. 使用 RGB 函数

格式：RGB（red, green, blue）

说明

① RGB（ ）是 VB 的内部函数，函数的 3 个整型参数：red、green、blue 的取值范围都是 0 ~ 255，分别表示返回的颜色中红、绿、蓝分量的大小。函数值是一个长整型数表示的颜色值。例如，RGB（0,0,0）返回黑色，RGB（255,255,255）返回白色，RGB（255,0,0）返回红色。

② RGB（ ）函数能够返回 256 × 256 × 256=16777216 种颜色。

2. 使用长整数

在 VB 中颜色是用长整数表示的，所以可以直接使用长整型数来指定一个颜色。表示为十六进制长整型常量的格式是：&H00BBGGRR。在这四个字节中，从高位到低位，第一个字节的所有位都为 0，第二个字节 BB 表示蓝色分量的大小，第三个字节 GG 表示绿色分量的大小，第四个字节 RR 表示红色分量的大小。每个分量值的十六进制形式都是&H00～&HFF，十进制形式为 0～255。

用十六进制的长整型常量表示一个颜色值是很直观的，每个颜色分量由两位十六进制数表示，哪一种颜色分量的数值大，则对应的颜色成分就多。当三个分量数值相等时，得到的颜色为灰色。例如，下面是一些表示颜色的长整型数：

&H00000000(黑色)、&H00FFFFFF(白色)、&H00FF0000(蓝色)
&H00800000(深蓝)、&H0000FFFF(黄色)、&H00008080(深黄)

3. 使用系统颜色

当一个表示颜色的长整数最高位为 1 时（即它的第一字节值为&H80），则不表示一个具体的 RGB 颜色值，而是一个系统颜色。系统颜色是由用户在 Windows 控制面板的“显示”属性中设定的各界面元素（如菜单、按钮表面、桌面等）的颜色。同一个系统颜色在不同计算机上（或使用了不同的桌面主题）的具体设置可能不同。系统颜色目前有 25 个，用十六进制的长整数表示系统颜色的范围为&H80000000～&H80000018，其具体含义见表 9-1。

表 9-1 系统颜色值

长整数	常量	表示颜色
&H80000000	vbScrollBars	滚动条颜色
&H80000001	vbDesktop	桌面颜色
&H80000002	vbActiveTitlebar	活动窗口的标题栏颜色
&H80000003	vbInactiveTitlebar	非活动窗口的标题栏颜色
&H80000004	vbMenuBar	菜单背景色
&H80000005	vbWindowBackground	窗口背景色
&H80000006	vbWindowFrame	窗口框架颜色
&H80000007	vbMenuText	菜单文本颜色
&H80000008	vbWindowText	窗口文本颜色
&H80000009	vbTitleBarText	标题栏文本颜色
&H8000000A	vbActiveBorder	活动窗口边框颜色
&H8000000B	vbInactiveBorder	非活动窗口边框颜色
&H8000000C	vbApplicationWorkspace	多文档界面（MDI）应用程序的背景色
&H8000000D	vbHighlight	控件中选中项目的背景色
&H8000000E	vbHighlightText	控件中选中项目的文本颜色
&H8000000F	vbButtonFace	命令按钮表面阴影颜色
&H80000010	vbButtonShadow	命令按钮边缘阴影颜色
&H80000011	vbGrayText	无效文本颜色
&H80000012	vbButtonText	按钮文本颜色
&H80000013	vbInactiveCaptionText	非活动标题文本颜色
&H80000014	vb3DHighlight	三维显示元素的突出显示颜色
&H80000015	vb3DDKShadow	三维显示元素的最深阴影颜色
&H80000016	vb3DLight	vb3DHighlight 之外最亮的三维颜色
&H80000017	vbInfoText	工具提示文本颜色
&H80000018	vbInfoBackground	工具提示背景色

4. 使用颜色常量

VB 为一些常用颜色定义了内部常量，见表 9-2。颜色常量由颜色的英文单词组成，易于记忆。

表 9-2　内部颜色常量

常　量	值	颜　色	常　量	值	颜　色
vbBlack	&H0	黑色	vbBlue	&HFF0000	蓝色
vbRed	&HFF	红色	vbCyan	&HFFFF00	青色
vbGreen	&HFF00	绿色	vbMagenta	&HFF00FF	紫红
vbYellow	&HFFFF	黄色	vbWhite	&HFFFFFF	白色

5. 使用 QBColor（ ）函数

格式：QBColor（Color）

说　明

参数 Color 代表早期 Basic 版本的颜色值，仅限于 0～15 之间的整数。QBColor 函数根据参数 Color 返回一个表示颜色的长整型数。不同的参数值与返回颜色的对应关系见表 9-3。

表 9-3　QBColor 函数的参数与返回颜色

参数值	颜　色	参数值	颜　色	参数值	颜　色	参数值	颜　色
0	黑	4	红	8	灰色	12	亮红
1	蓝	5	洋红	9	亮蓝	13	亮洋红
2	绿	6	黄	10	亮绿	14	亮黄
3	青	7	白	11	亮青	15	亮白

【例 9.1】 用条状图显示 QBColor 函数的颜色代码 0～15 所对应的颜色。

分析：用 Line 方法在窗体上绘制矩形，用 QBColor 函数填充颜色。

程序代码如下：

```
Private Sub Form_Click()
    Width = 7000: Height = 4000             ' 设置窗体的宽和高
    For i = 0 To 15
        Line (50 + i * 400, 50)-Step(400, 3000), QBColor(i), BF
        CurrentX = CurrentX - 400             ' 定位当前 X 坐标值
        Print I                              ' 在当前坐标处，打印颜色代码
    Next i
End Sub
```

程序运行结果如图 9-1 所示。

说　明 

用循环结构绘出 16 个大小均为 400×3000、并用 QBColor 函数所设定的颜色填充的矩形。

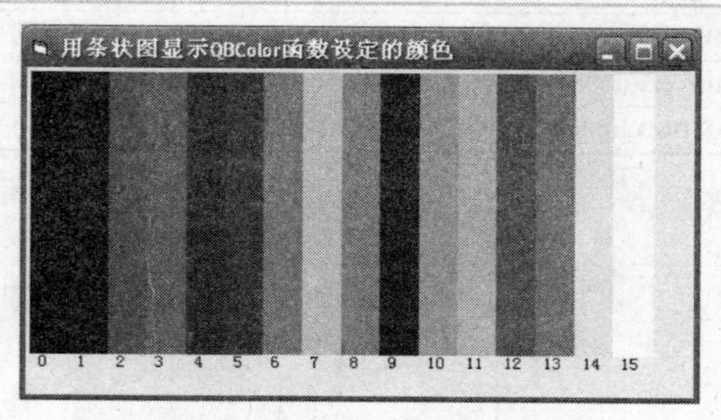

图 9-1　QBColor 函数设定的颜色

9.2 与绘图有关的属性

在 VB 中可以直接在窗体和图形框上输出文字或绘图，它们拥有与绘图有关的一些属性和方法，本节学习窗体和图形框具有的与绘图有关的属性。

1. CurrentX 属性、CurrentY 属性

窗体和图形框都有这两个属性。CurrentX 属性、CurrentY 属性分别表示在当前坐标系统下，在窗体或图形框上显示的文字或图形起始点的水平坐标和垂直坐标。

这两个属性只能在程序中使用，不能在程序设计阶段设定。

【例 9.2】 在 VB 默认坐标系，输出图 9-2 所示图案。

分析：利用窗体的 CurrentX、CurrentY 属性指定 Print 方法在窗体上的输出位置。

程序代码如下：

```
Private Sub Form_Paint()
   For k = 0 To 1000 Step 200
   For i = 1200 To 2200 Step 200
      CurrentX = i + k
      CurrentY = i - k
      Print "■"
   Next i, k
End Sub
```

图 9-2 使用当前坐标输出图案

2. BackColor 属性、ForeColor 属性

这两个属性分别表示对象的背景颜色与前景颜色。对于窗体和图形框，BackColor 是背景色，ForeColor 是文字和图形输出的默认颜色。如果绘图方法省略了颜色参数，则以 ForeColor 属性的设置作为文字和边框线条的颜色。对于普通控件，BackColor 是控件的背景色，ForeColor 是控件上文字的颜色。

在程序中可以用 9.1 节介绍的五种颜色设置方法给对象的这两个属性赋值。

3. DrawMode 属性

窗体、图形框、直线、形状控件具有 DrawMode 属性。此属性决定由直线控件、形状控件或绘图方法所绘制的直线、矩形、圆、圆弧等线条及其填充时的真实颜色。此颜色由画笔色（指绘图方法的颜色参数或 ForeColor、FillColor 属性值指定的颜色）和背景色（指当前屏幕上的颜色）运算得到，即将表示画笔色和背景色的两个长整型数进行按位逻辑运算。

默认情况下，DrawMode 属性值为 13，使用的是画笔色。此属性取值为 1～16，具体含义如表 9-4 所示。

表 9-4 DrawMode 属性设置

属 性 值	常 量	生成的颜色
1	vbBlackness	黑色。忽略画笔色和背景色
2	vbNotMergePen	Not（画笔色）Or（背景色）
3	vbMaskNotPen	Not（画笔色）And（背景色）

续表

属性值	常量	生成的颜色
4	vbNotCopyPen	Not（画笔色）
5	vbMaskPenNot	（画笔色）And Not（背景色）
6	vbInvert	Not（背景色）
7	vbXorPen	（画笔色）Xor（背景色）
8	vbNotMaskPen	Not（（画笔色）And（背景色））
9	vbMaskPen	（画笔色）And（背景色）
10	vbNotXorPen	Not（（画笔色）Xor（背景色））
11	vbNop	不绘制
12	vbMergeNotPen	Not（画笔色）Or（背景色）
13	vbCopyPen	默认值，使用画笔色
14	vbMergePenNot	（画笔色）Or Not（背景色）
15	vbMergePen	（画笔色）Or（背景色）
16	vbWhiteness	白色。忽略画笔色和背景色

【例 9.3】 利用 DrawMode 属性设置矩形的填充颜色。

程序代码如下：

```
Private Sub Form_Click()
    BackColor = &HFF                                   ' 设置窗体背景色为红色
    DrawMode = 2
    Line (100, 100)-(2000, 2000), vbBlue, BF           ' 定义矩形边框的颜色是蓝色
End Sub
```

说 明

程序运行结果显示，矩形填充的颜色是绿色而不是蓝色。这是因为 DrawMode 属性值为 2，则实际绘图的颜色等于: Not(画笔色 Or 背景色)=Not(&HFF0000 Or &H0000FF)=Not(&HFF00FF)=&H00FF00。

如果窗体的背景不是单一的颜色，而是图片，绘制时在每个像素上都要进行画笔色和背景色的运算。

4. DrawWidth 属性、DrawStyle 属性

窗体和图形框对象拥有这两个属性。

DrawWidth 属性影响由绘图方法 Line、Circle 和 PSet 生成的直线、矩形、圆和圆弧的边框的宽度以及点的大小（单位为像素），默认值为 1。

DrawStyle 属性设置绘图方法生成图形的线条样式。此属性的取值为 0～6，具体含义如表 9-5 所示，外观如图 9-3 所示。

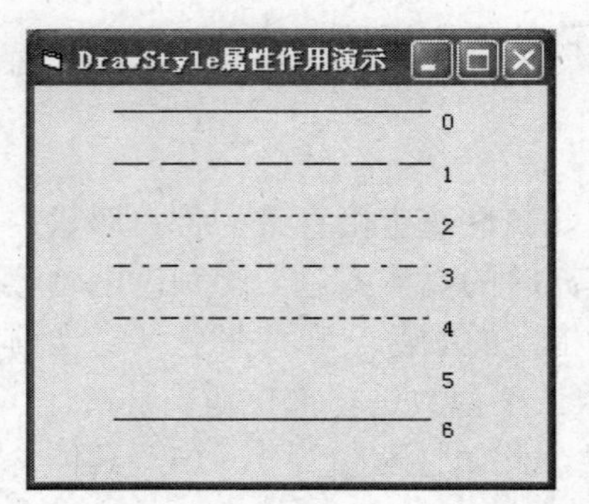

图 9-3 DrawStyle 属性作用

当 DrawWidth=1 时，DrawStyle 属性的设置全部起作用；当 DrawWidth>1 时，DrawStyle 属性的设置值为 1～4 时，绘出的线型也都是实线。

5. FillColor 属性、FillStyle 属性

FillColor 属性设置由 Circle 和 Line 方法生成的圆、矩形等封闭图形的内部填充颜色。

FillStyle 属性设置由绘图方法生成的封闭图形的内部填充样式。此属性的取值为 0～7，具体含义见表 9-6，外观样式如图 9-4 所示。此属性的默认值为 1（透明）。

表 9-5　DrawStyle 属性设置

属 性 值	常 量	意 义
0	vbSolid	实线（默认）
1	vbDash	虚线
2	vbDot	点线
3	vbDashDot	点划线
4	vbDashDotDot	双点划线
5	vbTransparent	透明线
6	vbInsideSolid	内实线

表 9-6　FillStyle 属性设置

属 性 值	常 量	意 义
0	vbFSSolid	实线
1	vbFSTransparent	透明（默认值）
2	vbHorizontalLine	水平直线
3	vbVerticalLine	垂直直线
4	vUpwardDiagonal	上斜对角线
5	vbDownwardDiagonal	下斜对角线
6	vbCross	十字线
7	vbDiagonalCross	交叉对角线

调用 Line 方法绘制矩形时，如果指定了 F 参数，则以边框颜色（ForeColor 属性值或 Line 方法指定的颜色参数）填充整个矩形，此时，FillColor 和 FillStyle 属性不起作用。

6. ScaleLeft 属性、ScaleTop 属性、ScaleWidth 属性、ScaleHeight 属性

窗体和图形框对象拥有 ScaleLeft、ScaleTop、ScaleWidth 和 ScaleHeight 这四个属性。与 Left、Top 属性不同，ScaleLeft、ScaleTop 属性的值是指在窗体或图形框的坐标下，窗体或图形框内部绘图区左上角的坐标；与 Width、Height 属性不同，ScaleWidth 和 ScaleHeight 属性的值是在窗体或图形框的坐标下窗体或图形框绘图区的内部的宽度和高度。Left、Top、Width 和 Height 四个属性与 ScaleLeft、ScaleTop、ScaleWidth 和 ScaleHeight 四个属性各自表示的含义如图 9-5 所示。

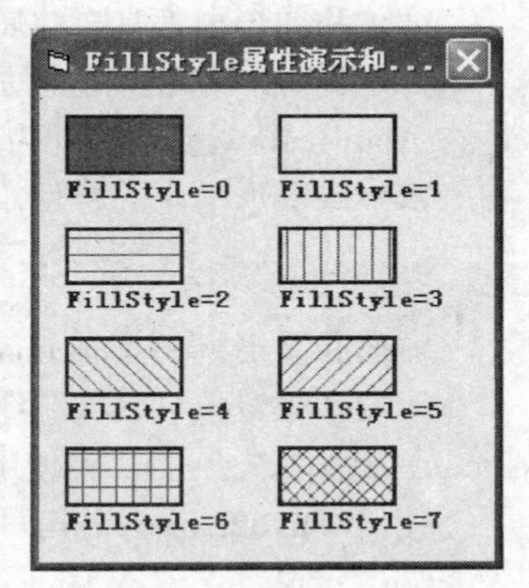

图 9-4　FillStyle 属性演示

当新建一个窗体时，新窗体采用 VB 默认坐标系，坐标原点在窗体的左上角，Height=3600，Width=4800，ScaleLeft=0，ScaleTop=0，ScaleHeight=3195，ScaleWidth=4680（单位均为 Twip）。

注 意

窗体的 Height 包括了窗体的标题栏和边框的宽度，同样，窗体的 Width 是包括窗体外侧在内的整个宽度。窗体内部实际可用的宽度和高度由 ScaleWidth 和 ScaleHeight 确定。

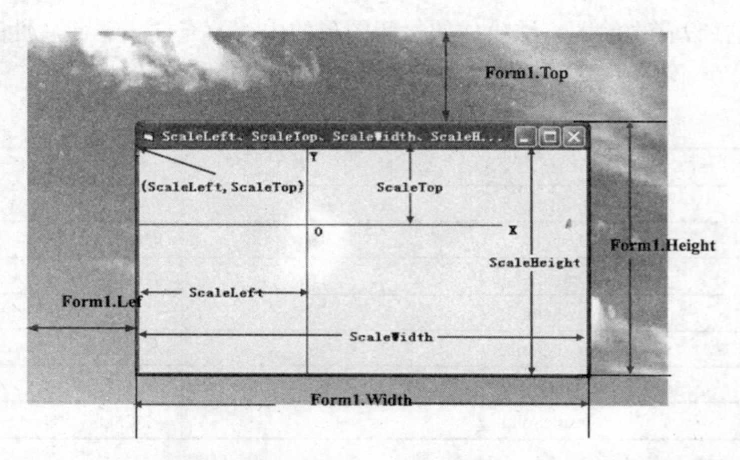

图 9-5 ScaleLeft、ScaleTop、ScaleWidth 和 ScaleHeight 四属性含义

7. AutoRedraw 属性

当窗体和图形框控件的 AutoRedraw 属性值为 True 时，使用绘图方法绘制的图形被保存在内存中，若窗体或图形框全部或部分被其他窗体遮盖后再显示时，图形能自动重画。当 AutoRedraw 属性值为 False 时（默认值），若窗体或图形框被遮挡再重新显示时，绘图方法生成的图形无法自动重画。

如果要在窗体的 Load 事件中进行绘图操作或用 Print 方法实现输出时，AutoRedraw 属性值必须设置为 True，否则绘制的图形或输出的内容不显示。

AutoRedraw 属性与 Paint 事件的关系为：当窗体或图形框的 AutoRedraw 属性值设为 False 时，一旦窗体或图形框被缩放或被遮盖后又再次显示时，VB 向窗体或图形框发送 Paint 事件，允许程序进行重新绘制；当 AutoRedraw 属性值为 True 时，不引发 Paint 事件。

8. ClipControls 属性

窗体和图形框都具有此属性。当窗体或图形框的 ClipControls 属性值为 True 时（默认值），在事件过程中，使用绘图方法生成的图形将绘制在窗体或图形框上其他控件的下面；当此属性与 AutoRedraw 属性值均为 False 时，除了 Paint 事件过程外，在其他过程中绘制的图形将覆盖窗体或图形框上的控件。

9. Image 属性和 SavePicture 语句

窗体和图形框都具有 Image 属性。当 AutoRedraw 属性值为 False 时，Image 属性只保存窗体或图形框对象 Picture 属性指定的图片；当 AutoRedraw 属性为 True 时，Image 属性保存 Picture 属性指定的图片和使用绘图方法绘制的图形。

使用 SavePicture 语句可以将 Image 属性所保存的绘图结果保存为磁盘文件，扩展名为.bmp。

例如，用下面的语句在窗体上画一个红色边框的圆，然后保存到磁盘上。

```
Private Sub Form_Load()
    Form1.AutoRedraw = True
    Circle (2000, 1500), 1500, vbRed
    SavePicture Form1.Image, "d:\图片\圆.bmp"
End Sub
```

9.3　绘图坐标系统

坐标系统描述了图形上的某一点在窗体控件或图形框控件上的具体位置，包括原点位置、坐标单位、坐标轴的个数（二维还是三维）以及坐标轴的方向等参数。因此，在进行绘图操作之前，首先要明确所采用的坐标系统。

9.3.1　Visual Basic 标准坐标系统

在 VB 中，每个对象定位都要使用存放它的容器的坐标系。对象的 Left、Top 属性指示了该对象在容器内的位置。例如：处于屏幕中的窗体，屏幕就是窗体的容器；放置在窗体上的控件，窗体就是控件的容器。对象只能在容器的范围内移动。

每个容器都有一个坐标系。构成一个坐标系需要三个要素：坐标原点、坐标轴的方向和长度、坐标的度量单位。

属性 ScaleTop 和 ScaleLeft 表示容器对象左上角的坐标，根据这两个属性值可以形成当前坐标系的坐标原点。

VB 标准坐标系统指的是坐标原点定位在容器对象的左上角，X 轴的正方向向右，Y 轴的正方向向下，对象的 ScaleTop 和 ScaleLeft 属性的默认值为 0。

在 VB 标准坐标系中，若坐标单位是 Twip，这就是 VB 默认的坐标系。

属性 ScaleMode 决定对象坐标的度量单位，共 8 种单位形式，如表 9-7 所示。

表 9-7　ScaleMode 属性说明

属 性 值	常 量 名	坐标单位	说　明
0	vbUse	用户自定义	用户自定义坐标系统
1	vbTwips（默认值）	缇（Twip）	1440Twips/Inch，20Twips/Point
2	vbPoints	磅（Point）	72Points/Inch
3	vbPixels	像素（Pixed）	取决于屏幕或打印机分辨率
4	vbCharacters	字符（character）	水平 120Twips，垂直 240Twips
5	vbInches	英寸（inch）	1 英寸=1440Twips
6	vbMillimeters	毫米（millimeter）	
7	vbCentimeters	厘米（centimeter）	1 厘米=567Twips

在表 9-7 中，ScaleMode 属性值为 0 表示由用户自定义坐标系统。若直接设置了 ScaleHeight、ScaleWidth 和 ScaleTop、ScaleLeft 这四个属性，则 ScaleMode 属性值自动为 0。ScaleMode 属性值为 1～7 代表 VB 标准坐标系统可以采用 7 种不同的度量单位。

ScaleMode 默认值是 1，即 VB 默认的坐标系统的度量单位是缇(缇是印刷单位 1 磅的 1/20)。缇与屏幕分辨率无关，利用缇可以精确地控制图形打印输出的质量。在 VB 标准坐标系统中的 7 种度量单位里，只有度量单位是像素（ScaleMode 属性值为 3）时，才会受显示器屏幕和打印机分辨率的影响，绘制图形的比例和大小与设备有关，其他度量单位则与设备无关。

改变容器对象的 ScaleMode 属性值，只是改变了容器对象的度量单位，并不改变容器的大小以及它在屏幕上的位置，VB 会重新定义对象的坐标度量属性 ScaleHeight 和 ScaleWidth 的值，以便使它们和新刻度保持一致。

使用 ScaleX 和 ScaleY 方法可以实现不同度量单位的转换。

格式：[对象.] ScaleX （value，原度量单位，新度量单位）

[对象.] ScaleY （value，原度量单位，新度量单位）

功能：将原度量单位下的一个坐标值，转换为新度量单位下的坐标值。

说 明

参数 Value 表示原度量单位下的一个坐标值。

例如，将 ScaleMode=1 坐标系下的 x 坐标值 1500Twips，转换为 ScaleMode=2 坐标系下的 x 坐标：x=ScaleX（1500, vbTwips, vbPoints），结果为 75。

9.3.2 自定义坐标系统

VB 允许用户自行定义对象的坐标系统。用户自定义坐标系统的方法有两种：一种是使用 Scale 方法，这是建立用户坐标系最简便的方法；另一种是通过设置对象的 ScaleTop、ScaleLeft、ScaleHeight 和 ScaleWidth 四个属性来定义坐标系。

1. 使用 Scale 方法自定义坐标系

格式：[对象.] Scale [（xLeft，yTop）-（xRight，yBotton）]

功能：建立以（xLeft，yTop）为左上角坐标，以（xRight，yBotton）为右下角坐标的坐标系。

说 明

对象可以是窗体、图形框或打印机。如果省略对象，则为当前的窗体对象。

（xLeft，yTop）表示对象左上角坐标值，（xRight，yBotton）为对象右下角坐标值。均为单精度数值。VB 根据给定的坐标参数计算出 ScaleLeft、ScaleTop、ScaleHeight 和 ScaleWidth 的值。

```
ScaleLeft= xLeft
ScaleTop= yTop
ScaleWidth= xRight- xLeft
ScaleHeight= yBotton- yTop
```

任何时候在程序代码中使用 Scale 方法都能有效地改变坐标系统。当 Scale 方法不带参数时，则取消用户自定义的坐标系统，而采用 VB 默认坐标系。

【例 9.4】 在窗体的 Paint 事件中，用 Scale 方法自定义窗体的坐标系统。

程序代码如下：

```
Private Sub Form_Paint()
    Cls
    Scale (-250, 250)-(250, -250)
    Line (-250, 0)-(250, 0)                                 ' 画 X 轴
    Line (0, 250)-(0, -250)                                 ' 画 Y 轴
    CurrentX = 0: CurrentY = 0: Print 0                     ' 标记坐标原点
    CurrentX = 240: CurrentY = 20: Print "X"                ' 标记 X 轴
    CurrentX = 10: CurrentY = 250: Print "Y"                ' 标记 Y 轴
    CurrentX = -250: CurrentY = 250
    Print "(" & ScaleLeft & "," & ScaleTop & ")"            ' 标记左上角坐标
    X = ScaleLeft + ScaleWidth                              ' 右下角的横坐标
    Y = ScaleTop + ScaleHeight                              ' 右下角的纵坐标
    CurrentX = 160: CurrentY = -230
    Print "(" & X & "," & Y & ")"                           ' 标记右下角坐标
End Sub
```

运行程序，自定义窗体的坐标系如图 9-6 所示。

2. 利用对象 ScaleTop、ScaleLeft、ScaleHeight 和 ScaleWidth 属性自定义坐标系

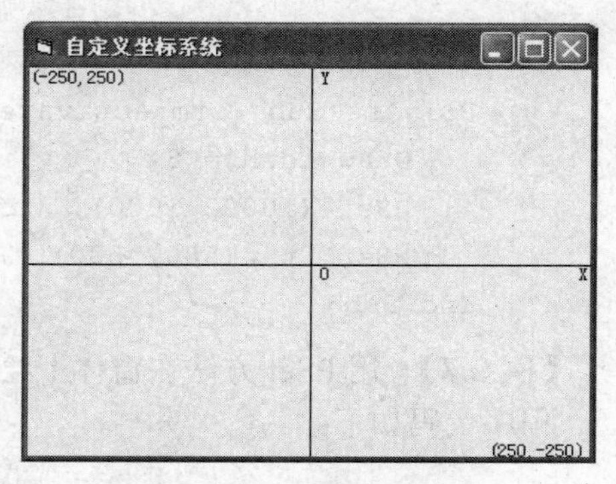

图 9-6　自定义窗体坐标系

设置对象的 ScaleTop、ScaleLeft、ScaleHeight 和 ScaleWidth 四个属性既可以在设计阶段通过“属性”窗口直接定义，也可以在运行时用程序代码设定。此时，对象左上角坐标为（ScaleLeft、ScaleTop），右下角坐标为（ScaleLeft+ScaleWidth，ScaleTop+ScaleHeight）。根据左上角和右下角的坐标值自动设置坐标轴的正方向。X 轴和 Y 轴的度量单位分别为 1/ScaleWidth 和 1/ScaleHeight。

在自定义坐标系中，ScaleHeight 属性值的正负，决定坐标系 Y 轴的正方向；ScaleWidth 属性值的正负，决定了坐标系 X 轴的正方向。例如，当这两个属性值都为正时，坐标系的 X 轴正方向向右、Y 轴正方向向下；当 ScaleHeight 值为负时，坐标系 Y 轴的正方向向上；当 ScaleWidth 值为负时，坐标系 X 轴的正方向向左。

【例 9.5】 利用窗体的 ScaleTop、ScaleLeft、ScaleHeight 和 ScaleWidth 四个属性，建立窗体的自定义坐标系。

分析：只要用下面的四条语句替换例 9.4 程序代码中的 Scale 方法那一条语句即可，其他语句不变。

```
Form1.ScaleTop = 250
Form1.ScaleLeft = -250
Form1.ScaleWidth = 500
Form1.ScaleHeight = -500
```

运行程序，运行结果与图 9-6 完全相同。

9.4　绘 图 方 法

VB 不仅提供了专门的图形控件，还提供了画点、画线、画圆等绘制图形的方法，这些图形方法都适用于窗体和图形框控件。

1. PSet 方法

格式：[对象.] PSet [Step] （x,y） [,color]
功能：PSet 方法可以在窗体或图形框指定位置上画点。

说 明

① [Step]（x,y）指定画点位置的坐标。如果没有 Step 关键字，则（x, y）指的是绝对坐标（即 CurrentX=x, CurrentY=y）；如果有 Step 关键字，则（x, y）表示的是相对于当前坐标（CurrentX, CurrentY）点的相对坐标，实际画点的位置是（CurrentX+x, CurrentY+y）。

② 参数 color 用来指定点的颜色，可以是长整型数、颜色常量或颜色函数。

PSet 方法执行完后，对象的 CurrentX、CurrentY 的属性值将被自动设置为画点位置的绝对坐标。所画点的大小取决于 DrawWidth 属性值。

【例 9.6】 利用 PSet 方法在窗体上画点。

程序代码如下：

```
Private Sub Form_Activate()
    DrawWidth = 8                            ' 定义绘制的点的大小
    PSet (1000, 1000), vbRed                 ' 在窗体的(1000，1000)位置画一个红点
    PSet Step(500, 500), RGB(0, 0, 255) ' 在窗体的(1500，1500)位置画一个蓝点
End Sub
```

【例 9.7】 用 PSet 方法在窗体上绘制正弦曲线。

程序代码如下：

```
Private Sub Form_Click()
    Dim x!, y!, i!
    Cls
    Scale (-15, 15)-(15, -15)
    Line (-13, 0)-(13, 0)
    Line (0, 13)-(0, -13)
    CurrentX = 0: CurrentY = 0: Print "0"
    CurrentX = 13: CurrentY = 0: Print "X"
    CurrentX = 0: CurrentY = 13: Print "Y"
    For i = -10 To 10 Step 0.01
        x = i * 2 * 3.14 / 10
        y = 10 * Sin(x)
        PSet (i, y)
    Next i
End Sub
```

运行程序，结果如图 9-7 所示。

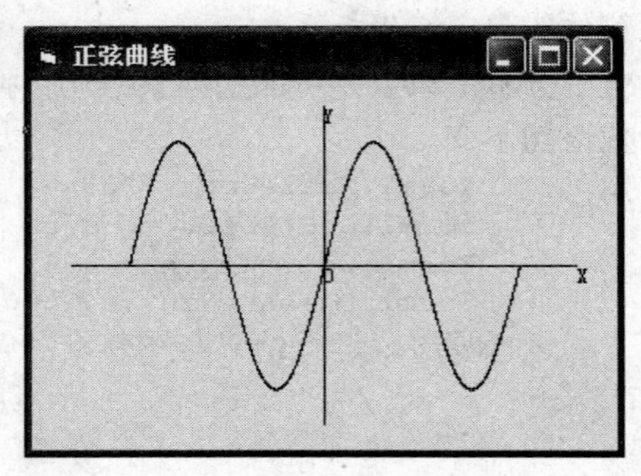

图 9-7 PSet 方法绘制正弦曲线

2. Line 方法

格式：[对象.] Line [[Step] （x1,y1）] - [Step] （x2,y2） [,color] [,B [F]]

功能：Line 方法可以在窗体或图形框上绘制一条直线段或一个矩形。

说 明

① 参数[Step] （x1,y1）指定起点坐标，[Step] （x2,y2）指定终点坐标。如果省略了[Step] （x1,y1），则以当前坐标（CurrentX, CurrentY）作为起始点的坐标。

② 如果有参数 B，则绘制给定两点为对角的矩形，否则画出以给定两点为端点的直线段。关键字 Step 表示采用相对坐标。

③ 参数 color 指定直线段或矩形边框的颜色。

④ 如果使用了参数 F，Line 方法将忽略 FillColor 和 FillStyle 属性，绘制用边框颜色填充的实心矩形。

注 意

没有参数 B 时，不能使用参数 F。

Line 方法执行完后，对象的 CurrentX、CurrentY 的属性值等于终点的绝对坐标。

【例 9.8】 应用 Line 方法绘制图 9-8 所示的螺旋线图形。

程序代码如下：

```
Private Sub Form_Paint()
    Dim x%, y%, k%, r%
    x = 500: y = 500
    PSet (x, y)
    k = 2000: r = 100
    For i = 1 To 10
        Line -Step(k, 0)
        If i > 1 Then k = k - r
        Line -Step(0, k)
        Line -Step(-k, 0)
        Line -Step(0, -k + r)
        k = k - r
    Next i
End Sub
```

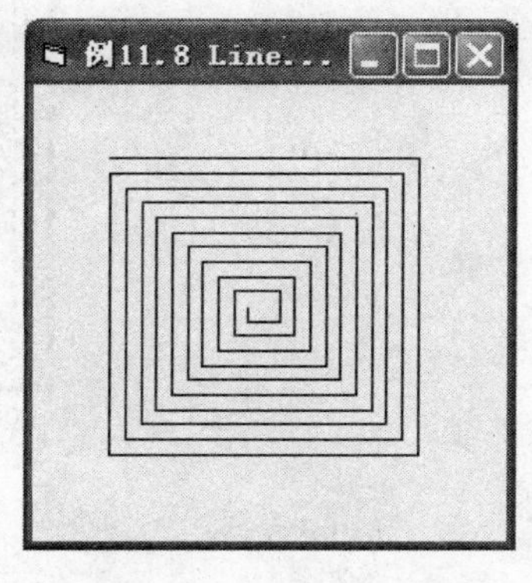

图 9-8　Line 方法绘制线段

【例 9.9】 在窗体的图形框中，利用线段绘制正弦曲线的一个周期。

程序代码如下（图形框的对象名为 P）：

```
Const PI As Single = 3.1415926                         ' 定义模块级常量 PI
Private Sub P_Paint()                                  ' 图形框的 Paint 事件
    Dim i!, x!, y!
    P.Cls
    P.BackColor = vbWhite                              ' 定义图形框的背景色
    P.ForeColor = vbBlue                               ' 定义曲线的颜色
    P.DrawWidth = 2                                    ' 定义曲线的宽度
    x = P.ScaleWidth / 2: y = P.ScaleHeight / 2
    P.CurrentX = 0: P.CurrentY = y                     ' 确定曲线的起始坐标
    For i = 0 To 360 Step 0.5                          ' 用循环结构绘制正弦曲线
        P.Line -(P.ScaleWidth / 360 * i, y * (1 - Sin(i / 180 * PI)))
    Next
    P.Line (0, y)-(2 * x, y), vbBlack                  ' 绘制横轴
    P.DrawWidth = 5                                    ' 定义下面绘制的点的大小
    P.PSet (0, y), vbRed                               ' 在横轴的起点画一个红点
    P.PSet (x, y), vbRed                               ' 在横轴的中点画一个红点
    P.PSet (2 * x - 50, y), vbRed                      ' 在横轴的终点画一个红点
    P.CurrentX = 0: P.CurrentY = y: P.Print 0          ' 在横轴的起点位置标记 0
    P.CurrentX = x - 150: P.CurrentY = y
    P.Print "π"                                        ' 在横轴的中点位置标记 π
    P.CurrentX = 2 * x - 300: P.CurrentY = y: P.Print "2π"
End Sub
```

运行程序，结果如图 9-9 所示。

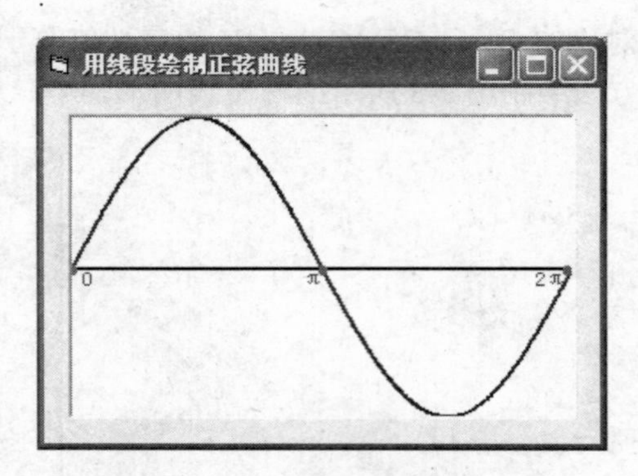

图 9-9　Line 方法绘制正弦曲线

3. Circle 方法

格式：[对象.] Circle [Step] （x,y）, radius [, [color] , [start] , [end] , [aspect]]
功能：Circle 方法可以在窗体或图形框上绘制圆、椭圆、圆弧和扇形。

说 明

① [Step] （x,y）参数指定圆、椭圆或圆弧的中心坐标，关键词 Step 表示采用相对坐标。

② radius 指定圆的半径或椭圆的长半轴。

③ color 参数指定线条的颜色。

④ start 与 end 参数指定圆弧或扇形的起止角度（单位是弧度），如果被省略，则绘制出完整的圆或椭圆。其中，起始角 start 与终止角 end 参数的取值范围在 0～2π 之间。如果这两个参数有负号，表示绘制圆心到圆弧的径向线。即参数为正，画圆弧；参数为负，画扇形。start 的默认值是 0，end 的缺省值是 2π。

⑤ aspect 参数指定椭圆的长短轴比率（垂直半轴与水平半轴之比），不能为负数。当 aspect>1 时，椭圆沿垂直方向拉长；当 aspect<1 时，椭圆沿水平方向拉长，当此参数为 1 或省略时，绘出一个正圆。

⑥ Circle 方法执行后，对象的当前坐标 CurrentX、CurrentY 的属性值为圆心或椭圆中心的绝对坐标值。

注 意

① 在 VB 坐标系中，采用逆时针方向画圆，如图 9-10 所示。

② 在 Line 和 Circle 方法中，当省略中间的某个参数时，必须保留逗号以标志被省略参数的位置。

【例 9.10】 用 Circle 方法画出如图 9-11 所示的奥林匹克五环旗。

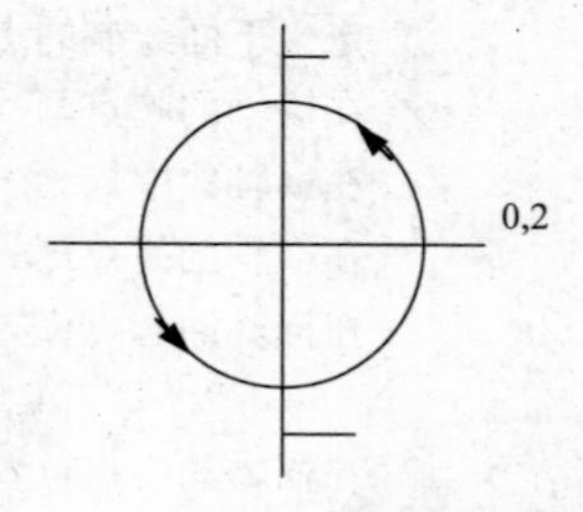

图 9-10　逆时针画圆

图 9-11　用 Circle 方法画五环旗

程序代码如下：

```
Private Sub Form_Paint()
```

```
    Dim i%, j%, r%, x%
    DrawWidth = 3
    r = 500
    x = 1000: y = 1000
    For j = 3 To 2 Step -1
      For i = 1 To j
        Circle (x, y), r, QBColor(Rnd * 15)
        x = x + 2 * r + 100
      Next i
      x = 1000 + r + 50
      y = y + r + 150
    Next j
End Sub
```

【例 9.11】 用 Circle 方法绘制如图 9-12 所示的圆弧和扇形。

程序代码如下：

```
Private Sub Form_Paint()
    Const PI! = 3.1415926
    DrawWidth = 2
    FillStyle = 3
    PSet (2100, 1500)
    Circle Step(0, 0), 1500, vbRed, -PI /
3, -PI / 6, 3 / 5
    Circle Step(300, -200), 1500, vbRed, -PI
/ 6, -PI/3, 3/5
End Sub
```

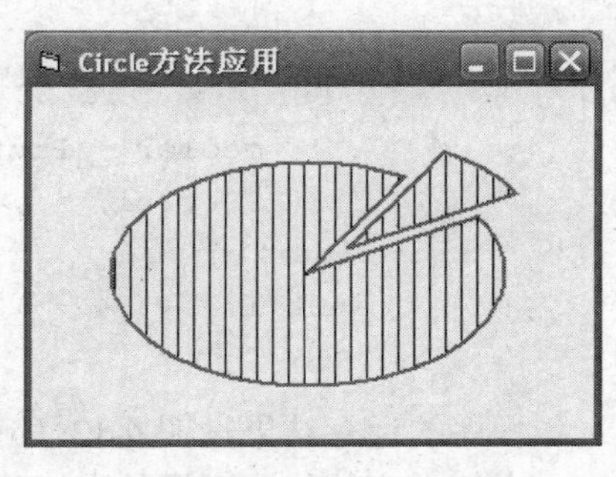

图 9-12　用 Circle 方法画扇形

4. Point 方法

格式：[对象.] Point（x, y）

功能：Point 方法用于返回窗体或图形框上指定点的颜色，返回的颜色以长整型数表示。

说明：如果由（x, y）坐标指定的点在对象外面，Point 方法返回值-1（True）。

【例 9.12】 编程实现用 Point 方法获取一个区域的信息，用 PSet 方法进行仿真。

（1）界面设计

新建一个工程，在窗体右下角添加一个 Picture 控件，如图 9-13 所示。

（a）仿真放大了原来的图像和字符

（b）水平翻转了原来的图像和字符

图 9-13　Point 方法和 PSet 方法配合进行仿真

（2）代码设计

编写代码设置窗体和 Picture 控件各自的坐标系，以及在 Picture 控件上输出的图形和字符串。然后用 Point 方法扫描 Picture 控件上的信息，并根据返回值在窗体对应坐标位置上用 Pset 方法输出信息，从而达到仿真的目的。

```
Private Sub Form_Click()
    Dim i%, j%, mcolor&
    Picture1.Cls
    Scale (0, 0)-(500, 500)
    Picture1.Scale (0, 0)-(500, 500)
    Picture1.Picture = LoadPicture("d:\图片\小猫.gif")
    Picture1.Print "用 Point 方法获取信息"
    Picture1.Print "用 Pset 方法进行仿真"
    For i = 0 To 500
      For j = 0 To 500
          mcolor = Picture1.Point(i, j)
          PSet (i, j), mcolor
      Next j
    Next i
End Sub
```

程序的运行结果见图 9-13（a）所示。

本例中窗体与图形框的坐标系设置值相同，但窗体的实际宽度和高度比图形框大，故仿真输出时放大了原来的图像和字符，见图 9-13（a）。若改变目标位置的坐标系，可实现图像和字符的旋转输出结果。结合 DrawWidth 属性，可以改变输出点的大小。

例如：将例 9.12 中的窗体的坐标系重新定义为“Scale （500, 0）-（0, 500）”，用 PSet 方法输出的图像和字符实现了水平翻转的结果，如图 9-13（b）所示。

5. PaintPicture 方法

格式：[对象.] PaintPicture picture , x1, y1, [width1], [height1], [x2], [y2], [width2], [height2], [opcode]

功能：PaintPicture 方法用来在窗体或图形框上绘制来自于磁盘图形文件中的图像，并且可以只绘制图像的一部分，还可以进行翻转和缩放。

说 明

① 参数 picture 指定要绘制的图像，可以使用 LoadPicture 函数调入磁盘上的图形文件。

② 参数 x1、y1 指定将图像绘制在窗体或图形框上的位置。

③ width1、height1 指定图像绘制在窗体或图形框区域上的高度和宽度，如果目标宽度或高度值（width1 或 height1）比源宽度或高度值（width2 或 height2）大或小，将适当地拉伸或压缩图像。通过使用负的目标高度值（height1）或目标宽度值（width1），可以翻转图像。若只有 width1 为负，则水平翻转图像；若只有 height1 为负，则垂直翻转图像；若 width1 和 height1 都为负，则两个方向同时翻转图像。

④ 参数 x2、y2、width2、height2 用来指定只绘制图像的哪个区域。x2、y2 为区域左上角的坐标，width2 和 Height2 为绘制区域的宽度和高度。如果不指定这四个参数，则绘制整个图片。

⑤ 参数 opcode 指定绘制出的图像中的每个点使用的颜色，取值为 1～16。默认值为 13，表示按图像原有的颜色绘制。

⑥ 如果缺省所有可选参数，表示按图像原来的大小和颜色绘制到窗体或图形框上指定的位置。

【例 9.13】 编程用 PaintPicture 方法实现图像的翻转、截取和缩放，如图 9-14 所示。

（1）程序界面设计

新建一个工程，在窗体上添加四个与原图片大小相同的图形框，见图 9-15。

图 9-14　运行界面

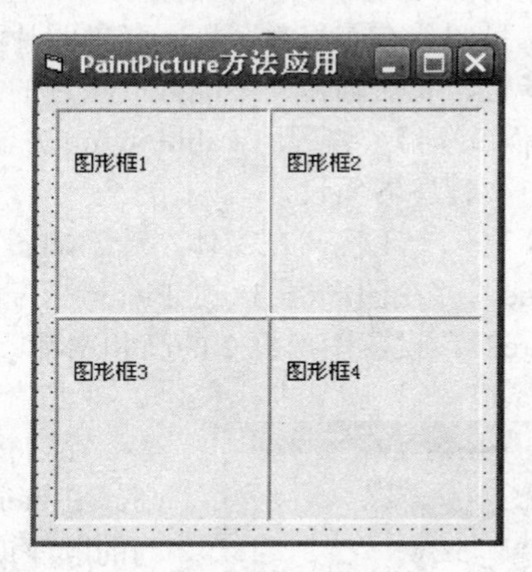

图 9-15　设计界面

（2）代码设计

编写程序代码，用 PaintPicture 方法在图形框 1 中实现图像的复制，在图形框 2 中实现图像的截取和放大，在图形框 3 中实现图像的水平和垂直翻转，在图形框 4 中绘制三个小图像，左上图实现图像的缩小，左下图实现源图像垂直翻转和缩小，右图实现源图像的水平翻转，并截取局部放大。

程序代码如下：

```
Private Sub Form_click()
' 按源图像大小在图形框 1 中绘制图片
   Picture1.PaintPicture LoadPicture("D:\图片\小猫.gif"), 20, 0
' 截取源图像的局部，放大绘制在图形框 2 中
   Picture2.PaintPicture LoadPicture("D:\图片\小猫.gif"),_
20,0,1725,1740,500,300,1000,1000
' 源图像翻转绘制在图形框 3 中
   Picture3.PaintPicture LoadPicture("D:\图片\小猫.gif"), 1725, 1740,_
1725,-1740
' 源图像缩小绘制在图形框 4 的左上部
   Picture4.PaintPicture LoadPicture("D:\图片\小猫.gif"),20,0,860,870
' 源图像垂直翻转并缩小绘制在图形框 4 的左下部
   Picture4.PaintPicture LoadPicture("D:\图片\小猫.gif"),20,1740,860,-870
' 源图像水平翻转，取局部缩放绘制在图形框 4 的右部
   Picture4.PaintPicture LoadPicture("D:\图片\小猫.gif"),_
1725,0,-850,1740,500,300,1000,1000
End Sub
```

运行程序，结果如图 9-15 所示。

注 意 

用 PaintPicture 方法翻转图片，起始位置参数 x1、y1 总是表示源图片的左上角在窗体或图形框上的位置。

使用 PaintPicture 方法在窗体和图形框上绘制的图像，与窗体或图形框的 Picture 属性设定的背景图片有着根本区别。背景图片不会被清除（除非改变了 Picture 属性值），显示位置不能指定、无法翻转、不能截取图片的局部。

【例 9.14】 编程用 PaintPicture 方法实现图像的旋转。

（1）程序界面设计

新建一个工程，在窗体左边添加图形框 1（Picture1），设置图形框 1 的 Autosize 属性值为 True，并在图形框 1 的 Picture 属性中装载一个图像。在窗体的右边添加一个图形框 2（Picture2），设置图形框 2 的高和宽都比图形框 1 稍大，见图 9-16。

图 9-16　设计界面

（2）代码设计

在窗体的通用部分声明 2 个变量，用于保存原图像的宽和高。用 PaintPicture 方法旋转图像，需要首先对原始图像按行和列的顺序或按列和行的顺序扫描像素点，然后再在目标图形区颠倒行和列的顺序复制像素点。

编写程序将图形框 1 中的图像，逆时针旋转 90°，输出到图形框 2 中。

程序代码如下：

```
Dim sw!, sh!
Private Sub Form_Click()
    Const k% = 15
    For i = 1 To sw Step k
    For j = 1 To sh Step k
'图像逆时针旋转 90°
    Picture2.PaintPicture Picture1, j, i, k, k, i, j, k, k
    Next j, i
End Sub

Private Sub Form_Load()
    sw = Picture1.ScaleWidth
    sh = Picture1.ScaleHeight
End Sub
```

运行程序，结果如图 9-17 所示。若将程序中的 PaintPicture 语句改为：

```
Picture2.PaintPicture Picture1, sw - j, i, -k, k, i, j, k, k
```

图像将顺时针旋转 90°，如图 9-18 所示。

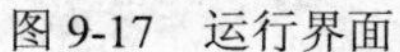
图 9-17　运行界面

图 9-18　图像的顺时针旋转

6. Cls 方法

Cls 方法用来清除窗体或图形框上由 Print、PSet、Line、Circle、PaintPicture 等方法输出的文字、图形和图像，并使 CurrentX、CurrentY 属性值为 0。

Cls 方法不会清除窗体或图形框上由 Picture 属性设置的背景图像，更不会清除窗体或图形框中的控件对象。

9.5 习　　题

1. 选择题

（1）坐标度量单位可通过________来改变。

A. DrawStyle 属性　　B. DrawWidth 属性

C. Scale 方法　　D. ScaleMode 属性

（2）以下的属性和方法中，________可重新定义坐标系。

A. DrawStyle 属性　　B. DrawWidth 属性

C. Scale 方法　　D. ScaleMode 属性

（3）不能作为容器使用的对象为________。

A. 窗体　　B. 框架　　C. 图形框　　D. 图像框

（4）下列选项中，能绘制填充矩形的语句是________。

A. Line（100,100）-（200,200）, B

B. Line（100,100）-（200,200）, BF

C. Line（100,100）-（200,200）, BF

D. Line（100,100）-（200,200）

（5）下列语句中错误的是________。

A. Line （100,100）-（200,200） ,B

B. Line （100,100）-（200,200）,RGB（255,0,0）

C. Circle （1000,1000）, RGB（255,0,0）

D. Circle （1000,1000）, -500, RGB（255,0,0）

（6）当使用 Line 方法画直线后，当前坐标在________。

A.（0，0）　　B. 直线起点　　C. 直线终点　　D. 容器的中心

（7）执行语句“Line （1200, 1200）-step （1000, 500 ） , B”后，CurrentX=________。

A．2200　　B．1200　　C．1000　　D．1700

（8）语句“Circle （1000, 1000）, 500, 8, −6, −3”将绘制________。

A．圆　　B．椭圆　　C．圆弧　　D．扇形

（9）________对象具有绘图方法。

A．Image　　B．Line　　C．PictureBox　　D．Frame

（10）下列窗体的方法中，________不能画出实际内容。

A．Line　　B．PSet　　C．Circle　　D．Point

（11）如果用长整型数&H00FF0000 来表示颜色，此颜色为________。

A．黄色　　B．红色　　C．绿色　　D．蓝色

（12）当窗体的 AutoRedraw 属性采用默认值时，若在窗体装入时使用绘图方法绘制图形，则应将程序代码写在________中。

A．Paint 事件　　B．Load 事件

C．Initialize 事件　　D．Click 事件

（13）Cls 可清除窗体或图形框中________的内容。

A．Picture 属性设置的背景图像　　B．在设计时放置的控件

C．程序运行时产生的图形和文字　　D．以上皆对

2. 填空题

（1）在 VB 6.0 中，与图形有关的标准控件有__________种，分别是__________。

（2）为了使图像框中的图形与图像框大小适应，应将 Stretch 属性设置为__________。

（3）在运行期间，可以用__________函数把图形文件装入窗体、图形框或图像框中。

（4）容器的实际可用高度和宽度由__________和__________属性确定。

（5）Circle 方法正向采用__________时针方向。

（6）设 Picture1.ScaleLeft=−200，Picture1.ScaleTop=250，Picture1.ScaleWidth=500，Picture1.ScaleHeight=-400，则 Picture1 右下角坐标为__________。

（7）窗体 form1 的左上角坐标为（−200，250），窗体 Form1 的右下角坐标为（300，−150）。X 轴的正向向__________，Y 轴的正向向__________。

（8）当 Scale 方法不带任何参数，则采用__________坐标系。

（9）DrawStyle 属性用于设置所画线的形状，此属性受到__________属性的限制。

3. 编程题

（1）在窗体上自定义一个坐标系，X 轴正向向右，Y 轴正向向上，原点在窗体中央。分别用 Line 方法和 PSet 方法绘制-2π～2π之间的正弦曲线。如图 9-19 所示。

（2）在窗体上放置两个大小相同的图形框，在图形框中用 Line 方法和 Circle 方法绘制如图 9-20 所示的圆柱。

（3）仿照例 9.12，练习用 Point 方法扫描图形框控件中的图形信息，用 PSet 方法将其仿真输出到窗体，如图 9-13 所示。

（4）仿照例 9.13，练习用 PaintPicture 方法实现图形的翻转、截取和缩放，如图 9-15 所示。

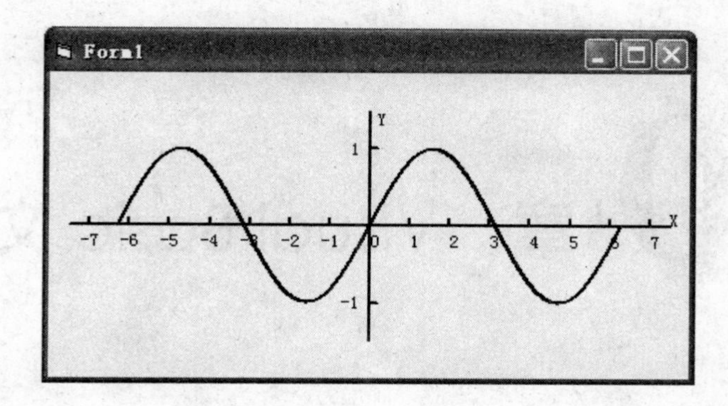

图 9-19　绘制正弦曲线

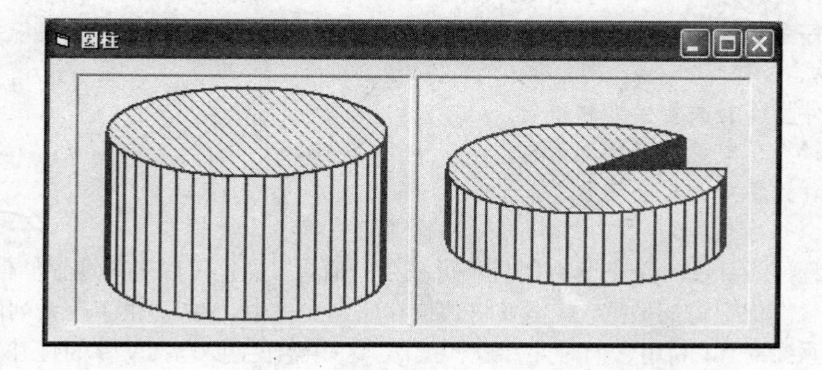

图 9-20　绘制圆柱

第10章 Visual Basic 文件系统

本章重点

☑ 文件的概念和分类。

☑ 文件的打开、关闭、读写操作。

☑ 文件系统控件。

本章难点

☑ 文件操作有关的函数和语句。

☑ 目录操作有关的函数和语句。

☑ 文件系统对象模型编程。

文件是程序设计中一个十分有用且不可缺少的概念。文件可以永久地存储信息。应用程序中如果想长期保存访问数据，就需要将数值存储到文件中。VB 提供了一系列的操作函数、控件和文件系统对象，利用它们对文件进行操作。这些操作主要包括文件的打开与关闭命令，与文件操作有关的语句和函数，顺序文件、随机文件、二进制文件的创建、读取及应用，文件系统控件，文件基本操作命令，文件系统对象（FSO）及应用。

10.1 文件的概述与分类

文件是程序设计中一种重要的数据结构。在程序中使用文件可以提高工作效率，方便用户，而且文件可以不受内存大小的限制。在某些情况下，必须使用文件才能解决所遇到的实际问题。

10.1.1 文件的概念

文件是存储在外部介质（如磁盘）上的以文件名标识的相关数据的集合。操作系统就是以文件为单位对数据进行管理的，即如果想找存在外部介质上的数据，必须先按文件名找到所指定的文件，然后再从该文件中读取数据。要向外部介质上存储数据必须先建立一个文件（以文件名为标识），才能向它输出数据。

在程序运行时，常常需要将一些数据（运行的最终结果或中间数据）输出到磁盘上存放起来，以后需要时再从磁盘中输入到计算机内存。这就要用到磁盘文件。我们把存储在磁盘上的文件称为磁盘文件。

10.1.2 文件结构

为了有效地存取数据，数据必须以某种特定的方式存放，这种特定的方式称为文件结构。

VB 文件是数据的集合，由记录组成，记录由字段组成，字段由字符组成，一组相关的字段就组成一条记录。

1）字符（Character）：是构成文件的最基本单位。字符可以是数字、字母、特殊符号或单一字节。

2）字段（Field）：也叫域。字段由若干个字符组成，用来表示一项数据。

3）记录（Record）：由一组相关的字段组成，如表 10-1 所示。

表 10-1 记　录

姓 名	性 别	年 龄	籍 贯
张力	男	23	河南省

4）文件（File）：由记录构成，一个文件含有一个以上的记录，如表 10-2 所示。

表 10-2 文　件

张力	男	23	河南省
李力	男	22	河北省
钱方	女	24	湖南省
黄已	女	23	江西省
郑绪	男	21	浙江省
韩平	女	22	新疆省
李良	男	24	蒙古

10.1.3 文件的分类

根据数据的存储方式和结构，可以将文件分为顺序存取文件和随机存取文件。

1）顺序存取文件（Sequential File）：顺序文件的结构比较简单。在该文件中，只知道第一个数据的位置，其他数据的位置无从知道。查找数据时，只能从文件头开始，一个（或一行）数据一个（或一行）数据地顺序读取。

2）随机存取文件（Random Access File）：又称直接存取文件，简称随机文件或直接文件。在访问随机文件中的数据时，可以根据需要访问文件中的任一条记录。

根据数据性质，文件可分为程序文件和数据文件。

根据数据的编码方式，文件可分为 ASCII 文件和二进制文件。

- ASCII 文件：又称文本文件，它以 ASCII 方式保存文件。该文件可以用字处理软件建立和修改，以纯文本文件保存。
- 二进制文件（Binary File）：以二进制方式保存的文件。该文件不能用普通的字处理软件编辑，占存储空间较小。

10.1.4 文件的基本操作

文件处理必须把文件首先读入内存，在内存中对文件进行处理，处理的结果再写入文件中，最后把文件关闭。

1. 数据文件操作的一般步骤

（1）打开或建立文件

在创建新文件或使用旧文件之前，必须先打开文件。打开文件的操作，会为这个文件在内存中准备一个读写时使用的缓冲区，并且声明文件在什么地方，叫什么名字，文件处理方式如何。

（2）访问文件（进行读、写操作）

所谓访问文件，即对文件进行读/写操作。从磁盘将数据送到内存称为“读”，从内存将数据存到磁盘称为“写”。这些都是通过相应的读写函数完成的。

（3）关闭文件

打开的文件使用（读/写）完后，必须关闭，否则会造成数据丢失。关闭文件会把文件缓冲区中的数据全部写入磁盘，释放掉该文件缓冲区占用的内存空间。

2. 文件的打开（建立）语句

VB 中用 Open 语句打开或建立一个文件。

格式：

Open 文件说明 [For 方式] [Access 存取类型] [锁定] As [#]文件号 [Len=记录长度]

功能：

① Open 语句兼有打开文件和建立文件的双重功能。若用 Input 方式打开的文件不存在，则产生文件不存在错误；若用 Output、Append 或 Random 方式打开的文件不存在，则建立相应文件。

② 对同一个文件可采用不同或相同的存取方式，用几个不同的文件号打开（不必关闭文件），每个文件号有自己的一个缓冲区。使用 Output 或 Append 方式时，必须先关闭文件，才能重新打开；使用 Input、Random 或 Binary 方式时，不必关闭文件就可使用不同的文件号打开文件。

说 明

① 文件说明：指要打开的文件的名字，包括盘符、路径、文件名、扩展名，例如“c:\windows\mouse.txt”。

② 方式：指定文件的输入输出方式，其方式值如表 10-3 所示。

表 10-3 文件打开方式

方 式	含 义
Output	指定顺序输出方式，即建立一个新文件，并把数据写入文件
Input	指定顺序输入方式，即把数据从文件读出，放入内存
Append	指定顺序输出方式，即把数据追加到原来文件的后面或建立一个新文件
Random	指定随机存取方式，也是默认方式。若省略方式，即为随机方式
Binary	指定二进制方式文件

③ 存取类型：在关键字 Access 之后，指定访问文件的类型，其值如表 10-4 所示。

表 10-4 文件访问方式

方 式	含 义
Read	以只读形式，打开文件
Write	以只写形式，打开文件
Read Write	以读写形式，打开文件，该形式既可读又可写

④ 锁定：该子句只在多用户或多进程环境中使用。用来限制其他用户或进程对打开的文件进行读写操作。其值如表 10-5 所示。

表 10-5　文件锁定类型

锁定类型	含义
Lock Shared	任何机器的任何进程都可以对该文件进行读写操作
Lock Read	不允许其他进程读该文件
Lock Write	不允许其他进程写该文件
Lock Read Write	不允许其他进程读写该文件，是锁定类型的默认值

⑤ 文件号：要对磁盘文件进行读写操作，必须先为其在内存中开辟一个缓冲区，该缓冲区是通过文件号和文件发生联系的。即对文件号的操作就是对文件的操作。文件号的范围是 1~511。输入输出语句或函数通过文件号与文件建立关系。

⑥ 记录长度：是一个整型表达式。使用该参数时，为随机文件设定记录长度，为顺序文件设定缓冲区字符数（默认为 512 字节），二进制文件省略该参数。

例如，打开“c:\winnt\a.txt”文件用于输出。

```
Open  "c:\winnt\a.txt" For Output As #1
```

打开“c:\winnt\a.txt”文件用于追加记录。

```
Open  "c:\winnt\a.txt" For Append  As #2
```

打开“c:\winnt\a.txt”文件用于输入。

```
Open  "c:\winnt\a.txt" For Input As #3
```

3. 文件的关闭

文件读写操作完成后，可使用 Close 语句实现文件关闭。

格式：Close [[#]文件号][，[#]文件号]…

功能：将文件缓冲区中的所有数据写到文件中，若不关闭文件，有可能造成数据丢失。释放与该文件关联的文件号，使之能被其他 Open 语句使用。

说明

① Close 语句用来关闭文件，是打开文件之后进行的操作。格式中的文件号是 Open 语句中使用的文件号。

② Close 语句中的文件号是可选的。指定文件号，则关闭与指定文件号关联的文件；若省略，则关闭所有打开的文件。

③ 若不使用 Close 语句关闭文件，当程序结束时，将自动关闭打开的数据文件。

④ Close 语句使程序结束对文件的使用，一般不省略它。

例如：

```
Close      '  将已打开的文件全部关闭
```

10.1.5　与文件操作有关的函数或语句

1. 与文件操作有关的概念

- 文件指针：指针就是地址，用来指示在文件中读写操作的位置。文件被打开后，自动生成一个文件指针（隐含的），文件读写从指针所指的位置开始。

- 文件长度：给文件分配的字节数。
- 指针移动：完成一次读写操作后，文件指针自动移动到下一个读写操作的起始位置。移动量的大小由 Open 语句和读写语句中的参数共同决定。

1）用不同方式打开文件时，其指针位置如表 10-6 所示。

表 10-6　文件指针位置

指针位置	文件打开方式
文件开头	Input、Output、Random、Binary
文件末尾	Append

2）文件类型与指针移动量的关系，如表 10-7 所示。

表 10-7　指针移动量

文件类型	指针移动量
顺序文件	指针移动长度与它所读写的字符串长度相同
随机文件	指针最小移动单位为一个记录长度

2. 与文件有关的函数和语句

（1）Seek 语句

格式：Seek #文件号，位置

功能：设置文件中下一个读或写的位置。

说 明

位置是一个数值表达式，用来指示下一个要读写的位置，其值在 1～（$2^{31}-1$）范围内。对于用 Input、Output 或 Append 方式打开的文件，位置是从文件开头到结束的字节数（文件第一个字节的位置为 1）；对于用 Random 方式打开的文件，位置是一个记录号。在 Get 或 Put 语句中的记录号优先于由 Seek 语句确定的位置（Put 或 Get 为随机文件写读语句）；位置为 0 或负数时，将产生“错误记录号”的出错信息；位置在文件尾之后时，对文件的写操作将扩展该文件。

（2）Seek 函数

格式：Seek（文件号）

功能：返回文件指针在文件中的当前位置。

说 明

对于用 Input、Output 或 Append 方式打开的文件，Seek 函数返回文件中的字节位置；对于用 Random 方式打开的文件，Seek 函数返回下一个要读或写的记录号。

（3）FreeFile 函数

格式：FreeFile（）

功能：返回一个在程序中没有使用的文件号。

（4）Loc 函数

格式：Loc（文件号）

功能：返回由“文件号”指定的文件的当前读写位置。对于随机文件将返回最近读写的记录号；对于二进制文件将返回最近读写的字节位置；对于顺序文件，Loc 函数的返回值在实际中没有什么用处。

（5）LOF 函数

格式：LOF（文件号）

功能：返回给文件分配的字节数（即文件长度），如果返回值为 0, 则表示文件为空文件。

（6）EOF 函数

格式：EOF（文件号）

功能：测试文件的结束状态。若已到文件尾，则 EOF 函数返回 True，否则返回 False。对于顺序文件，EOF 函数常常用来判断是否已到文件末尾。

【例 10.1】 使用 EOF 函数读取文件的内容，并把内容显示出来。

程序代码如下：

```
Dim a As String
Open "c:\a.txt" For Input As #1
While NOT EOF(1)
   Line Input #1,a
   Print a
Wend
Close #1
```

10.2　文件的读写操作

在 Visual Basic 中，文件分为顺序文件、随机文件、二进制文件。不同类型文件的读写在概念上是一致的。文件读就是从文件中读出数据到内存中去；文件写就是把内存中的数据写入到文件中。但它们所使用的读写语句不一定相同。本节以文件类型为主线，分别介绍各个文件类型的特点、操作等。

10.2.1　顺序文件

1. 顺序文件特点

顺序文件即 ASCII 文件，结构比较简单，可以用字处理软件来查看或修改。顺序文件不太适于存储很多数字，因为每个数字都要按字符串存储。文件中数据的逻辑顺序和存储顺序一致，对文件的读写操作只能一个（或一行）数据一个（或一行）数据地顺序进行。文件中的数据没有分成记录时，使用顺序文件存储比较合适。

2. 顺序文件的读写操作

顺序文件写操作的操作步骤是打开文件、写入文件、关闭文件。顺序文件读操作的操作步骤是打开文件、读文件、关闭文件。下面介绍与这些操作有关的语句。

（1）顺序文件的打开语句

格式：Open 文件名 For [Input|Output|Append] As #文件号 [Len = 缓冲区大小]

功能：按指定的访问方式打开顺序文件。

说 明

① 文件名：是一个字符串表达式，指定文件标识，包括驱动器、文件夹、文件名。

② For 后的参数是必要的，指定文件访问方式。Input 是指输入字符，即将数据从磁盘文件读到内存；Output 是指输出字符，即将数据从内存写到磁盘文件。Append 是指把字符追加到文件原有内容的末尾。Append 打开的文件若存在，则把文件指针移动到文件尾；否则，建立该文件并打开该文件。

③ 文件号：指与文件名相关联的文件号。在文件操作语句或函数中，通过对文件号操作，实现对文件的操作。

④ 缓冲区大小：可选参数。该值为缓冲区的字符数。

⑤ 以 Input 方式打开文件时，文件必须已存在。

⑥ 以 Output 或 Append 方式打开文件时，若文件不存在，则 Open 语句首先创建该文件，然后打开该文件；若文件存在，Output 方式会覆盖原文件，Append 方式会把文件指针移动到文件末尾。

（2）顺序文件的 Print 写语句

格式：Print # 文件号 ,[表达式表]

功能：将格式化显示的数据写入文件中。

说 明

① 表达式表为表达式或要打印的表达式列表。

② 若省略表达式表，在文件号后加一个逗号，则将一空行输入文件中。

③ 多个表达式之间用分号或逗号隔开。逗号表示下一个字符在下一个格式区开始输出；分号表示下一个字符紧随前一个字符输出。

④ 用逗号分隔叫标准格式，用分号分隔叫紧凑格式。

⑤ 对于紧凑格式，当输出数值数据时，由于数值数据前有符号位，后有空格，所以不会在读取文件时产生麻烦；对于字符数据，由于字符数据间没有空格，则会使字符数据连在一起，在读文件时，使字符数据无法分开。此时，可以人为地插入逗号等符号。

⑥ Print 语句的任务是将数据送到缓冲区，数据由缓冲区到文件的操作是由文件系统完成的。

⑦ 执行 Print 语句后，数据并没有立即写入文件，而是保存在缓冲区中。当满足关闭文件（Close）、缓冲区满、缓冲区未满但执行了下一个 Print 语句三个条件之一时才写入文件。

（3）顺序文件的 Write 写语句

格式：Write #文件号, [表达式表]

功能：将数据写入顺序文件。

说 明

① 表达式表为要写入文件的数值表达式或字符串表达式。

② 省略表达式表，在文件号后加一个逗号会将一个空行输入到文件中。

③ 多个表达式之间用逗号分隔。

④ 输出语句在数据项之间自动插入“,”，并给字符串加上双引号，当最后一项被写入后，自动插入新行。

⑤ 用 Write 语句写入文件的数据以紧凑格式存放。

⑥ 用 Wirte 语句写入文件的正数前面没有空格。

⑦ 用 Wirte 语句把数据写入用 Lock 语句限定的文件中时，会发生错误。

例如：

```
Stuname$="liuming" : Stunum$="19711126"
Open "data.dat" For Output As #1
Write #1,Stuname$,Stunum$
Close #1
```

（4）顺序文件的 Input #读语句

格式：Input #文件号,变量表

功能：从一个顺序文件中读出数据项，并把这些数据项赋给变量表中的变量。

说 明

① 文件号：一个整型表达式，为用 Open 语句打开文件时使用的文件号。

② 变量表：由一个或多个变量组成，这些变量可以是数值变量、字符串变量、数组元素等，从文件中读取的数据赋给这些变量。

③ 文件中数据项的类型应与 Input #语句中变量的类型匹配。

④ Input #语句在读取数据时，若读取的数据赋给数值变量，将忽略前导空格、回车或换行符，把遇到的第一个非空格、非回车和换行符作为数值的开始，遇到空格、回车或换行符则认为数值结束。对于字符串数据，同样忽略开头的空格、回车或换行符。

【例 10.2】 在“d:\data.txt”文件中有 100 个数据，读取这 100 个数据，并求和。

程序代码如下：

```
Dim num As Integer,sum As Integer
Open "d:\data.txt" For Input  As #1
sum=0
For i=1 to 100
    Input #1,num
    sum=sum+num
Next i
Print "sum=",sum
Close #1
```

（5）顺序文件的 Line Input 读语句

格式：Line Input #文件号,字符串变量

功能：从顺序文件中读取一个完整的行，并把它赋给一个字符串变量。

说 明

① 字符串变量可以是一个字符串变量名，也可以是一个字符串数组元素名，用来接收从顺序文件中读出的字符行。

② Line Input 语句读取顺序文件中一行的全部字符，直到遇到回车符结束。

③ Line Input 语句可以读取任何以 ASCII 码存放的磁盘文件。

④ Line Input 语句可以用于随机文件。

⑤ 用 Line Input 语句读取文件中数据时，常用 EOF 函数作为测试文件读取是否结束的条件。

【例 10.3】 逐行读取文件 he.txt 的内容，并输出。

程序代码如下：

```
Dim strname As String
Open "d:\he.txt" For Input As #1
While NOT EOF(1)
    Line Input #1, strname
    Print strname
Wend
Close #1
```

（6）顺序文件的 Input$读函数

格式：Input$（n,[#]文件号）

功能：返回从指定文件中读出的 n 个字符的字符串，即该函数可以从数据文件中读取指定数目的字符。

说 明

① n 是读取字符的数目；文件号指定要读取数据的文件的文件号。

② Input$函数执行“二进制输入”，它把一个文件作为非格式的字符流来读取（和 C 语言中文件操作有些类似）。

③ 该函数读取字符时，不以回车－换行符作为一次输入操作的结束标志。

④ 该函数适用于从文件中读取单个字符或读取一个二进制或非 ASCII 码文件。

【例 10.4】 读取“d:\he.txt”文件中的所有内容存储到 str 变量中。

程序代码如下：

```
Open "d:\he.txt" For Input As #1      ' 用文件号 1 打开文件
Str$=Input$(LOF(1),1)                 ' 把整个文件内容读入 str$变量中
Close #1                              ' 关闭文件
```

（7）顺序文件的关闭

格式：Close 或 Close #文件号

功能：关闭所有文件或指定文件号的文件。

10.2.2 随机文件

1. 随机文件特点

随机文件由记录组成，每个记录都有一个确定的记录号，并且记录是定长的，即各条记录的长度是一样的。在对随机文件进行操作时，通常需要定义一个记录类型，该记录类型与随机文件的记录相匹配。记录的长度是构成记录的各个字段的长度之和。随机文件以记录为单位进行操作。

2. 记录类型

（1）记录类型定义格式

格式：

　　Type 数据类型名

数据类型元素名　As　类型名
数据类型元素名　As　类型名
……
End Type

说 明

① 记录类型中的元素若为字符串类型，必须是定长字符串类型，即字符串类型为 String*n 格式。
② 记录类型定义必须放在模块（窗体模块或标准模块）的声明部分，若放在窗体模块中，必须为 Private 类型。

（2）记录类型变量的定义格式
格式：Dim　变量名　As　记录类型名
功能：定义了一个记录类型的变量。
（3）记录类型变量成员的引用
格式：变量名.元素名
功能：引用记录类型变量的成员变量。
（4）记录长度计算
使用 Len 函数可以得到记录的实际长度，即：记录长度＝Len（记录类型变量）。

3. 随机文件的读写操作

随机文件写操作的操作步骤为：打开随机文件、将内存中数据写入文件、关闭文件。随机文件读操作的操作步骤为：打开随机文件、读文件、关闭文件。下面分别介绍读写操作使用的语句。
（1）随机文件的打开语句
格式：Open　文件名　For Random As #文件号　[Len=记录长度]
功能：打开随机文件，既可用于写操作，也可用于读操作。

说 明

记录长度等于各个字段长度之和，以字符为单位。若省略“Len=记录长度”，则记录默认长度为 128 字节。

（2）随机文件的写操作语句
格式：Put #文件号, [记录号], 变量
功能：将“变量”的内容写入由“文件号”所指定的磁盘文件中。

说 明

① 变量：是除对象变量外的任何变量（包括含有单个数组元素的下标变量），一般用记录类型变量。
② 记录号：其取值范围为 1～(2^{31}-1)，即 1～2147483647。对于随机文件，“记录号”是需要写入的编号。若省略“记录号”，则写到下一个记录位置，即最近执行 Get 或 Put 语句后或由最近的 Seek 语句所指定的位置。省略“记录号”后，逗号不能省略。

③ 若所写的数据的长度小于在 Open 语句的 Len 子句中所指定的长度，Put 语句仍然在记录的边界后写入后面的记录，当前记录的结尾和下一个记录的开头之间的空间用文件缓冲区现有的内容填充。由于填充数据的长度无法确定，故最好使记录长度和要写的数据的长度一致。

④ 若要写入的变量是一个变长字符串，则除写入变量外，Put 语句还写入两个字节的一个描述符。因此由 Len 子句所指定的记录长度至少应比字符串的实际长度多两个字节。

⑤ 若要写入的变量是一个可变数值类型变量（VarType 值 0～7），则除写入变量外，Put 语句还要写入两个字节用来标记变体变量的 VarType。因此在 Len 子句中指出的记录长度要比存放变量所需长度多两个字节。

⑥ 若写入的是字符串变体（VarType 8），则 Put 语句要写入两个字节标记 VarType，两个字节标记字符串长度。因此由 Len 子句指定的记录长度要比字符串实际长度多 4 个字节。

⑦ 若写入的是其他类型的变量（即非变长字符串或变体类型），则 Put 语句只写入变量内容，由 Len 子句所指定的记录长度应大于或等于所要写的数据的长度。

（3）随机文件读操作语句

格式：Get #文件号, [记录号], 变量

功能：把由“文件号”指定的磁盘文件中的数据读到“变量”中。

说 明

① 记录号：是要读取的记录的编号。若省略“记录号”，则读取下一个记录，即最近执行 Get 或 Put 语句后的记录，或由最近 Seek 函数指定的记录。省略“记录号”后，逗号不能省略。

② 其他规则同 Put 语句规则。

（4）随机文件的关闭操作语句

格式：Close #文件号　或　Close

功能：关闭文件号指定的文件或关闭所有打开的文件。

（5） 与随机文件有关的几个操作方法

① 从随机文件中读取数据。

- 顺序读取法：由于顺序读取法不能直接访问任意指定的记录，因而速度慢。
- 通过记录号读取：通过记录号可以直接访问文件中任一个记录，从而可以大大提高访问速度。

② 随机文件中记录的增加。即在文件的末尾附加记录。增加记录的方法是先找到文件最后一个记录的记录号，然后把要增加的记录写到它的后面。

③ 随机文件中记录的删除。删除记录的方法是把下一个记录重写到要删除的记录的位置上，其后的所有记录依次前移，同时其总记录数减一。

4. 随机文件操作举例

【例 10.5】 编写一个图书信息管理程序，实现如下功能：①建立随机存取的图书信息文件；②顺序读取文件中记录并显示在窗体上；③通过记录号读取文件中的某条记录信息；④在文件中增加新记录；⑤删除指定记录号的记录信息。

操作步骤如下：

1）建立图书信息记录类型，在窗体层定义时，要在 Type RecBook 之前增加 Private 关键字。

```
Type  RecBook
    BookName As String*20
    BookPublisher As String*20
    BookPrice As Integer
    BookAuthor As String*10
End Type
```

2）建立图书信息随机文件。

```
Dim Book As RecBook                                  ' 定义记录类型变量
Open "book.dat" For Random As #1 Len=Len(Book)  ' 建立随机文件 book.dat
Do                                                   ' 通过循环输入图书信息
Book.BookName=InputBox("输入书名")
Book.BookPublisher= InputBox ("输入出版社名称")
Book.BookPrice=val(InputBox ("输入图书价格"))
Book.BookAuthor= InputBox ("输入图书作者名称")
Put #1,,Book
' 通过输入 Y/N，实现继续输入数据或停止输入数据
Loop While Ucase$( InputBox ("继续吗(Y/N)"))="Y"
Close #1                                             ' 关闭文件
```

3）顺序读取文件中记录并显示在窗体上。

```
Dim Book as RecBook                                  ' 定义记录类型变量
Dim recordnum As Integer
Open "book.dat" For Random As #1 Len=Len(Book)  ' 建立随机文件 book.dat
Recordnum=Lof(1)/len(Book)                 ' 利用 Lof 函数计算文件中记录数目
For i=1 to Recordnum                       ' 通过循环读取文件中多条记录信息
Get #1,i,Book
Print Book.BookName,space(2),Book.BookPublisher,space(2),_
Book.BookPrice, Book.BookAuthor
Next i
Close #1
```

4）通过记录号读取文件中记录并显示在窗体上。

```
Dim Book as RecBook                        ' 定义记录类型变量
Dim recordnum As Integer, recordno As Integer , morerecordno As Boolean
Open "book.dat" For Random As #1 Len=Len(Book)  ' 建立随机文件 book.dat
Recordnum=Lof(1)/Len(Book)                 ' 利用 Lof 函数计算文件中记录数目
Do
    recordno=InputBox("输入记录号")
    If recordno>0 and recordno<=recordnum Then
      Get #1, recordno, Book
    Print Book.BookName, space(2), Book.BookPublisher, space(2), _
    Book.BookPrice, Book.BookAuthor
    Elseif  recordno=0 Then
      morerecordno=False
```

```
        Else
            Msgbox  "输入记录号超出范围"
        End If
    Loop While morerecordno
    Close #1
```

5）在文件中增加新记录。

```
Dim book As RecBook                          ' 定义记录类型变量
Dim recordnum As Integer                     ' 定义记录号变量
book.BookName = InputBox("输入书名")          ' 输入各字段的值
book.BookPublisher = InputBox("输入出版社名")
book.BookPrice = Val(InputBox("输入图书价格"))
book.BookAuthor = InputBox("输入作者名")
Open "book.dat" For Random As #1 Len = Len(book)  ' 打开数据文件
recordnum = LOF(1) / Len(book)               ' 计算文件中的记录数目
Seek #1, recordnum + 1                       ' 记录指针定位于文件尾
Put #1, , book                               ' 把记录类型变量中的数据写入数据文件
Close #1                                     ' 关闭文件，把数据保存到磁盘文件中
```

6）删除文件中指定记录。

```
Dim book As RecBook
Dim recordno As Integer, recordnum As Integer
recordno = Val(InputBox("输入删除的记录号"))
Open "book.dat" For Random As #1 Len = Len(book)
recordnum = LOF(1) / Len(book)
repeat:
Get #1, recordno + 1, book
If  Loc(1) > recordnum  Then GoTo finish
Put #1, recordno, book
recordno = recordno + 1
GoTo repeat
finish:
recordnum = recordnum - 1
Close #1
```

说 明

在随机文件中删除记录时，并不是真正删除记录，而是把下一条记录重写到要删除的记录的位置上，其后的记录依次前移，使最后两条记录的内容是完全相同的，即最后一个记录是多余的。

10.2.3 二进制文件

文件的二进制访问是将文件中每个字节视为 8 位二进制码，由程序设计者来使用和转换这些二进制码。在二进制的访问模式下，程序设计者可以在任何时候、任意指定位置读出或写入任何文件类型中的一个字节数据，给程序的设计人员提供了很大的方便。

二进制文件的操作方法和随机文件的访问很类似，区别只在于前者以字节为单位进行读写，而后者以记录为单位进行读写。

（1）用二进制访问模式打开文件使用 Open 命令

格式：Open　<文件名>　For　Binary　As [#]　<文件号>

功能：打开或创建一个二进制文件。

（2）二进制访问模式读写操作

① 对二进制文件的写操作同随机文件，即用 Put 语句。

格式：Put #<文件号>，[<字节位置>]，<变量名>

功能：把“变量”存储的内容写入文件号指定的磁盘文件中。

② 如同随机文件的访问模式一样，二进制文件的读操作也用 Get 命令。

格式：Get [#]<文件号>，[<字节位置>]，<变量名>

功能：将文件号指定的文件中的内容读入对应的变量中。

尽管二进制访问模式提供了很大的灵活性，但由于读写操作时使用的是 Byte 类型的数据，会增加编程的复杂性，使用时一定要小心。以二进制模式访问文件是以字节为单位的，二进制模式允许用户读写文件的任何字节。

10.3　文件系统控件

在应用程序中经常需要显示关于磁盘驱动器、目录和文件的信息。VB 为使用户能够利用文件系统显示这些信息，提供了两种方法：可以使用由 CommonDialog 控件提供的标准对话框，或者使用驱动器列表框控件（DriveListBox）、目录列表框控件（DirListBox）、文件列表框控件（FileListBox）这三种特殊的控件组合创建自定义对话框。

10.3.1　驱动器列表框

驱动器列表框（DriveListBox）是下拉式列表框。默认时在用户系统上显示当前驱动器。当该控件获得焦点时，用户可输入任何有效的驱动器标识符，或者单击驱动器列表框右侧的三角按钮。用户单击三角按钮时将列表框下拉以列举所有的有效驱动器。若用户从中选定新驱动器，则这个驱动器将出现在列表框的顶端。

1. 驱动器列表框图标和功能

图标：，在工具箱中存在，是标准控件。

功能：程序运行时，驱动器列表框下拉显示系统所拥有的驱动器名称。一般情况下，只显示当前的磁盘驱动器名称。当单击列表框右端向下的三角按钮，则把计算机所有的驱动器名称全部下拉显示出来，如图 10-1 所示。

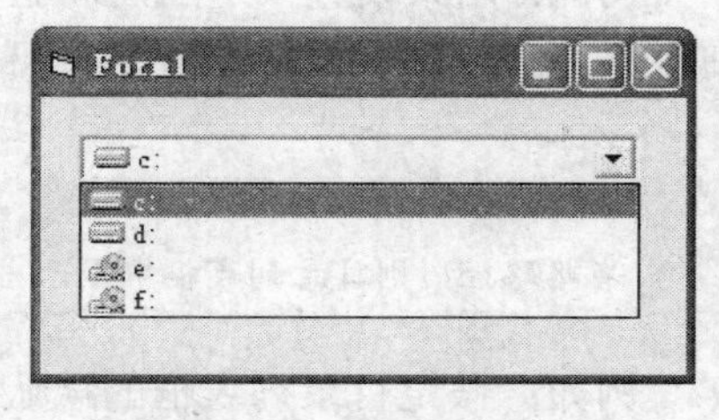

图 10-1　驱动器控件

默认名称：驱动器列表框的默认名称为 Drive1。

2. 驱动器列表框属性

Drive 属性是驱动器列表框的常用属性。

格式：驱动器列表框名称.Drive[=驱动器名]

功能：用来设置或返回所选择的驱动器名。该属性只能在程序代码中设置，不能通过属性窗口设置。

说 明

驱动器名是指定的驱动器，若省略，则 Drive 属性值是当前驱动器名。

3. 驱动器列表框常用事件

设置 Drive 属性时，将引发驱动器列表框的 Change 事件。每当用户在驱动器列表框的下拉列表中选择一个驱动器，或者输入一个合法的驱动器符，Change 事件就会发生，并运行 Change 事件过程。

10.3.2 目录列表框

目录列表框（DirListBox）从最高层目录开始显示用户系统上的当前驱动器目录结构。刚建立时显示当前驱动器的顶层目录和当前目录。顶层目录用一个打开的文件夹图标表示，当前目录用一个加了底纹的文件夹图标表示，如图 10-2 所示，当前目录下的子目录用闭合的文件夹图标表示。在目录列表框中只能显示当前驱动器上的目录。要显示其他驱动器上的目录，必须改变路径，即重新设置目录列表框的 Path 属性。

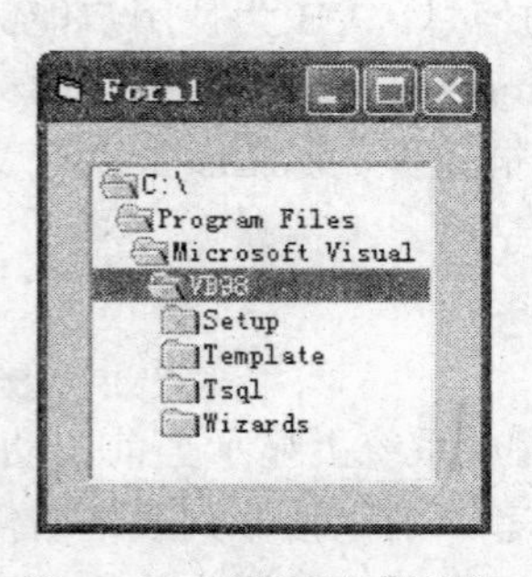

图 10-2 目录列表框控件

1. 目录列表框图标和功能

图标：，在工具箱中存在，是标准控件。

功能：用来显示当前驱动器上的目录结构。

默认名称：目录列表框的默认名称为 Dir1。

2. 目录列表框属性

（1）Path 属性

格式：[窗体.]目录列表框.Path[="路径"]

功能：用来设置或返回当前驱动器的路径，该属性适用于目录列表框和文件列表框。该属性只能在程序代码中设置，不可在属性窗口中设置。

说 明

省略路径，则目录列表框中显示当前路径；否则，显示设置路径名称下的目录结构。

例如：假定目录列表框的默认名为 Dir1，可用下面的赋值语句改变当前目录：

```
Dir1.Path="C:\Program Files\Microsoft Visual Stdio\VB98"
```

注 意

在运行时，单击目录列表框中的某一目录项时，该目录项就被突出显示。只有双击目录列表框中某一目录时，该目录项的路径被赋给了 Path 属性，这个目录项就变为当前目录。

改变驱动器列表框中的当前驱动器，目录列表框将同步随之变化，显示出该驱动器上的目录内容。下面的语句可以实现这个同步变化。

```
Dir.Path=Drive1.Drive
```

（2）ListIndex 属性

功能：ListIndex 属性返回或设置控件中选择项目的索引。由 Path 属性指定的当前目录的 ListIndex 属性值总为-1；其下级子目录依次为 0，1，2，…；其上级目录则依次为-2（当前目录的父目录）、-3（当前目录父目录的父目录）等；可用它标识单个目录。

例如，对于图 10-2，有：

```
Dir1.List(-1)代表当前目录，即 VB98
Dir1.List(0)为目录 Setup
Dir1.List(1)为目录 Template
Dir1.Path=Dir1.List(-2)      ' 指定当前目录的上一级目录
Dir1.Path=Dir1.List(0)       ' 指定当前目录的下一级目录的第一个目录
```

（3）ListCount 属性

功能：返回当前扩展目录下的目录数目。

例如：在图 10-2 中，当前目录为 VB98，该目录下有 4 个文件夹，所以 Dir1.ListCount 的值为 4。

3. 目录列表框常用事件

当改变 Path 属性时，将引发目录列表框的 Change 事件。当用户双击目录列表框中的目录项，或在程序代码中通过赋值语句改变 Path 属性值，均会触发 Change 事件。

10.3.3 文件列表框

文件列表框（FileListBox）控件用来显示 Path 属性指定的目录中的文件并列举出来，供用户选择。可以使用该控件显示所指定文件类型的文件列表。默认情况下，文件列表框控件显示当前文件夹中的所有文件，如图 10-3 所示。

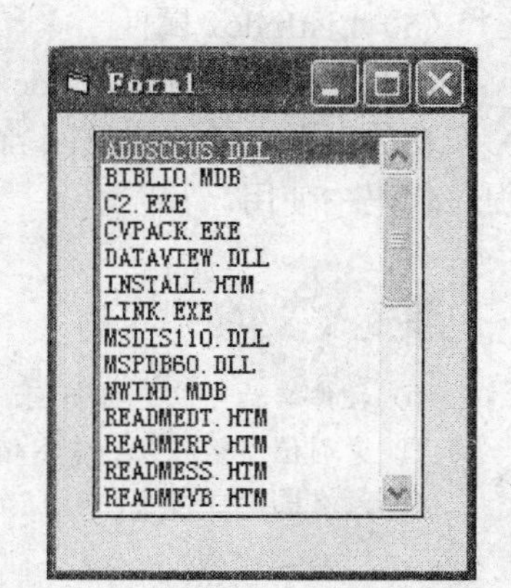

图 10-3 文件列表框控件

1. 文件列表框控件图标和功能

图标：，在工具箱中存在，是标准控件。

功能：用来显示当前目录下的文件。

默认名称：文件列表框控件的默认名称为 File1。

2. 文件列表框属性

（1）Path 属性

功能：用于返回和设置文件列表框当前目录，设计时不可用。

说 明

当 Path 的值改变时，会引发一个 PathChange 事件。

（2）Pattern 属性

格式：文件列表框名.Pattern[=属性值]

功能：用来设置在执行时要显示的某种类型的文件，它可在属性窗口设置，也可在程序代码中设置。

说 明

默认情况下，即省略属性值时，Pattern 属性值为*.*，即所有文件。

触发事件：当改变 Pattern 属性时，将触发 Pattern_Change 事件。

例如，Pattern 属性值为“*.txt”，则文件列表框中显示文本类型文件。

（3）FileName 属性

格式：文件列表框名.FileName[=文件名]

功能：用来在文件列表框中设置或返回某一选定的文件名称。

说 明

文件名可以带路径或通配符。

（4）ListCount 属性

格式：控件名称.ListCount

功能：返回控件内所列项目的总数。该属性只能在程序代码中使用。

说 明

该属性可以用于组合框、驱动器列表框、目录列表框和文件列表框。

（5）ListIndex 属性

格式：控件名称.ListIndex[=索引值]

功能：用来设置或返回当前控件上所选择的项目的“索引值”（即下标）。该属性只能在程序代码中使用。

说 明

① 控件名称可以是组合框、列表框、驱动器列表框、目录列表框和文件列表框。
② 索引值：第一项的索引值为 0，第二项的索引值为 1，依此类推。
③ 没有选中任何项，则 ListIndex 的值为 -1。

（6）List 属性

格式：控件名称.List（索引）[=字符串表达式]

功能：用来设置或返回列表框中的某一项目。

说 明

① 控件名称可以是组合框、列表框、驱动器列表框、目录列表框和文件列表框。

② List 属性是一个存有文件列表框中所有项目的数组。
③ 索引是某种列表框控件中项目的下标（从 0 开始，到 ListCount-1 结束）。

3. 文件列表框常用事件

（1）DblClick 事件

在文件列表框中双击文件，触发 DblClick 事件。

【例 10.6】 在文件列表框中双击可执行文件，使程序执行。

程序代码如下：

```
Sub File1_DblClick( )
    Dim Fname As String
    If Right(file1.path,1) ="\"  Then
       Fname=file1.path & file1.filename
    Else
       Fname=file1.path & "\" & file1.filename
    End If
       RetVal = Shell(Fname, 1)   ' 执行程序
End Sub
```

（2）Click 事件

在文件列表框中单击文件，触发 Click 事件。

【例 10.7】 单击文件列表框中的文件名，并输出文件名。

程序代码如下：

```
Sub filFile_Click( )
   MsgBox filFile.FileName
End Sub
```

（3）PatternChange 事件

当文件的列表样式，如："*.*"，被代码中对 FileName 或 Path 属性的设置所改变时，此事件发生。

说 明

可使用 PatternChange 事件过程来响应在 FileListBox 控件中样式的改变。

（4）PathChange 事件

当路径被代码中 FileName 或 Path 属性的设置所改变时，此事件发生。

说 明

可使用 PathChange 事件过程来响应 FileListBox 控件中路径的改变。当将包含新路径的字符串给 FileName 属性赋值时，FileListBox 控件就调用 PathChange 事件过程。

10.3.4 应用举例

利用驱动器列表框、目录列表框、文件列表框可以实现文件的选择。三个控件的联合操作称为同步操作。同步操作是指当改变驱动器列表框中的驱动器名后，目录列表框中的目录

应随之变为该驱动器上的目录。在目录列表框中改变目录名后，则在文件列表框中的文件应随之变为该目录下的文件。

【例 10.8】 驱动器列表框、目录列表框、文件列表框的同步操作。

（1）程序界面设计

新建工程，在窗体中添加 1 个驱动器列表框控件、1 个目录列表框控件、1 个文件列表框控件。界面布局如图 10-4 所示。

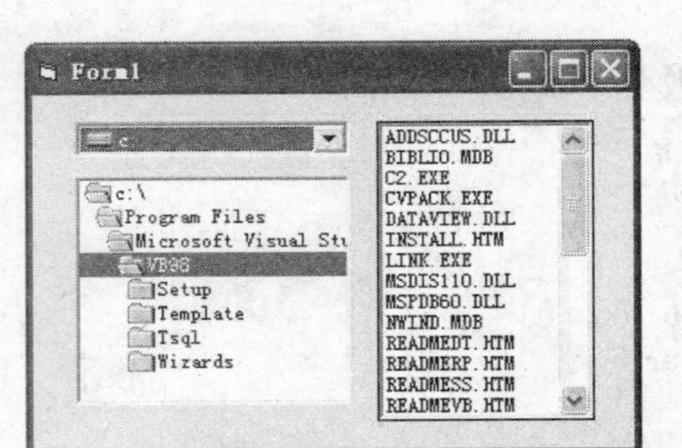

图 10-4 同步操作窗口布局

（2）代码设计

```
'文件列表框和目录列表框同步代码
Private Sub Dir1_Change()
  File1.Path = Dir1.Path
End Sub
'目录列表框同驱动器列表框同步代码
Private Sub Drive1_Change()
  Dir1.Path = Drive1.Drive
End Sub
```

【例 10.9】 利用文件系统控件、组合框、文本框，制作一个文件浏览器，如图 10.5 所示。在组合框中选择文件类型，则在文件列表框中显示相应类型的文件；在文件列表框控件中双击文件，则文件的内容显示在文本框控件中。

（1）程序界面设计

新建工程，在窗体中添加 1 个驱动器列表框控件 Drive1、1 个目录列表框控件 Dir1、1 个文件列表框控件 File1、1 个组合框控件 Combo1、1 个文本框控件 Text1。界面布局如图 10-5 所示，属性设置如表 10-8 所示。

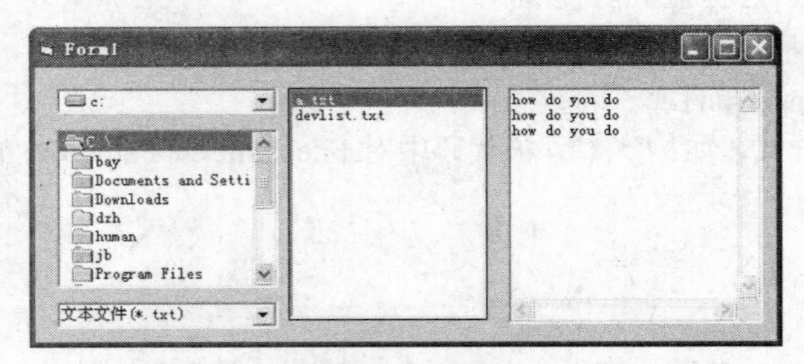

图 10-5 程序窗口

表 10-8 控件属性

控 件	属 性	值
驱动器列表框 1	Name	Drive1
目录列表框 1	Name	Dir1
文件列表框 1	Name	File1
	Pattern	*.txt
组合框 1	Name	Combo1
	List（0）	*.txt
	List（1）	*.c
	Text	*.txt

续表

控　件	属　性	值
文本框 1	Name	Text1
	Multiline	True
	ScrollBar	3

（2）代码设计

```
Private Sub Combo1_Click()
    File1.Pattern = Combo1.Text
End Sub

Private Sub Dir1_Change()
    File1.Path = Dir1.Path
End Sub

Private Sub Drive1_Change()
    Dir1.Path = Drive1.Drive
End Sub

Private Sub File1_DblClick()
    Dim s As String
    Text1.Text = ""
    Open File1.Path + "\" + File1.FileName For Input As #1
    Do While Not EOF(1)
        Line Input #1, s
        Text1.Text = Text1.Text + s + Chr(13) + Chr(10)
    Loop
    Close #1
End Sub
```

10.4　文件与目录操作函数和语句

文件与目录的管理操作在程序设计中应用比较广泛。经常需要对文件或目录进行各种操作。对文件与目录的操作是指文件与目录的复制、移动、删除、改名、设置属性、改变当前目录、当前驱动器等操作。在 VB 中提供了操作文件或目录的函数和语句。

与文件有关的语句有 Kill、FileCopy、Name 等，与目录有关的语句和函数有 Name、ChDir、ChDrive、MkDir、RmDir、CurDir 等。下面分别介绍这些语句或函数。

1. 删除文件（Kill 语句）

格式：Kill　文件名
功能：用于删除指定的文件。

说　明

文件名可以包含路径，且文件名要用双引号括起来。

例如：

```
Kill "c:\hi.txt"
```

2. 拷贝文件（FileCopy 语句）

格式：FileCopy 源文件名, 目标文件名
功能：用于把源文件内容复制到目标文件中，复制后两个文件的内容完全相同。

说明

源文件名和目标文件名可以包含路径，且文件名要用双引号括起来。

例如：

```
FileCopy "c:\hi.txt", "d:\he.txt"
```

3. 文件（目录）重命名（Name 语句）

格式：Name oldpathname As newpathname
功能：重新命名一个文件或目录，或移动一个文件的存储位置。

说明

Name 具有移动文件的功能；不能使用通配符“*”和“?”，不能对一个已打开的文件使用 Name 语句。

例如：

```
Name "c:\hi.txt" As "he.txt"
```

4. ChDir

语法：ChDir Path
功能：改变当前的目录或文件夹。

说明

Path 是用双引号括起来的字符串。

例如：

```
ChDir "D:\TMP"
```

5. ChDrive 语句

格式：ChDrive drive
功能：改变当前驱动器。

说明

如果 drive 为""，则当前驱动器将不会改变；如果 drive 中有多个字符，则 ChDrive 只会使用首字母。

6. MkDir 语句

格式：MkDir　path
功能：创建一个新的目录。

7. RmDir 语句

格式：RmDir　path
功能：删除一个存在的目录。

说 明

只能删除空目录。

8. CurDir 函数

格式：CurDir[（drive）]
功能：利用 CurDir 函数可以确定任何一个驱动器的当前目录。

说 明

如果 drive 为""，则 CurDir 返回当前驱动器的当前目录。

9. FileDateTime 函数

格式：FileDateTime（pathname）
功能：返回一个日期型数据，为文件被创建或最后修改后的日期和时间。

10. GetAttr 函数

格式：GetAttr（pathname）
功能：返回一个 Integer，为一个文件、目录、文件夹的属性。

11. FileLen 函数

格式：FileLen（pathname）
功能：返回一个文件的长度，单位为字节。

12. Dir 函数

格式：Dir[（pathname[,attributes]）]
功能：返回一个 String 类型值，用以表示一个文件名、目录名或文件夹名称。

13. SetAttr 命令

格式：SetAttr PathName, Attributes
功能：为一个文件设置属性信息。
例如：

```
SetAttr "test", vbHidden
```

10.5 文件系统对象模型编程

在编程中，经常需要对文件系统中的驱动器、文件夹和文件进行处理，比如收集驱动器的相关信息；创建、添加、移动或删除文件夹和文件等。Visual Basic 的一个新功能是 File System Object （FSO） 对象模型，该模型提供了一个基于对象的工具来处理文件夹和文件。这使编程者除了使用传统的 Visual Basic 语句和命令之外，还可以使用 FSO 对象模型来处理文件夹和文件。

10.5.1 文件系统对象模型简介

文件系统对象模型就是 File System Object（FSO）对象模型，它提供了一个基于对象的工具来处理驱动器、文件夹和文件，使编程者可以使用所熟悉的带有一整套属性、方法、事件的 Object.Method 语法来处理文件夹和文件。

FSO 对象模型使应用程序能够创建、改变、移动和删除文件夹，或检测是否存在指定的文件夹，也可获得文件夹信息，例如名称、创建日期或最近修改日期等。

FSO 对象模型使得对文件的处理变得更加简单。在处理文件时，首要目标就是以一种可以有效利用空间和资源、并且易于存取的格式来存储数据。需要能够创建文件、插入和修改数据、以及输出（读）数据。虽然可以将数据存储在诸如 Jet 或 SQL 这样的数据库中，但是这样做将在应用程序中加入相当大的额外开支。出于多种原因，不想有这样的额外开支，或者数据存取要求不需要用一个与全功能数据库关联的所有额外功能。在这种情况下，用二进制或文本文件来存储数据是最有效的解决方法。FSO 对象模型尚不支持创建随机文件或二进制文件。

FSO 对象模型包含在 Scripting 类型库（Scrrun.dll）中。引用 Scripting 类型库可以从“工程”菜单中选择“引用”命令打开“引用”对话框，在该对话框中勾选“Microsoft Scripting Runtime”复选框，如图 10-6 所示，单击对话框中的“确定”按钮即可。要查看该类型库中的对象、集合、属性、事件、方法及常数可以通过“对象浏览器”实现，如图 10-7 所示。

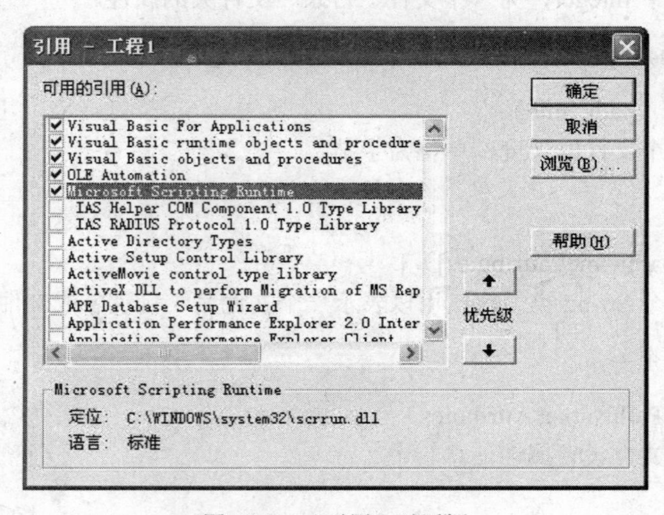

图 10-6 “引用”对话框

图 10-7　“对象浏览器”窗口

10.5.2　文件系统对象

FSO 对象模型包括下列对象。

1）Drive 对象：允许收集关于系统所用的驱动器的信息，诸如驱动器有多少可用空间，其共享名称是什么等信息。

2）Folder 对象：允许创建、删除或移动文件夹，查询文件夹信息。

3）Files 对象：允许创建、删除或移动文件，查询文件信息。

4）FileSystemObject 对象：对象模型的主要对象，提供一套用于创建、删除、收集相关信息、以及通常的操作驱动器、文件夹、文件的方法。因此我们既可以通过 FileSystemObject 对象来对驱动器、文件夹和文件进行大多数操作，也可以通过对应的驱动器、文件夹或文件对象对这些对象进行操作。FSO 模型通过两种方法实现对同一对象的操作，其操作效果是相同的，提供这种冗余功能的目的是为了实现最大的编程灵活性。

5）TextStream 对象：允许读写文本文件。

10.5.3　使用 FSO 对象编程

使用 FSO 对象模型编程时，必须首先引用该对象模型。引用方法如图 10-6 所示。

FSO 对象模型编程的主要任务如下。

1）使用 CreatObject 方法或将一个变量声明为 FileSystemObject 对象类型来创建一个 FileSystemObject 对象。

2）对新创建的对象使用适当的方法。

3）访问该对象的属性。

1. FileSystemObject 对象

使用文件系统对象编程，首先需创建一个 FileSystemObject 对象，它提供了对计算机文件系统的访问，通过使用对象方法、属性、事件才能管理驱动器、文件夹、文件等对象。

（1）创建 FileSystemObject 对象方法

① 将一个变量声明为 FileSystemObject 对象。

```
Dim myfso  As  New FileSystemObject
```

② 使用 CreateObject 方法创建对象。

```
Dim myfso As FileSystemObject
Set  myfso=CreateObject("Scripting.FileSystemObject")
```

Scripting 是类型库的名称，而 FileSystemObject 则是想要创建的实例对象的名称。

（2）访问已有的驱动器、文件、文件夹

程序代码如下：

```
Dim myfso As New FileSystemObject
Dim mydrv  As Drive,myfld  As Folder, myfile As File
Set mydrv=myfso.GetDrive("c:")
Set myfld=myfso.GetFolder("c:\windows")
Set myfile=myfso.GetFile("c:\autoexec.bat")
```

（3）访问新创建的文件夹、文件对象

程序代码如下：

```
Dim myfso As FileSystemObject
Dim myfld As Folder
Dim myfile As TextStream
Set myfso=CreateObject("scripting.FileSystemObject")
Set myfld=myfso.CreateFolder("c:\dddd")
Set myfile=myfso.CreateTextFile("c:\a.txt")
```

（4）访问对象属性

程序代码如下：

```
Set myfil=myfso.getFile("c:\a.txt")
Print myfld.DatelastModified
```

2. 驱动器对象 Drive

对驱动器的操作主要通过 Drive 对象并配合 FileSystemObject 对象，FSO 不支持创建或删除驱动器的操作，而只允许收集关于系统所用驱动器的信息。该对象通过 12 个属性描述驱动器的信息。驱动器属性见表 10-9。

表 10-9 驱动器属性表

属 性	功 能
Availablesapce	只读属性，驱动器上用户可用空间
DriveLetter	只读属性，驱动器字母
DriveType	驱动器类型。其常数值可为 Unknown、Removable、Fixed、Remote、CDROM、RAMDisk，对应的值为 0、1、2、3、4、5
FileSystem	文件系统类型。数据类型为字符串。常用取值为 FAT、FAT32、NTFS 等
FreeSpace	只读属性，磁盘剩余空间容量
IsReady	驱动器是否准备好。数据类型为 Boolean。返回值为真或假

续表

属 性	功 能
Path	只读属性，返回指定文件夹、文件、驱动器路径
RootFolder	驱动器根文件夹
SerialNumber	返回磁盘卷标序列号
ShareName	返回驱动器共享名
TotalSize	以字节表示的驱动器总空间
VolumeName	卷标名

3. 文件夹对象 Folder

FSO 对象模型能处理文件夹的复制、移动、删除、获得文件夹的各种信息。使用文件夹对象的 15 个属性和 4 个方法，也可以返回文件夹的各种信息和对文件夹进行操作。

（1）文件夹属性

文件夹的属性如表 10-10 所示。

表 10-10 文件夹属性表

属 性	功 能
Attributes	设置或返回文件夹的属性（如：1 为只读）
DateCreated	返回指定文件夹的创建日期和时间
DateLastAccessed	返回最后一次访问文件夹的日期和时间
DateLastModified	返回最后一次修改文件夹的日期和时间
Drive	返回指定文件夹所在的驱动器符号
Files	返回文件夹中包含的文件的集合
IsRootFolder	确定文件夹是否是根目录
Name	设置或返回指定文件夹的名称
ParentFolder	返回父文件夹的名称
Path	返回文件夹的路径名
ShortName	符合早期命名约定的名称
ShortPath	符合早期命名约定的路径名称
Size	返回以字节为单位的包含在文件夹中所有文件和子文件夹的大小
SubFolders	返回包含在文件夹中的子文件夹的集合
Type	文件夹的类型描述

（2）文件夹操作方法

在文件夹的操作中，有些操作既可以通过 Folder 对象方法实现，也可以通过 FileSystemObject 对象方法实现。

① 创建文件夹，使用 FileSystemObject 对象的 CreateFolder 方法。

格式：Function CreateFolder（Path As String） As Folder

功能：创建一个文件夹。调用该方法时，如果指定的文件夹已存在，则发生一个错误。

返回值：返回创建的文件夹的对象。

说 明

Path 表示所要创建的文件夹的路径名称。

② 删除文件夹，有两种删除文件夹的方法。

方法 1：FileSystemObject 对象的 DeleteFolder 方法

格式：Sub DeleteFolder（FolderSpec As String[,Force As Boolean=False]）

功能：删除一个指定的文件夹及其内容。

说明

该方法对文件夹中有无内容不做区别，不管指定的文件夹中是否有内容，都删除。

参数说明：FolderSpec 用以指明所要删除的文件夹的名称，可以在最后的路径部分使用通配符。Force 为可选参数，如果其值为 False，则不能删除具有只读属性设置的文件夹；如果其值为 True，则表示能够删除具有只读属性设置的文件夹。Force 的默认值为 False。

方法 2：文件夹 Folder 对象的 Delete 方法

格式：Sub Delete（[Force As Boolean=False]）

功能：删除一个指定的文件夹。

说明

Force 是可选参数，如果其值为 False，则不能删除具有只读属性的文件夹；如果为 True，则可以删除具有只读属性设置的文件夹。其默认值为 False。

③ 移动文件夹，有两种方法。

方法 1：FileSystemObject 对象的 MoveFolder 方法

格式：Sub MoveFolder（Source As String,Destination As String）

功能：将一个或多个文件夹从一个地方移动到另一个地方。

说明

Source 指定一个或多个要移动的文件夹路径，该参数字符串只能在路径的最后部分中包含通配符。Destination 指定一个或多个文件夹要移动到的目标路径，该参数不能包含通配符。

方法 2：文件夹 Folder 对象的 Move 方法

格式：Sub Move（Destination As String）

功能：将一个指定的文件夹从一个地方移动到另一个地方。

说明

Destination 指明文件夹要移动到的目标，不能使用通配符。

④ 复制文件夹，有两种方法。

方法 1：FileSystemObject 对象的 CopyFolder 方法

格式：Sub CopyFolder（Source As String,Destination As String[,OverWrite As Boolean=True]

功能：将一个或多个要复制的文件夹复制到另一个地方。

说 明

Source 指定一个或多个要被复制的文件夹的字符串说明，它可以包括通配符。Destination 指定 Source 中的要被复制的文件夹复制到的位置，该参数不允许有通配符。OverWrite 表示存在的文件夹是否被覆盖。如果为真，则覆盖，否则不覆盖。默认值为 True。

方法 2：Folder 对象的 Copy 方法

格式：Sub Copy（Destination As String[,OverWrite As Boolean=True]）

功能：将一个指定的文件夹从一个地方复制到另一个地方。

说 明 

Destination 指明文件夹要被复制到的接收端的字符串，不能使用通配符。OverWrite 可选参数，表示存在的文件夹是否被覆盖。如果是 True，则文件夹被覆盖，否则文件夹不被覆盖。默认值为 True。

⑤ 检查文件夹是否存在，使用 FileSystemObject 对象的 FolderExists 方法。

格式：Function FolderExists（FolderSpec As String） As Boolean

功能：用来判断指定的文件夹是否存在。

返回值：如果返回值为 True，则指定的文件夹存在，否则文件夹不存在。

说 明 

FolderSpec 指定文件夹名称。

⑥ 获得当前文件夹名称，使用 FileSystemObject 对象的 GetAbsolutePathName 方法。

格式：Function FileSystemObject.GetAbsolutePathName（Path As String） As String

功能：从提供的路径说明中返回一个完整明确的路径，即返回一个有关该路径的从指定的驱动器根目录开始的完整目录。

说 明 

Path 指定一个路径名称。

⑦ 获得已有文件夹的对象，使用 FileSystemObject 对象的 GetFolder 方法。

格式：Function GetFolder（FolderPath As String） As Folder

功能：返回一个指定路径的 Folder 对象。

返回值：返回一个和指定路径的文件夹所对应的 Folder 对象。

说 明

FolderPath 表示一个指定文件夹的绝对或相对路径。

⑧ 获得文件夹的父文件夹名称，使用 FileSystemObject 对象的 GetParentFolderName 方法。

格式：Function GetParentFolderName（path As String） As String

功能：返回一个包含指定路径所指定的文件夹的父文件夹的名称。如果不存在，则返回

0 长度字符串，即空串。

访问一个对象，要首先用 Get 方法获得该对象的访问句柄，但如果是用 Create 函数新创建一个对象，函数会返回一个句柄到新创建的对象，这时只要设置一个变量来获取该句柄即可，不必再用 Get 方法。如：

```
Set fldr=fso.CreateFolder("C:\Temp2")。
```

4. 文件对象 File

File 对象的属性方法可以使文件的操作非常方便。

（1）文件属性

文件属性见表 10-11。

（2）文件操作方法

① 复制一个文件有两种方法。

方法 1：File 对象的 Copy 方法

格式：Sub Copy（Destination As String[,OverWrite As Boolean=True]）

功能：将一个指定的文件从一个地方复制到另一个地方。

表 10-11 文件属性表

属 性	功 能
Attributes	设置或返回文件的属性（如：1 为只读）
Datecreated	返回指定文件的创建日期和时间
Datelastmodified	返回最后一次修改文件的日期和时间
Drive	返回指定文件所在的驱动器符号
Name	设置或返回指定文件的名称
Parentfolder	返回文件所在的文件夹的名称
path	返回文件所在的路径
Shortname	符合早期命名约定的名称
Size	返回以字节为单位的文件所占的磁盘空间大小
Type	返回文件的类型描述

说 明

① Destination 指明文件要被复制到的接收端的字符串，不能使用通配符。

② OverWrite 是可选参数，表示存在的文件是否被覆盖。如果 OverWrite 的值是 True，则文件被覆盖，否则文件不被覆盖。默认值为 True。

方法 2：FileSystemObject 对象的 CopyFile 方法

格式：Sub CopyFile（Source As String,Destination As String[,OverWirte As Boolean=True]）

功能：将一个或多个文件从一个位置复制到另一个位置。

说 明

① Source 是指明一个或多个要被复制的文件的字符串说明，可以包括通配符。

② Destination 是指明 Source 中的文件要复制到的位置说明字符串，不能包括通配符。

③ OverWrite 表示存在的文件是否被覆盖，如果为 True，则覆盖，否则不覆盖。只读属性文件不能被覆盖。

② 移动一个文件有两种方法。

方法 1：File 对象的 Move 方法

格式：Sub Move（Destination As String）

功能：将一个指定的文件从一个地方移动到另一个地方。

说 明

Destination 指明文件要移动到的目标，不能使用通配符。

方法 2：FileSystemObject 对象的 MoveFile 方法

格式：Sub MoveFile（Source As String,Destination As String）

功能：将一个或多个文件从一个地方移动到另一个地方。

说 明

① Source 表示一个或多个要移动的文件的路径，该参数只能在路径的最后部分包含通配符。

② Destination 表示一个或多个文件要移动到的目标路径，该参数不能包括通配符。

③ 删除一个文件有两种方法。

方法 1：File 对象的 Delete 方法

格式：Sub Delete（[Force As Boolean=False]）

功能：删除一个指定的文件。

说 明

Force 是可选参数，如果其值为 False，则不能删除具有只读属性的文件；如果为 True，则可以删除具有只读属性设置的文件。其默认值为 False。

方法 2：FileSystemObject 对象的 DeleteFile 方法

格式：Sub DeleteFile（FileSpec As String[,Force As Boolean=False]）

功能：删除一个或多个指定的文件。

说 明

① FileSpec 指明所要删除的文件的名称，可以在最后的路径部分中包含通配符。

② Force 为可选参数，其值为 False，则不能删除具有只读属性设置的文件；其值为 True，则能删除具有只读属性设置的文件，其默认值为 False。

④ 查找一个文件是否存在，使用 FileSystemObject 对象的 FileExists 方法。

格式：Function FileExists（FileSpec As String）　As Boolean

功能：判断指定的文件是否存在。

说 明

FileSpec 指定一个文件的名称。

⑤ 获得已有文件的 File 对象，使用 FileSystemObject 对象的 GetFile 方法。

格式：Function GetFile（FilePath As String） As File

功能：返回一个指定路径的 File 对象。

说明

FilePath 表示一个指定文件绝对或相对路径。

⑥ 从一个路径描述中获取文件名称，使用 FileSystemObject 对象的 GetFileName 方法。

格式：Function GetFileName（Path As String） As String

功能：返回指定路径中的文件名称。

说明

Path 表示一个指定文件绝对或相对的路径。

例如：

```
Dim fso New FileSystemObject
Dim str As String
Str=fso.GetFileName("d:\temp\1234.txt")
Debug.Print str        ' 返回1234.txt
```

⑦ 创建一个文件，使用 FileSystemObject 对象的 CreateTextFile 方法或 Folder 对象的 CreateTextFile 方法。两者的格式完全相同。

格式：Function CreateTextFile（FileName As String[,OverWrite As _
Boolean=True][,Unicode As Boolean=False]）As TextStream

功能：用指定的文件名来创建文件，并返回一个用于该文件读写的 TextStream 对象。

说明

① FileName 用来标识所创建的文件。

② OverWrite 为可选参数，表示存在的文件是否被覆盖，如果为 True，则覆盖，否则不被覆盖。默认值为 True。

③ Unicode 可选参数，表示文件是作为一个 Unicode 文件创建还是作为一个 ASCII 文件创建，其值为 True，则作为 Unicode 文件创建，否则作为 ASCII 文件创建。

⑧ 打开一个文件有两种方法。

方法 1：文件 File 对象的 OpenAsTextStream 方法

格式：Function OpenAsTextStream（[IOMode As IOMode=ForReading]_
[,Format As Tristate=TristateFalse]）As TextStream

功能：打开一个指定的文件并返回一个 TextStream 对象，该对象可以对文件进行读、写、追加操作。

说明

① IOMode 为可选参数，表示输入/输出方式，可为 ForReading、ForWriting 或 ForAppending 之一。

② ForReading 表示打开一个只读文件。

③ ForWriting 表示打开一个用于写操作的文件。

④ ForAppending 表示打开一个文件并写到文件的尾部。

⑤ Format 为可选参数，表示打开文件的格式；如果省略，则文件以 ASCII 格式打开。

方法 2：FileSystemObject 对象的 OpenTextFile 方法

格式：Function OpenTextFile（FileName As String[,IOMode As IOMode_=ForReading][,Create As Boolean=False][,Format As TristateFalse]）As TextStream

功能：打开一个指定的文件并返回一个 TextStream 对象。

说 明

① FileName 表示要打开的文件。

② IOMode 为可选参数，表示输入/输出方式，对应的值为 ForReading 或 ForAppending。

③ Create 为可选参数，表示如果指定的文件不存在是否可以创建一个新文件，如果值为 True，则表示创建新文件。

④ Format 为可选参数，表示打开文件的格式。

5. 文本流对象 TextStream

在编程中，需要对文件进行各种操作，这些操作既包括移动、复制和删除文件，也包括创建、添加或删除文件中的数据，以及读取文件中的数据等。前者的操作不仅可以通过 FSO 对象的某些方法实现，也可以通过 File 对象的属性和方法来实现。后者的操作也可以使用 FSO 对象的方法实现，同时，VB 也引入了 TextStream 对象来进行此类操作。利用 TextStream 对象可以方便地实现对顺序文件的读写操作。该对象不支持创建随机文件或二进制文件。

FSO 支持通过 TextStream 对象来创建和读写文本文件。使用 FSO 对象模型创建的文件对象属于顺序型的文本文件。创建文本文件的方法有三种，分别为采用 FSO 对象的 CreateTextFile、OpenTextFile 方法，File 对象的 OpenAsTextStream 方法。

（1）文件的创建

① 使用 FSO 对象的 CreateTextFile 方法，创建一个空文本文件。

```
Dim myfso As FileSystemObject,myfile As TextStream
Set myfso=CreateObject("Scripting.FileSystemObject")
Set myfile=myfso.CreateTextFile("d:\aa.txt",True)
```

② 使用 FSO 对象的 OpenTextFile 方法，并在调用中使用 ForWriting 参数。

```
Dim myfso As FileSystemObject,myfile As TextStream
Set myfso=CreateObject("Scripting.FileSystemObject")
Set myfile=myfso.OpenTextFile("d:\aa.txt",ForWriting)
```

③ 使用带 ForWriting 标志设置的 File 对象的 OpenAsTextStream 方法。

```
Dim myfso As FileSystemObject,myfile As File
Dim mytext As TextStream
Set myfso=CreateObject("scripting.FileSystemObject")
myfso.CreateTextFile "d:\aa.txt",True
```

```
Set myfile=myfso.GetFile("d:\aa.txt")
Set mytext=myfile.OpenAsTextStream(ForWriting)
```

（2）文件的打开

可以使用两种不同的方法打开文件。

① 使用 FSO 对象的 OpenTextFile 方法打开文件。

```
Dim myfso As FileSystemObject, ts As TextStream
Set myfso=CreateObject("Scripting.FileSystemObject")
Set ts=myfso.OpenTextFile("c:\text.txt",True)
```

② 使用 File 对象的 OpenAsTextStream 方法打开文件。

```
Dim myfso As FileSystemObject, f As File,ts As TextStream
Set myfso=CreateObject("Scripting.FileSystemObject")
Set f=myfso.GetFile("c:\text.txt")
Set ts=f.OpenAsTextStream(ForWriting)
```

（3）文件的读写

① 从文件中读取数据，必须以读的方式（ForReading）打开一个 TextStream。打开文件的代码如下：

```
Dim fso As FileSystemObject
Set fso=CreateObject("Scripting.FileSystemObject")
Dim myfile As TextStream
Set myfile=fso.OpenTextFile("d:\aa.txt",ForReading)
```

获得可读的TextStream对象文件后，应用TextStream对象方法从打开的文件中读取数据。读取数据的方法如下。

- Object.Read（n）：从一个 TextStream 文件中读取指定数量的字符。
- Object.Readall：读取整个 TextStream 文件。
- Object.Readline：从一个 TextStream 文件读取一整行（到换行符但不包括换行符）。

② 向文件中写入数据，必须以写的方式（ForWriting 或 ForAppending）打开一个 TextStream 对象文件。以写方式打开文件的代码如下：

```
Dim fso As FileSystemObject
Set fso=CreateObject("Scripting.FileSystemObject")
Dim myfile As TextStream
Set myfile=fso.OpenTextFile("d:\aa.txt",ForWriting)
```

获得可写的 TextStream 对象文件后，应用 TextStream 对象方法向文件写入数据。写入数据的方法如下。

- Object.Write（string）：将字符串 string 写入文件中。
- Object.Writeline（string）：在写入的字符串 string 末尾自动添加换行符。
- Object.Writeblanklines（n）：把 n 个空行写入文件中。

（4）文件光标位置

在文件操作中，文件光标的位置十分重要。当对文件进行读操作时，文件光标的设置决定了所读取的数据；当对文件进行写操作时，文件光标决定了将数据写入到文件中的哪个位置。在 TextStream 中提供了两种移动文件光标位置的方法。

- Object.Skip（n）：跳过指定数量的字符。
- Object.Skipline()：跳过下一行。

（5）关闭文件

在文件读写任务完成后，必须及时关闭文件。关闭 TextStream 对象，必须使用该对象的 Close 方法。

格式：Object.Close。

功能：关闭与指定对象关联的文件。

【例 10.10】 建立文件 test.txt，利用 TextStream 对象实现文件的打开、读写、关闭操作。

程序代码如下：

```
Dim myfso As New FileSystemObject, f As File
Dim txtfile As TextStream, ts As TextStream
Set txtfile = myfso.CreateTextFile("d:\test.txt", True)     '创建文本文件
txtfile.Close                                               '关闭文件
Set f = myfso.GetFile("d:\test.txt")
Set ts = f.OpenAsTextStream(ForWriting)                     '以写方式打开文件
ts.Write "hello world"                                      '向文件中写入数据
ts.Close
Set ts = f.OpenAsTextStream(ForReading)                     '以读方式打开文件
s = ts.ReadLine                                             '读取文件中数据
MsgBox s
ts.Close
```

10.5.4　文件系统对象应用举例

【例 10.11】 利用文件系统对象和对话框控件编写一个文本文件编辑器。利用 TextStream 对象的属性和方法实现文本编辑器的设计。

（1）程序界面设计

新建工程，在窗体中添加 1 个文本框和 5 个命令按钮、1 个通用对话框控件。界面布局如图 10-8 所示，属性设置如表 10-12 所示。

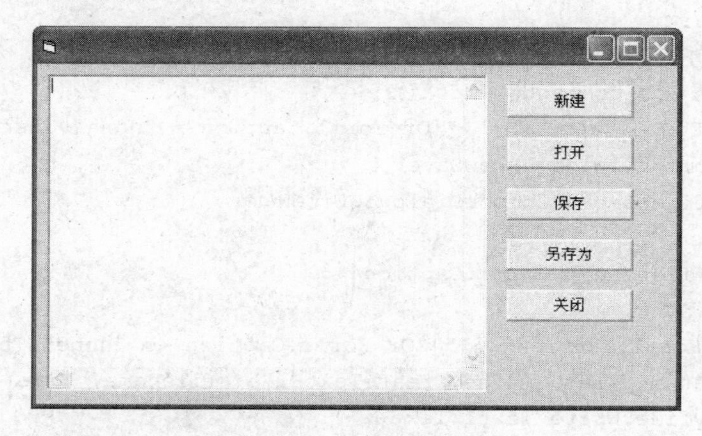

图 10-8　文本编辑器

表 10-12 控件属性值

控件名	控件属性	属性值
窗体 1	Name	Form1
	Caption	空
文本框 1	Name	Text1
	MultiLine	True
	ScrollBar	3
命令按钮	Name	Command1~command5
	Caption	分别为新建、打开、保存、另存为、关闭

（2）代码设计

```
' 定义文件系统对象和文本文件对象
Dim myfso As New FileSystemObject, myfile As TextStream, sfilename As_
String
' 编写命令按钮代码
' 新建文件
Private Sub Command1_Click()
    Text1.Text = ""
    Form1.Caption = "none"
End Sub
' 打开文件
Private Sub Command2_Click()
    CommonDialog1.ShowOpen
    sfilename = CommonDialog1.FileName
    If sfilename <> "" Then
      Text1.Text = ""
      Set myfile = myfso.OpenTextFile(sfilename, ForReading)
      Text1.Text = myfile.ReadAll
    End If
    Form1.Caption = sfilename
    myfile.Close
End Sub
' 保存文件
Private Sub Command3_Click()
    If Form1.Caption = "" Or Form1.Caption = "none" Then
      CommonDialog1.ShowSave
      sfilename = CommonDialog1.FileName
    Else
      sfilename = Form1.Caption
    End If
    If Form1.Caption <> "" Or Form1.Caption <> "none" Then
      Set myfile = myfso.CreateTextFile(sfilename, True)
      myfile.Write Text1.Text
    Form1.Caption = sfilename
    End If
```

```
    myfile.Close
End Sub
' 文件另存为
Private Sub Command4_Click()
    CommonDialog1.ShowSave
    sfilename = CommonDialog1.FileName
    If Form1.Caption <> "" Or Form1.Caption <> "none" Then
      Set myfile = myfso.CreateTextFile(sfilename, True)
      myfile.Write Text1.Text
      Form1.Caption = sfilename
    End If
    myfile.Close
End Sub
' 关闭并退出
Private Sub Command5_Click()
    End
End Sub
```

10.6　习　题

1. 选择题

（1）使用驱动器列表框的________属性可以返回或设置磁盘驱动器的名称。

A．ChDrive　　B．Drive
C．List　　D．ListIndex

（2）下面叙述中不正确的是________。

A．驱动器列表框是一种能显示系统中所有有效磁盘驱动器的列表框
B．驱动器列表框的 Drive 属性只能在运行时被设置
C．从驱动器列表框中选择驱动器能自动地变更系统当前的工作驱动器
D．要改变系统当前的工作驱动器需要使用 ChDrive 语句

（3）改变驱动器列表框的 Drive 属性值将激活________事件。

A．Change　　B．Scroll
C．KeyDown　　D．KeyUp

（4）使用目录列表框的________属性可以返回或设置当前工作目录的完整路径（包括驱动器盘符）。

A．Drive　　B．Path
C．Dir　　D．ListIndex

（5）文件列表框中用于设置或返回所选文件的路径和文件名的属性是________。

A．File　　B．FilePath
C．Path　　D．FileName

（6）App.Path 在运行时返回值是________。

A．Windows 所在目录　　B．主盘的根目录
C．应用程序所在目录　　D．VB 所在目录

（7）在 VB 中文件访问的类型有________。

A．顺序、随机、二进制　　B．顺序、随机、字符

C．顺序、十六进制、随机　　D．顺序、记录、字符

（8）关于文件访问，下面的说法正确的是________。

A．使用顺序型来打开一个文件以后，能够使用 Get 函数来输入

B．使用 Append 方式来打开一个文件时，如果文件不存在，将创建一个新的文件

C．使用 Print # 能够确保每一个数据域的完整性

D．Write# 可以在二进制方式下工作

（9）下面叙述中不正确是________。

A．顺序文件结构简单

B．能同时对顺序文件进行读写操作

C．对顺序文件中的数据的操作只能按一定的顺序执行

D．顺序文件的数据是以字符（ASCII 码）的形式存储的

（10）要以追加顺序文本方式打开 C 盘根目录下的 MyText.Txt 文件，正确的代码是________。

A．Open "C:\Mytext.Txt" For Random As #1

B．Open "C:\Mytext.Txt" For Input As #1

C．Open "C:\Mytext.Txt" For Append As #1

D．Open "C:\Mytext.Txt" For Output As #1

（11）在随机文件中________。

A．记录的内容是随机产生的　　B．记录的长度是任意的

C．记录号是通过随机数产生的　　D．可以通过记录号随机读取记录

（12）为了把一个记录型变量的内容写入文件中指定的位置，所使用的语句格式为________。

A．Get 文件号，记录号，变量名　　B．Get 文件号，变量名，记录号

C．Put 文件号，变量名，记录号　　D．Put 文件号，记录号，变量名

（13）记录类型定义语句应出现在________。

A．窗体模块　　B．标准模块

C．窗体模块、标准模块均不可以　　D．窗体模块、标准模块都可以

（14）下面叙述中不正确的是________。

A．在窗体模块中定义自定义类型时必须使用 Private 关键字

B．自定义类型中的元素类型可以是系统提供的基本数据类型或已声明的自定义类型

C．自定义类型必须在窗体模块或标准模块的通用声明段进行声明

D．自定义类型只能在窗体模块的通用声明段进行声明

（15）用 Close 语句来关闭一个不再使用的文件，当该语句不使用任何参数时，其功能是________。

A．只能关闭一个打开的文件

B．只能关闭两个打开的文件

C．有语法错误，一个文件也无法关闭

D．可以关闭任何已打开的文件

（16）当函数 EOF（）的返回值为 - 1 时，表示文件的指针指向________。

A．开头　　B．第一个记录

C．结尾　　D．最后一个记录

（17）设文件“C:\test.txt”文件的内容是：

1
2
4
5
10
25
50
100

给出下面的程序：

```
Private Sub Command1_Click()
    Dim InputData
    Open "C:\test.txt" For Input As #1
    Do While Not EOF(1)
      Line Input #1, InputData
    Loop
    Close #1
    MsgBox InputData
End Sub
```

程序最后弹出的消息对话框的内容是________。

A．什么也没有　　B．1

C．100　　D．文件的全部内容

2. 填空题

（1）在 VB 中，用于返回当前目录的函数是__________；用于设置当前目录的语句是__________；用于建立目录的语句是__________；用于删除目录的语句是__________；用于改变当前驱动器的语句是__________；用于文件复制的语句是__________；用于删除文件的语句是__________；用于设置文件属性的语句是__________；用于文件更名的语句是__________。

（2）在 VB 中，用于文件系统控制管理的 3 个控件是__________、__________和__________。

（3）如果要获得用户在驱动器列表框中所选择的驱动器，则应访问该对象的__________属性；如果要获得用户在目录列表框中所选择的目录路径，则应访问该对象的__________属性；如果要获得的是当前目录的下级目录的个数，则应访问该对象的__________属性；如果要在文件列表框中显示文件的类型，则应访问该对象的__________属性；如果要获得文件列表框中选择的文件名，则应访问该对象的__________属性。

（4）在 VB 中，顺序文件的读操作通过__________、__________语句或__________函数实现。随机文件的读写操作分别通过__________和__________语句实现。

（5）为了获得当前未被使用的文件号，可利用 VB 提供的__________函数来实现。

（6）有以下程序，它的输出将是__________。

```
Private Sub Form_Click()
    Dim x(20) As Integer
    Open "test.dat" For Output As #1
    For i = 2 To 6
      For j = 1 To i
      Print #1, j
      Next j
    Next i
    Close #1
    Open "test.dat" For Input As #2
    m = 0
    Do Until EOF(2)
      m = m + 1
      Input #2, x(m)
    Loop
    For i = 2 To m / 3
      Print x(i)
    Next i
    Close
End Sub
```

（7）有以下程序，它的输出将是__________。

```
Private Sub Form_Click()
    Dim mm(6) As Integer
    Dim k%
    Open "c:\b1.dat" For Output As #1
    For i = 1 To 6
      j = i * i * i
      Print #1, j
    Next i
    Close #1
    Open "c:\b1.dat" For Input As #2
    k = 0
    Do While Not EOF(2)
      k = k + 1
      Input #2, mm(k)
    Loop
    Close #2
    For i = k To k / 2 Step-1
      Form1.Print mm(i)
    Next i
End Sub
```

3. 编程题

（1）建立一学生成绩文件，每条记录包括学号、姓名、计算机、英语、数学，通过键盘输入数据，并将输入的数据分别保存为顺序文件、随机文件。

（2）建立一学生通信录，每条记录包括姓名、家庭地址、电话、邮编，编写程序实现数据的录入和记录的查找。

第 11 章 Visual Basic 数据库应用

本章重点

☑ 关系数据库的概念及相关术语。
☑ 结构化查询语言 SQL。
☑ 使用 Data 控件访问数据库。
☑ 使用 ADO 控件访问数据库。

本章难点

☑ 结构化查询语言 SQL。
☑ 使用 Data 控件访问数据库。
☑ 使用 ADO 控件访问数据库。

随着计算机技术、网络技术的发展，数据库技术的应用范围日益扩大。VB 在数据库方面提供了强大的功能和丰富的工具，利用 VB 可以方便、快速地开发出数据库应用系统。本章将介绍数据库的基本知识、数据库的操作方法、结构查询语言（SQL）、Data 数据控件及 ADO 数据控件等访问数据库的方法。

11.1 数据库基本知识

数据库技术是计算机科学的重要分支，数据库应用成为当今计算机应用的主要领域之一。在学习利用 VB 访问数据库之前，首先介绍数据库的基本概念和基本知识。

11.1.1 数据库基本概念

1. 数据库

数据库（Data Base，DB）是指存放数据的仓库，即以一定的组织方式存储在一起、能够为多个用户共享、且独立于应用程序的相互关联的数据集合。数据库具有数据结构化、数据共享、数据独立性等特点。

2. 数据库管理系统

数据库管理系统（Data Base Management System，DBMS）是管理数据库资源的系统软件，主要功能是对数据库进行定义、操作、控制和管理。目前比较流行的 DBMS 有 Oracle、Sybase、Informix、MS SQL Server、Visual FoxPro 和 Microsoft Access 等。

3. 数据库系统

数据库系统（Data Base System，DBS）是指在计算机系统中引入数据库后的系统，一般由数据库，数据库管理系统，支持数据库运行的软、硬件环境以及用户和数据库管理员构成。数据库系统实现了有组织地、动态地存储大量关联数据，方便了多用户访问计算机软、硬件和数据资源。

11.1.2 关系数据库

根据数据模型，数据库可以分为层次数据库、网状数据库和关系数据库。关系数据库是目前各类数据库中最重要、最流行的数据库，也是目前使用最广泛的数据库系统。本章主要讨论的是关系数据库。

1. 关系数据库的概念

按关系模型组织和建立的数据库称为关系数据库。关系数据模型的逻辑结构是一张二维表，它由行和列组成，如表 11-1 所示。一个关系数据库由若干个数据表组成，一个数据表又由若干个记录组成，而每个记录又是由若干个以字段属性加以分类的数据项组成。

表 11-1　学生基本信息表

学　号	姓　名	性　别	年　龄	班　级
20110101	王鹏	男	18	计 1101
20110102	陈红芳	女	19	计 1101
20110201	何春玲	女	19	计 1102
20110202	李晓峰	男	18	计 1102

2. 关系数据库的基本术语

1）数据表（Table）。数据表简称表，由一组数据记录组成。数据库中的数据是以表为单位进行组织的。一个表是一组相关的、按行排列的数据。

2）记录（Record）。每张数据表由若干行和列构成，其中每一行为一个记录。例如表 11-1 中包括四条记录。表中不允许出现完全相同的记录，但记录出现的先后次序可以任意。

3）字段（Field）。数据表中的每一列称为一个字段，列的名字称为字段名。数据表各字段名互不相同。列出现的顺序也可以是任意的，但同一列中的数据类型必须相同。

4）关键词（Keyword）。关系数据库中可以将某个字段或某些字段的组合定义为关键词。能够唯一区分、确定不同记录的关键词为主关键词（Primary Key）。例如在表 11-1 中，“学号”能作为唯一确定学生的关键词，而“性别”则不能作为唯一确定学生的关键词。如果关键词用于连接另一个表格，并且在另一个表中为主关键词，就称此关键词为外部关键词（Foreign Key）。

5）索引（Index）。索引实际上是一种特殊的表，其中含有关键词字段的值和指向实际位置的指针。在检索数据时，数据库管理程序首先从索引文件上找到信息的位置，再从表中读取数据，因此使用索引可以大大提高检索速度。

11.1.3 数据库应用系统的开发步骤

在利用 VB 进行数据库开发之前，应该首先了解数据库应用系统的开发步骤。

1. 应用系统的需求分析

在系统进行开发之前，开发人员应该确定系统的综合要求，包括系统的功能要求、系统的性能要求、系统的运行要求、系统的其他要求等四个方面。功能要求包括划分并描述系统必须完成的所有功能；性能要求包括响应时间、数据精确度及适应性方向的要求；运行要求主要是对系统运行时软件、硬件环境及接口的要求；其他要求包括安全保密性、可靠性、可维护性等要求。

2. 软件设计

软件设计大体上可以分为两个部分：总体设计（也称概要设计）阶段和详细设计阶段。

总体设计主要包括：设计供选择的系统实现方案，并选择确定最佳方案；软件模块的结构设计；数据库的设计；制订测试计划等。其中数据库设计是系统开发过程中非常重要的一个阶段，数据库设计的好坏直接影响了项目开发的复杂程度和系统的执行效率，在进行数据库设计时应根据应用背景和需求分析的结果，确定数据库存放哪些用户数据、数据如何存放、数据的关联、数据的安全性和一致性规则等。

详细设计主要包括：为每个模块确定采用的算法，并用适当的工具表达算法的过程，给出详细的描述；确定每一模块使用的数据结构和模块接口的细节，包括内部接口、外部接口、模块的输入、输出及局部数据等；为每个模块设计一组测试用例，以使在编码阶段对模块代码进行预定的测试等。

3. 编写应用程序

软件编程是根据各个子系统和功能模块的功能，选择合适的编程工具，把软件设计转换成计算机可以接受的程序代码，即写成以某种程序设计语言表示的“源程序清单”。

4. 测试和优化应用程序

为了保证所开发的系统的可靠性，需要对系统测试。 系统测试的主要任务是根据软件开发各阶段的文件数据和程序的内部结构，精心设计测试用例，找出软件中潜在的各种错误缺陷，并加以修改。此项工作经常需要反复多次。

5. 发行数据库和应用程序

以上所有的工作都完成后，编写应用系统的联机帮助程序和用户指南等软件文件，发行数据库和应用程序，完成系统的开发。

11.2 可视化数据管理器

在使用 VB 开发数据库应用程序时，其后台数据库可以选用任意一种格式，如 FoxPro、Paradox、SQL Server 和 Oracle 等，甚至可以是一个文本文件。数据库的建立既可以使用相应的应用程序建立，也可以使用 VB 提供的可视化数据管理器（VisData）程序建立。利用可视化数据管理器提供的接口可以方便、快捷地实现数据库的建立，数据的增、删、改、查等操作，而且不需要编写任何代码。但利用可视数据管理器操作数据库也具有一定的局限性，它不适用于大型数据库的应用。本节以 Microsoft Access 的 .MDB 数据库为例，介绍使用可视化数据管理器进行数据库操作的方法。

11.2.1 数据库的建立

1. 启动可视化数据管理器

在 Visual Basic 开发环境中选择“外接程序”菜单中的“可视化管理器”命令即可启动 VisData，如图 11-1 所示。

图 11-1 VisData 界面

2. 创建数据库

在 VisData 窗口中，选择“文件”菜单中的“新建”命令，选择“Microsoft Access 数据库”，再选择“Version 7.0 MDB（7）”，在弹出的对话框中输入数据库文件名及所要保存的路径，单击“确定”按钮，便建立相应的数据库，如 Student.mdb。利用 VisData 窗口中的“文件”菜单也可以打开已有的数据库文件。

建立数据库后的界面如图 11-2 所示。

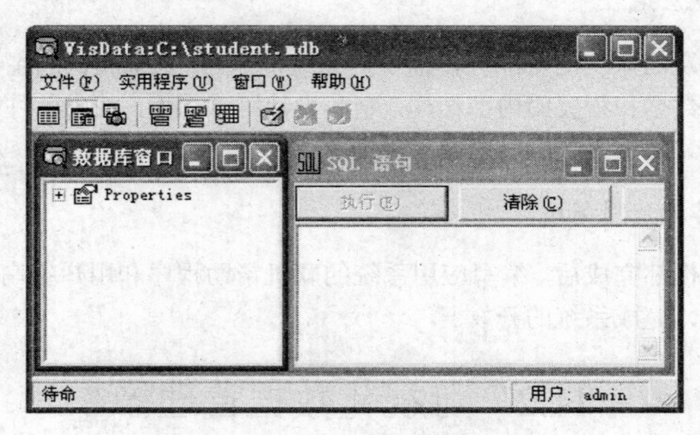

图 11-2 VisData 窗口

3. 创建数据库表

数据库只是一个“容器”，数据库中的数据存放在若干表中，因此建立数据库后，还需要创建若干表。在建表之前应首先设计表的结构，即确定表由哪些字段构成、字段的名称、字段的类型、长度等。例如，学生基本信息表的结构如表 11-2 所示。

表 11-2　学生基本信息表结构

字段说明	字 段 名	字段类型	字段长度
学号	ID	字符	8
姓名	Name	字符	10
性别	Sex	字符	1
年龄	Age	数值	
班级	Class	字符	20

设计好表的结构之后，即可利用 VisData 窗口创建表。具体操作步骤如下。

1）在 VisData 窗口的“数据库窗口”中，右击“Properties”（如图 11-2 所示），在弹出的快捷菜单中选择“新建表”命令，打开“表结构”对话框，如图 11-3 所示。

2）在“表结构”对话框中输入表名，单击“添加字段”按钮，显示“添加字段”对话框，如图 11-4 所示。

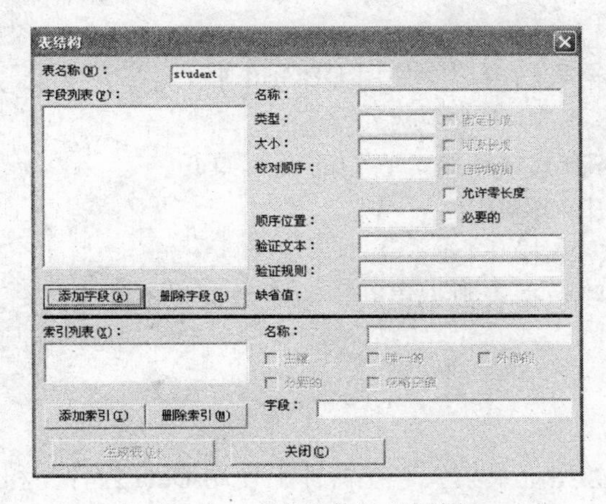

图 11-3　“表结构”对话框

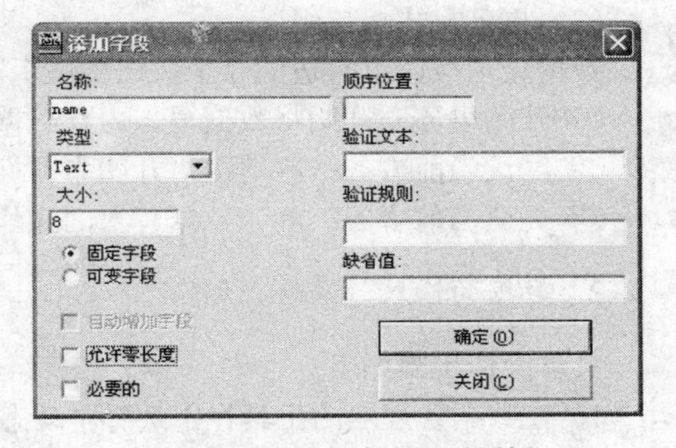

图 11-4　“添加字段”对话框

3）在“添加字段”对话框中输入字段名、字段类型、字段长度等内容，单击“确定”按钮，所输入的字段便添加到字段列表框中。以此方法，添加表中的其他字段。

4）字段添加完成后，单击“关闭”按钮，显示“表结构”对话框。

5）在“表结构”对话框中单击“生成表”按钮，所建立的表便显示在 VisData 窗口的“数据库窗口”中。

如果想删除字段，则在“表结构”对话框中选中所要删除的字段，单击“删除字段”按钮；如果想修改表结构或删除表，则在“数据库窗口”中右击所要操作的表，在弹出的快捷菜单中选择相应的操作即可。利用“表结构”对话框还可以为表建立索引。

11.2.2　数据的编辑

利用可视化数据管理器，可以方便地对表中的数据进行添加、删除、编辑等操作。

1. 数据管理器的工具栏

可视化数据管理器的工具栏由“记录集类型按钮组”、“数据显示按钮组”和“事务方式按钮组”3 部分组成，如图 11-5 所示。

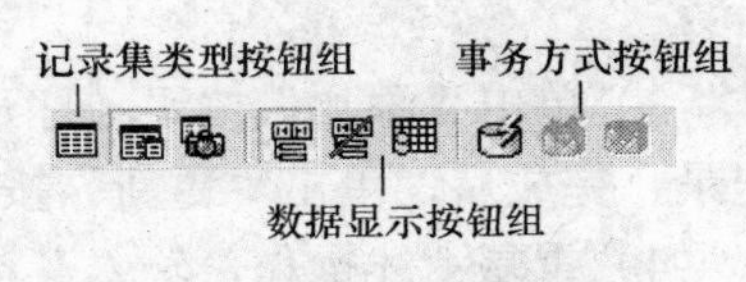

图 11-5　“数据管理器”工具栏

（1）记录集类型按钮组

记录集类型按钮组为工具栏开头的 3 个按钮，它们的说明如下。

① 表类型记录集：以这种方式打开数据表时，所进行的增、删、改等操作都将直接更新数据表中的数据。

② 动态集类型记录集：以这种方式可以打开数据表或由查询返回的数据，所进行的增、删、改及查询等操作都先在内存中进行，速度快。

③ 快照类型记录集：以这种方式打开的数据表或由查询返回的数据仅供读取而不能更改，适用于进行查询工作。

（2）数据显示按钮组

记录集类型按钮组右边的 3 个按钮构成了数据显示按钮组，它们的说明如下。

① 在窗体上使用 Data 控件：在显示数据表的窗口中使用 Data 控件来控制记录的滚动。

② 在窗体上不使用 Data 控件：在显示数据表的窗口中不使用 Data 控件，而是使用水平滚动条来控制记录的滚动。

③ 在窗体上使用 DBGrid 控件：在显示数据表的窗口中使用 DBGrid 控件。

（3）事务方式按钮组

数据显示按钮组右边的 3 个按钮构成了事务方式按钮组，它们的说明如下。

① 开始事务：开始将数据写入内存数据表中。

② 回滚当前事务：取消由“开始事务”的写入操作。

③ 提交当前事务：确认数据写入的操作，将数据表数据更新，原有数据将不能恢复。

2. 数据的输入、修改、删除

具体操作步骤如下。

1）在数据管理器的工具栏中选择“动态集类型记录集”、“在窗体上使用 Data 控件”和“开始事务”三个按钮。

2）在“数据库窗口”中双击数据表名（如：Student），或右击表名，在弹出的快捷菜单中选择“打开”命令，即出现“动态集”窗口，如图 11-6 所示。

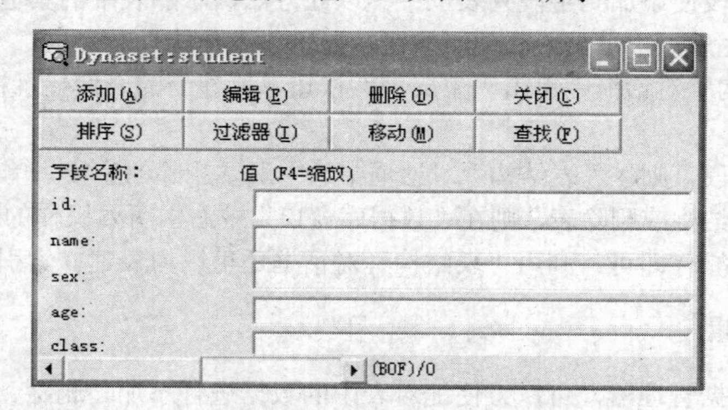

图 11-6 “动态集”窗口

3）单击“添加”按钮，打开“数据录入”窗口，如图 11-7 所示。在该窗口中输入一条记录，完成后，单击“更新”按钮返回“动态集”窗口。

4）重复上述操作，输入其他记录。全部记录输入完成后单击“关闭”按钮，输入的记录便保存到数据库中。

5）在“动态集”窗口中，利用“编辑”、“删除”等按钮可以对记录进行相应的编辑。

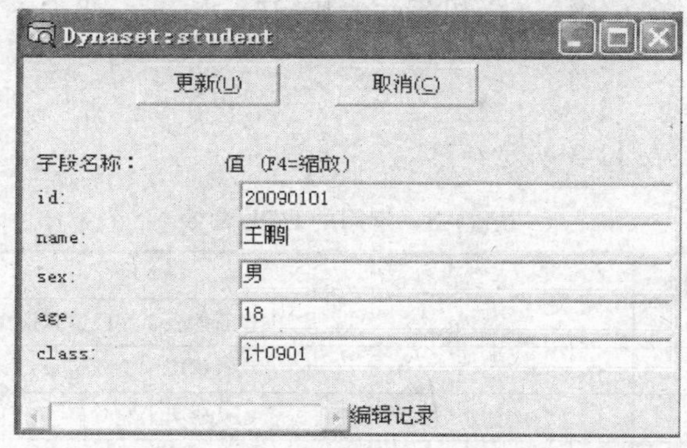

图 11-7 “数据录入”窗口

11.2.3 数据的查询

利用“动态集”窗口，可以方便地查找记录，具体操作如下。

1）在“动态集”窗口中，单击“查找”按钮，打开“查找记录”对话框，如图 11-8 所示。

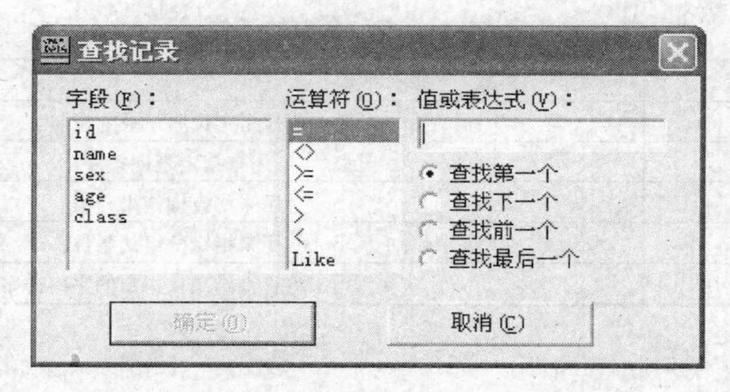

图 11-8 “查找记录”对话框

2）在对话框中选择字段、运算符，输入所要查找的记录值或表达式，单击“确定”按钮，在“动态集”窗口中便显示满足条件的记录。

3）利用“动态集”窗口中的按钮可以对找到的记录进行编辑、删除等操作。

数据的查询也可以通过 SQL 语句实现，在下一节中将作介绍。

11.3 结构化查询语言 SQL

结构化查询语言（Structured Query Language, SQL）是访问数据库的标准语言，使用 SQL 语言可以从数据库中获取数据，建立数据库和数据库对象，增加、修改数据和实现复杂的查询功能。SQL 语言是数据库系统开发的基础，本节主要介绍常用的 SQL 语句。

11.3.1 SQL 语言

SQL 是一种综合的、通用的、功能极强的关系数据库语言。它集数据查询（Query）、数据操纵（Manipulation）、数据定义（Definition）和数据控制（Control）功能于一体。

SQL 语言由命令、子句、运算符和统计函数构成。

1. 常用的 SQL 命令

常用的 SQL 命令如表 11-3 所示。

表 11-3 常用的 SQL 命令

SQL 命令	功 能
CREATE	创建新的表、字段、索引
DELETE	从数据库中删除记录
DROP	从磁盘上删除表
INSERT	在数据库中插入记录
SELECT	在数据库中查找记录
UPDATE	改变特定记录和字段的值

2. 子句

SQL 命令中经常包含子句，子句用来设置被操作对象的条件，常用的 SQL 命令子句如表 11-4 所示。

表 11-4 SQL 命令的子句

子 句	说 明
FROM	用来指定选取记录的表名
WHERE	用来指定查询条件
GROUP BY	用来将查询结果分组
HAVING	用来指定分组的条件
ORDER BY	用来将查询结果按指定的字段排序

3. 运算符

SQL 运算符有算术运算符、逻辑运算符、比较运算符和谓词运算符等。

1）算术运算符：+、－、*、/。

2）逻辑运算符：AND、OR、NOT。

3）比较运算符：=、<>、>、>=、<、<=。

4）谓词运算符：一般用在查询条件中，通过 SQL 的 WHERE 子句实现。主要的谓词运算符如表 11-5 所示。

表 11-5 主要谓词运算符

谓词运算符	说 明
IN	属于集合
BETWEEN A AND B	大于或等于 A 且小于或等于 B
LIKE	模式匹配，“%”表示匹配任意多个字符，“-”表示匹配一个字符

4. 统计函数

SQL 中常用的统计函数如表 11-6 所示。

表 11-6　统计函数

统计函数	说　明
AVG	用来获得特定字段中的值的平均数
COUNT	用来返回选定记录的个数
SUM	用来返回特定字段中所有值的总和
MAX	用来返回指定字段中的最大值
MIN	用来返回指定字段中的最小值

11.3.2　常用的 SQL 语句

1. SELECT 查询语句

在众多的 SQL 命令中，SELECT 语句应该算是使用最频繁的。SELECT 语句主要用来对数据库进行查询并返回符合用户查询标准的结果数据。

格式：

```
SELECT [ DISTINCT]〈字段列表〉
FROM 〈表名〉
[WHERE <条件表达式>]
[GROUP BY〈列名〉]
[ORDER BY〈列名〉][ASC|DESC]
```

功能：从指定的基本表或视图中，找出满足条件的记录，并对查询结果进行分组、统计、排序。

说 明

①（字段列表）可以是表的字段，也可以用“*”表示。如用“*”，则查询结果包含表的所有字段列。选项 DISTINCT 表示查询结果如有重复行的话，则去掉重复记录。

② FROM 子句给出要查找的数据来自哪些表或视图。

③ WHERE 子句的<条件表达式>，给出对表或视图中记录的查询条件。

④ GROUP BY 子句给出按<列名>的值进行分组，该列值相等的分为一组。利用此功能可以实现数据的分组统计。

⑤ ORDER BY 子句的作用是把查询结果按<列名>排序。ASC 和 DESC 分别表示升序和降序，默认为升序。

SELECT 查询语句举例：

设有以下 4 个反映学生选课和教师上课的基本表，例 11.1～例 11.12 中的操作都是基于这 4 个表。

学生(学号，姓名，性别，年龄，班级，家庭地址)
教师(工号，姓名，性别，部门，职称)
课程(课程号，课程名，任课教师，学分)
选课(学号，课程号，成绩)

以下 SQL 语句可以在 VisData 窗口的 SQL 语句窗口中进行调试。

【例 11.1】　查询全部学生的基本信息。

```
SELECT * FROM 学生
```

【例 11.2】 查询学生的学号、姓名、班级信息。

```
SELECT 学号, 姓名, 班级 FROM 学生
```

【例 11.3】 查询班级为“计 1102”班学生的学号、姓名、年龄、家庭地址信息。

```
SELECT 学号, 姓名, 年龄, 家庭地址 FROM 学生 WHERE 班级='计 1102'
```

【例 11.4】 查询年龄大于 18 岁，姓张的学生的信息，并将结果按年龄降序排列。

```
SELECT *  FROM 学生 WHERE 年龄>18 AND 姓名 LIKE '张%' ORDER BY 年龄 DESC
```

【例 11.5】 查询所有学生的课程编号为“130001”的期末成绩，并显示学生学号、姓名、课程名称、成绩。

```
SELECT 学生.学号, 学生.姓名, 课程.课程名, 选课.成绩 FROM  选课, 学生, 课程
WHERE (课程.课程号='130001' AND 学生.学号=选课.学号 AND 选课.课程号=课程.课程号)
```

说 明

SQL 可以把多个表联合起来进行查询。这种在一个查询中同时涉及两个以上的表的查询，称之为联合查询。关于多表联合查询的详细情况请参阅有关资料。

【例 11.6】 查询年龄在 18～20 岁之间的学生的姓名、年龄。

```
SELECT 姓名,年龄 FROM 学生 WHERE 年龄 BETWEEN 18 AND 20
```

【例 11.7】 查询所有姓“刘”的学生的详细情况。

```
SELECT * FROM 学生 WHERE 姓名 LIKE '刘%'
```

2. DELETE 删除语句

格式：

```
DELETE
FROM  <表名>
[WHERE  <条件>]
```

功能：DELETE 语句用于从指定表中删除满足 WHERE 子句条件的所有记录。

说 明

① 如果省略 WHERE 子句，表示删除表中的全部数据记录，注意不是删除表，表的结构定义仍在数据库中。

② DELETE 删除的是基本表中的数据，而非表的结构。

③ WHERE 子句中可插入子查询。

【例 11.8】 删除所有学生的选课记录。

```
DELETE  FROM  选课
```

【例 11.9】 删除学号为“20110101”的学生记录。

```
DELETE FROM 学生 WHERE 学号= '20110101'
```

3. UPDATE 更新语句

格式：

```
UPDATE <表名>
SET  <列名>=<表达式>[,<列名>=<表达式>]…
[WHERE  <条件>]
```

功能：用 SET 子句中给出<表达式>的值，修改指定表中满足 WHERE 子句条件的记录中相应的字段值。如果省略 WHERE 子句，则表示要修改表中所有的记录。

【例 11.10】 将学号为“20110101” 学生的班级改为“计 1102”。

```
UPDATE 学生 SET 班级 ='计 1102'  WHERE 学号='20110101'
```

【例 11.11】 修改多条记录，将所有学生的年龄加 1 。

```
UPDATE 学生 SET 年龄= 年龄 + 1
```

4. INSERT 插入语句

格式：

```
INSERT
INTO <表名> [<字段 1>[,<字段 2>]…]
VALUES(<常量 1>[,<常量 2>]…)
```

功能：将新记录插入到指定表中。

说 明

① 新记录的字段 1 的值为常量 1，字段 2 的值为常量 2，……。

② INTO 子句中没有出现的属性列，新记录在这些列上将取空值。但定义表时说明了 NOT NULL 的字段列不能取空值，否则会出错。

③ 如果 INTO 子句中没有指明任何列名，则新插入的记录必须在每个字段上均有值。

【例 11.12】 将一个新学生记录（学号：20110301，姓名：王娜，性别：女，年龄：19，班级：文 1101）插入到“学生”表中。

```
INSERT INTO 学生 VALUES('20110301','王娜','女',19,'文 1101')
```

掌握 SQL 语句对数据库系统的开发至关重要，由于篇幅原因，本节只对几条 SQL 语句做了简单的介绍，关于 SQL 语句更详细的介绍，请参阅有关手册。

11.4　使用 Data 控件访问数据库

Data 控件是 VB 用来进行数据库访问的标准控件。使用 Data 控件几乎不用编写代码便可以轻松的实现对数据库的操作。本节将介绍使用 Data 控件和数据绑定控件编写数据库应用程序的方法。

11.4.1 Data 控件简介

Data 控件是 VB 的标准控件。利用 Data 控件可以无缝地访问多种数据库，如 Microsoft Access、dBASE、FoxPro 等。此外，Data 控件还可以通过开放式数据库连接（ODBC），访问各种服务器型数据库，例如 SQL Server、Oracle 等。

在 VB 工具箱中双击 Data 控件图标，即可在窗体上添加 Data 控件 Data1 。Data 控件共有 4 个按钮，从左至右分别是：将记录指针移到第一条记录、将记录指针前移一条记录、将指针后移一条记录、将指针移到最后一条记录。第一个 Data 控件的默认名称为 Data1。

11.4.2 Data 控件的属性、方法和事件

1. Data 控件的属性

Data 控件常用的属性有如下几个。

（1）Connect 属性

Connect 属性用于设置要连接的数据库类型，该属性默认为 Microsoft Jet 数据库，因此对于 Access 可以不设。Connect 属性可以在 VB 的“属性”窗口设置，也可以在程序中通过语句设置。通过语句设置的例子如下：

```
Data1.Connect= "Access"
```

（2）DatabaseName 属性

DatabaseName 属性用于设置被访问的数据库的路径和文件名，如“d:\Student.mdb”，即设置 Data 控件访问的数据库文件。通过语句设置的例子如下：

```
Data1.DatabaseName="d:\Student.mdb"
```

（3）RecordSource 属性

RecordSoure 属性用于设置数据的来源，即设置 Data 控件所要打开的数据库表。例如以下示例中的“学生”表就是连接并打开的数据源。RecordSoure 可以是数据库表，也可以是一个 SQL 查询语句。通过语句设置的例子如下：

```
Data1.RecordSource="select * from 学生"
```

（4）ReadOnly 属性

ReadOnly 属性设置数据库否以只读方式打开。该属性值设置为 True 时，可以显示数据，但无法写入或修改数据；设置为 False（默认值）时，即为可写方式。

2. Data 控件的方法

Data 控件常用的方法有如下几个。

（1）Refresh 方法

Refresh 方法用于打开或重新打开数据库并重新生成 Data 控件的记录集。

如果 Data 控件的某些属性在程序运行时设置或修改后（如 Connect、RecordSource、ReadOnly 等），必须使用 Data 控件的 Refresh 方法重新生成记录集。

例如，在运行时设置 Data 控件的 DatabaseName 属性，则可以使用以下代码：

```
Data1.DatabaseName="d:\Student.mdb"
Data1.RecordSource="学生基本情况表"
Data1.Refresh
```

（2）UpdateControls 方法

UpdateControls 方法用于将数据从数据库中重新读到数据绑定控件内（数据绑定控件的使用方法将在 11.4.2 中介绍）。

如果用户在数据绑定控件中对记录进行了修改，使用此方法将使数据绑定控件的内容恢复为修改前的值，即可以终止用户对绑定控件内数据的修改。

例如，取消对当前记录修改的代码如下：

```
Private Sub CmdCancel_Click()              '“放弃”按钮
   Data1.UpdateControls                    ' 放弃对记录的修改
End Sub
```

（3）UpdateRecord 方法

UpdateRecord 方法用于将当前的内容保存到数据库。

例如，把当前的内容保存到数据库的代码如下：

```
Private Sub CmdSave_Click()                '“保存”按钮
   Data1.UpdateRecord                      ' 保存数据
End Sub
```

3. Data 控件的事件

Data 控件主要的事件如下。

1）Reposition 事件：当一条记录成为当前记录时触发该事件。当用户单击 Data 控件上某个按钮进行记录间的移动，或者使用了某个 Move 方法、Find 方法，使某条记录成为当前记录以后，均会发生 Reposition 事件。

2）Validate 事件：当一条不同的记录成为当前记录之前，或调用该 Data 控件的记录集对象的 Update 方法、Delete 方法和 Close 方法之前，以及卸载窗体之前触发该事件。

该事件过程的基本语法格式如下：

```
Private Sub 控件名_Validate (Action As Integer,Save As Integer)
```

其中 Action 参数是一个整型数，用以判断是何种操作触发了 Validate 事件，也可以在 Validate 事件过程中重新给 Action 参数赋值，从而使得在事件结束后执行新的操作。Action 参数的具体设置如表 11-7 所示。

Save 参数是一个逻辑值，用以判断与该 Data 控件绑定的控件中的内容是否被修改。如果 Validate 事件过程结束时，Save 参数为 True 则保存所做修改，为 False 则忽略所做修改。

表 11-7　Action 参数的设置

常 数	值	描 述
vbDataActionCancel	0	当 Sub 退出时取消操作
vbDataActionMoveFirst	1	MoveFirst 方法

续表

常 数	值	描 述
vbDataActionMovePrevious	2	MovePrevious 方法
vbDataActionMoveNext	3	MoveNext 方法
vbDataActionMoveLast	4	MoveLast 方法
vbDataActionAddNew	5	AddNew 方法
vbDataActionUpdate	6	Update 操作（不是 UpdateRecord）
vbDataActionDelete	7	Delete 方法
vbDataActionFind	8	Find 方法
vbDataActionBookmark	9	Bookmark 属性已被设置
vbDataActionClose	10	Close 的方法
vbDataActionUnload	11	窗体正在卸载

例如，下面的事件判断触发 Validate 事件的操作，对更新和删除操作给出了相应的处理代码。

```
Private Sub Data1_Validate(Action As Integer, Save As Integer)
    Select Case Action
     Case 6                      ' 执行了 Update 操作
      If MsgBox("是否保存对当前记录的修改？", vbYesNo, "信息提示") _
= "vbYes" Then
        Save = True
      End If
    Case 7                  ' 执行了 Delete 操作
      If MsgBox("是否删除当前记录？", vbYesNo, "信息提示") = "vbYes" Then
        Save = True
      End If
    End Select
End Sub
```

11.4.3 Data 控件常用的数据绑定控件

Data 控件可以实现对数据库的访问，但无法显示字段的内容。因此 Data 控件经常和数据绑定控件一起使用，来显示数据库中某字段的值并接受用户的修改。

1. 数据绑定控件的类型

VB 支持几种能与 Data 控件绑定的标准控件和几种数据绑定的 ActiveX（.OCX）控件，还支持功能更加强大的第三方控件。

常用的标准数据绑定控件如表 11-8 所示。

表 11-8 常用的标准数据绑定控件

控件名称	说 明
TextBox	用来显示文本、数据、日期型等字段
CheckBox	用来显示逻辑型字段
Label	显示文本等字段的内容
Image、PictureBox	显示图形或图片
ListBox、ComboBox	将字段的内容显示在列表框中
OLE Container	用来显示 OLE 字段

与 Data 控件绑定的常用 ActiveX（.ocx）控件如上。

（1）DBGrid 控件

DBGrid 控件与 Data 控件配合使用，可以网格的形式显示整个 RecordSet 对象中所有的数据，并允许对记录进行操作。将 DBGrid 控件添加到工具箱的操作步骤是：在“工程”菜单中选择“部件”命令，然后在弹出的“部件”对话框中勾选“Microsoft Data Bound Grid Control 5.0”复选框。

（2）DBList 控件和 DBCombo 控件

DBList 控件和 DBCombo 控件的外观和作用与标准 ListBox 控件、ComboBox 控件相似，所不同的是 ListBox 控件和 ComboBox 控件用 AddItem 方法添加数据项，而 DBList 控件、DBCombo 控件由和它相连的 Data 控件的 RecordSet 对象中的字段中数据自动填加数据项。将 DBList 控件、DBCombo 控件添加到工具箱的操作步骤是：在“工程”菜单中选择“部件”命令，然后弹出的在“部件”对话框中勾选“Microsoft Data Bound List Control 6.0”复选框。DBList 控件、DBCombo 控件既可以与 Data 控件绑定，也可以与 ADO 控件绑定。

（3）MSFlexGrid 控件

MSFlexGrid 控件以网格的形式显示数据。MSFlexGrid 显示的是只读的数据。将 MSFlexGrid 控件添加到工具箱的操作步骤是：在“工程”菜单中选择“部件”命令，然后在弹出的“部件”对话框中勾选“Microsoft FlexGrid Control 6.0”复选框。

2. 数据绑定控件的常用属性

要使绑定控件被数据库约束，必须在设计或运行时对这些控件的两个属性进行设置。

（1）DataSource 属性

DataSource 属性指定数据绑定控件需要绑定到的数据控件名称。

（2）DataField 属性

DataField 属性用来指定数据绑定控件与数据控件记录集中的哪个字段相绑定。绑定后该数据绑定控件就可以显示、修改对应字段的内容了。

利用 Data 控件创建简单的数据库应用程序的步骤如下。

1）把 Data 控件添加到窗体中。

2）设置其相关属性以指明要从哪个数据表中获取数据。

3）添加各种数据绑定控件至窗体中。

4）设置数据绑定控件的相关属性以指明要显示的数据源及数据字段。

5）编写相应的程序。

【例 11.13】 设计一个窗体显示在 11.2 节中建立的 Student.mdb 数据库中“学生基本情况表”的内容。

（1）程序界面设计

① 建立窗体，并将工具箱中的 Data 控件添加到窗体中，其 Name 属性默认为 Data1；在“属性”窗口中将 Data1 的 DatabaseName 属性设置为要连接的数据库文件，如：“d:\Student.mdb”；设置 Data1 的 RecordSource 属性：单击 RecordSource 属性，出现当前数据库的所有表的下拉列表，选择“学生基本信息表”。

② 在窗体上建立若干文本框和标签，并设置文本框的 RecordSource 属性为 Data1、DataField 属性为所需绑定的字段。详细属性设置如表 11-9 所示。

表 11-9 控件属性值

控件名	控件属性	属性值
Data1	DatabaseName	d:\Student.mdb
	RecordSource	学生基本信息表
Label1	Caption	学号
Label2		姓名
……		……
Label5		班级
Text1	DataSource	Data1
	DataField	ID
……	……	……
Text5	DataSource	Data1
	DataField	Class

（2）代码设计

本程序中控件的属性直接在属性窗口中进行了设计，因此不用设计任何代码。

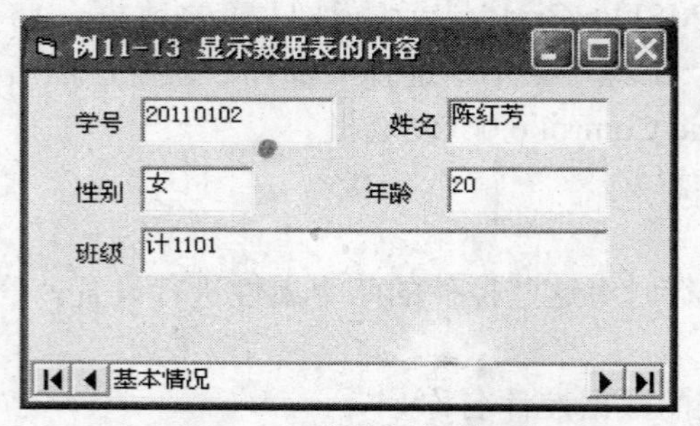

图 11-9 程序运行结果

运行程序，在窗体中单击 Data 控件上的箭头，可以浏览不同的记录。编辑某一文本框中的内容，然后将指针指向其他记录，修改的内容自动保存。运行结果如图 11-9 所示。

11.4.4 RecordSet 对象

数据控制项将数据库中的指定数据提取出来，放在一个记录集（RecordSet）中，记录集是数据库的一系列记录。VB 通过 RecordSet 对象实现对记录的操作。Data 控件支持的记录集有 3 种类型：表类型、动态集类型和快照类型。

Data 控件默认使用的记录集类型是动态集类型，因为动态集类型介于表型和快照型之间，有较大的灵活性，适合所有的应用。

RecordSet 对象都是由记录（Record）和字段（Fields）组成。RecordSet 对象的属性、事件和方法引用的方式如下：

```
Data 控件名.RecordSet.属性名(方法名)
```

下面介绍 RecordSet 的常用的属性和方法。

1. 记录集的常用属性

（1）AbsolutePosition 属性

AbsolutePosition 属性返回当前指针值。若是第 1 条记录，其值为 0，该属性为只读属性。

（2）BOF 和 EOF 属性

该属性用于判定记录指针是否在首记录之前，若是则 BOF 为 True，否则 EOF 为 False。属性用于判定记录指针是否在末记录之后。BOF 属性和 EOF 属性的返回值都为逻辑值（True 或 False）。如果记录集中没有记录，则 BOF 和 EOF 的值都是 True。

（3）Bookmark 属性

Bookmark 属性返回 RecordSet 对象中当前记录的书签。打开 RecordSet 对象时，每个记录都有唯一的书签，要保存当前记录的书签，可将 Bookmark 属性的值赋给一个变体类型的变量。通过设置 Bookmark 属性，可将 RecordSet 对象的当前记录快速移动到书签所标识的记录上。

（4）NoMatch 属性

在记录集中进行查找时，如果存在相匹配的记录，则 RecordSet 的 NoMatch 属性设置为 False，否则为 True。该属性常与 Bookmark 属性一起使用，完成对记录的查找。

（5）RecordCount 属性

RecordCount 属性用于返回 RecordSet 对象中的记录数，该属性为只读属性。

2. 记录集的常用方法

记录集的常用方法有两种：Move 方法组和 Find 方法组。

（1）Move 方法组

利用 RecordSet 对象的 Move 方法可以实现记录指针的移动。Move 方法组包括以下 5 种。

- MoveFirst 方法：指向记录集的第一条记录，即首记录。
- MoveNext 方法：指向记录集当前记录的下一条记录。
- MovePrevious 方法：指向记录集当前记录的上一条记录。
- MoveLast 方法：指向记录集的最后一条记录，即尾记录。
- Move n 方法：从当前记录向前或向后移动 n 条记录，n 为指定的记录个数。当 n 为正整数时，记录指针从当前记录开始向后（向下）移动；当 n 为负整数时，记录指针向前（向上）移动。

注意

使用 MoveNext 方法和 MovePrevious 方法时可能会使记录指针的位置超出记录集的范围，此时系统会提示错误。因此在记录指针上移或下移后，通常利用记录集的 BOF 属性和 EOF 属性进行检测，并做出相应的处理。例如，对于 MoveNext 方法可以使用以下代码：

```
Data1.RecordSet.MoveNext
' 如果指针超界，则将指针定为到最后一条记录
If Data1.RecordSet.EOF Then Data1.RecordSet.MoveLast
```

【例 11.14】 在例 11.13 的窗体上增加 4 个命令按钮，实现学生基本信息的浏览。

（1）程序界面设计

在例 11.13 的窗体上增加 4 个命令按钮，按钮的 Name 属性分别设置为“Cmdfirst”、“Cmdlast”、“Cmdnext”和“Cmdprevious”，将 Data 控件的 Visible 属性设置为 False。界面如图 11-10 所示。

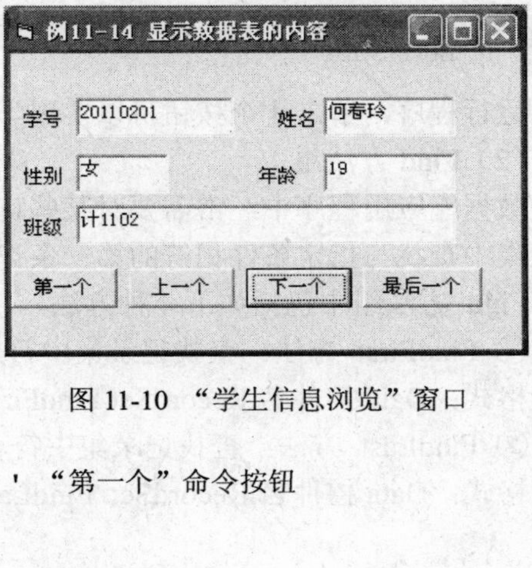

图 11-10 “学生信息浏览”窗口

（2）代码设计

```
Private Sub Cmdfirst_Click()          ' “第一个”命令按钮
```

```
        Data1.RecordSet.MoveFirst              ' 记录指针指向第一条记录
        Cmdfirst.enabled=False                 ' 使“第一个”按钮无效
        Cmdprevious.enabled=False              ' 使“上一个”按钮无效
        Cmdlast.enabled=True                   ' 使“下一个”按钮有效
        Cmdnext.enabled=True                   ' 使“最后一个”按钮有效
    End Sub
    Private Sub Cmdlast_Click()                ' “最后一个”命令按钮
        Data1.RecordSet.MoveLast               ' 记录指针指最后一条记录
        Cmdfirst.enabled= True                 ' 使“第一个”按钮有效
        Cmdprevious.enabled= True              ' 使“上一个”按钮有效
        Cmdlast.enabled= False                 ' 使“最后一个”按钮无效
        Cmdnext.enabled= False                 ' 使“下一个”按钮无效
    End Sub
    Private Sub Cmdnext_Click()                '“下一个”命令按钮
        Data1.RecordSet.MoveNext               ' 记录指针指向下一条记录
        If Data1.RecordSet.EOF Then            ' 如果记录集已到末记录之后
          Data1.RecordSet.MoveLast             ' 记录指针指向最后一条记录
          Cmdfirst.enabled= True
          Cmdprevious.enabled= True
          Cmdlast.enabled= False
          Cmdnext.enabled= False
        End If
    End Sub
    Private Sub Cmdprevious_Click()            '“上一个”命令按钮
        Data1.RecordSet.MovePrevious           ' 记录指针指向上一条记录
        If Data1.RecordSet.BOF Then            ' 如果记录集已到首记录之前
          Data1.RecordSet.MoveFirst            ' 记录指针指向首记录
          Cmdfirst.enabled=false
          Cmdprevious.enabled=false
          Cmdlast.enabled=True
          Cmdnext.enabled=True
        End If
    End Sub
```

运行程序，单击 4 个按钮可以实现学生信息的浏览、修改。运行界面如图 11-10 所示。

（2）Find 方法组

数据库应用程序中经常需要对某些特定记录进行查找，使用 Find 方法组可以在指定的记录集中查找与指定条件相符的第一条记录，并使之成为当前记录。

Find 方法组中包括如下 4 种方法。

① FindFirst 方法：查找记录集中符合条件的第一条记录。

格式：Data 控件名.RecordSet.FindFirst 条件

② FindLast 方法：查找记录集中符合条件的最后一条记录。

格式：Data 控件名.RecordSet. FindLast 条件

③ FindNext 方法：查找记录集中符合条件的下一条记录。

格式：Data 控件名.RecordSet . FindNext 条件

④ FindPrevious 方法：查找记录集中符合条件的上一条记录。

格式：Data 控件名.RecordSet. FindPrevious 条件

Find 方法中的“条件”由一个字符串组成，字符串中存放的是指定字段与常量、变量构成的表达式。表达式中除了普通的关系表达式之外，还可以用“Like”运算符。

例如，在记录集中查找姓名为“王刚”的记录，可以使用下列语句：

```
Data1.RecordSet.FindFirst "姓名='王刚'"
```

要在记录集中查找姓“王”的记录，可以使用下列语句：

```
Data1.RecordSet.FindFirst "姓名 Like '王*'"
```

如果条件部分的常量来自变量，可以用以下语句：

```
xm="王刚"
Data1.RecordSet.FindFirst "姓名='" & xm & "'"
```

这里，符号“&”为字符串连接运算符，它的两侧必须加空格。

【例 11.15】 设计一个窗体，可以实现学生信息的浏览及按姓名查找。

（1）程序界面设计

在例 11.14 的窗体的上部增加 4 个命令按钮和 1 个文本框（Text6），按钮的 Name 属性分别设置为“Cmd_search_first”、“Cmd_search_last”、“Cmd_search_next”和“ Cmd_search_pri”，将 Data 控件的 Visible 属性设置为 False。运行后的界面如图 11-11 所示。

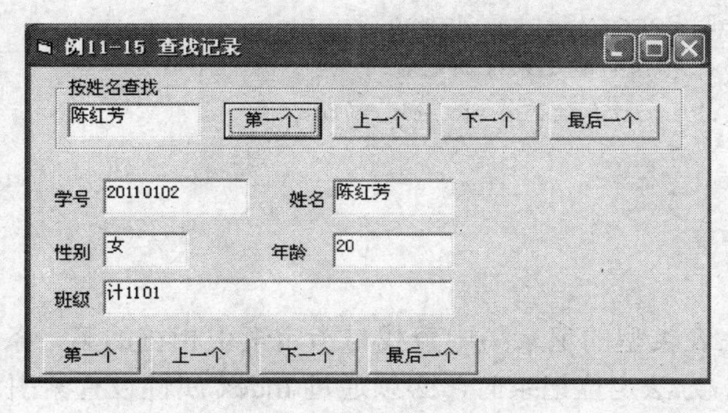

图 11-11 “查找记录”窗口

（2）代码设计

```
Private Sub Cmd_search_first_Click()          ' 查找“第一个”命令按钮
    Dim bm
    bm = Data1.RecordSet.Bookmark             ' 保存当前记录的书签
    Data1.RecordSet.FindFirst "name='" & Text6.Text & "'"
    If Data1.RecordSet.NoMatch Then           ' 如果没有满足条件的记录
      MsgBox ("没有满足条件的记录")
      Data1.RecordSet.Bookmark = bm           ' 将指针移动到查找前的位置
    End If
End Sub
Private Sub Cmd_search_last_Click()           ' 查找“最后一个”命令按钮
```

```
    Dim bm
    bm = Data1.RecordSet.Bookmark
    Data1.RecordSet.FindLast "name='" & Text6.Text & "'"
    If Data1.RecordSet.NoMatch Then
      MsgBox ("没有满足条件的记录")
      Data1.RecordSet.Bookmark = bm
    End If
End Sub

Private Sub Cmd_search_next_Click()            ' 查找“下一个”命令按钮
    Dim bm
    bm = Data1.RecordSet.Bookmark
    Data1.RecordSet.FindNext "name='" & Text6.Text & "'"
    If Data1.RecordSet.NoMatch Then
      MsgBox ("没有满足条件的记录")
      Data1.RecordSet.Bookmark = bm
    End If
End Sub

Private Sub Cmd_search_Pri_Click()             ' 查找“上一个”命令按钮
    Dim bm
    bm = Data1.RecordSet.Bookmark
    Data1.RecordSet.FindPrevious "name='" & Text6.Text & "'"
    If Data1.RecordSet.NoMatch Then
      MsgBox ("没有满足条件的记录")
      Data1.RecordSet.Bookmark = bm
    End If
End Sub
```

（3）Seek 方法

Seek 方法用于在表类型的记录集中查找与指定索引相符的第一条记录，并使之成为当前记录。在使用 Seek 方法定位记录时，必须通过 Index 属性设置索引。

格式：Data 控件名.RecordSet.Seek 比较字符串，关键词 1，关键词 2，……

说 明

比较字符串可以是=、>=、<=、<>、>、<中的一个。

例如，假设 Student 表的索引字段为 ID，索引名称为 ID，则查找表中学号为“110102”的记录的代码如下：

```
Data1.RecordSetType=0                    ' 设置记录集类型为表类型
Data1.RecordSource="student"             ' 打开 student 表
Data1.Refresh
Data1.RecordSet.Index="ID"               ' 打开名称为 ID 的索引
Data1.RecordSet.Seek "=","110102"        ' 查找记录
```

（4）AddNew 方法

AddNew 方法用于增加一条新记录，并将记录指针指向该记录。添加记录的步骤如下。

1）调用 AddNew 方法。

2）给各字段赋值。如果字段已与绑定控件绑定在一起，则可以直接在绑定控件内输入数据；否则可以通过 RecordSet 对象的 Fields 属性给字段赋值。

例如，给 name 字段赋值的语句是 Data1.RecordSet.Fields（"name"）="王明亮"。

3）调用 Update 方法，确定所做的添加操作，将缓冲区内的数据写入数据库。

（5）Delete 方法

Delete 方法用于从记录集中删除当前记录。

在使用 Delete 方法时，当前记录立即删除，不可恢复，因此，在使用此方法时，必须小心谨慎。删除一条记录后，数据库绑定控件仍旧显示该记录的内容。因此，必须移动记录指针，使绑定控件内的数据得以刷新。一般采用移至下一条记录的处理方法，但在移动记录指针后，应该检查 EOF 属性。

（6）Edit 方法

Edit 方法用于当前记录的修改。修改当前记录的步骤如下。

1）调用 Edit 方法。

2）给各字段赋值。

3）调用 Update 方法，确定所做的修改。

注 意

如果要放弃对数据的所有修改，可使用 Updatecontrols 方法，也可用 Refresh 方法刷新记录集。

（7）Update 方法

Update 方法用于将添加或修改记录的结果保存到数据库中。该方法只能在执行了 AddNew 方法或 Edit 方法之后执行。

11.4.5　Data 控件实例

下面以一个综合实例来介绍 Data 控件的使用方法。

【例 11.16】 利用 11.2 节建立的数据库（Student.mdb）设计一个学生信息管理系统，实现学生信息的浏览、学生信息的维护（添加、删除、编辑）、学生信息查询（可以按学号、姓名、班级查询）。

本例由三部分功能组成：学生信息浏览、学生信息维护和学生信息查询，下面介绍每一部分的实现方法。

1. 学生信息浏览

（1）程序界面设计

建立窗体，在窗体中添加 SSTab 控件（SSTab 控件是 ActiveX 控件，使用时在“工程”菜单中选择“部件”命令，然后在弹出的“部件”对话框中勾选“Microsoft Tabbed Dialog Control 6.0”复选框将其添加到工具箱中），SSTab 控件包括三个选项卡，在第一个选项卡上添加 Data 控件和 MSFlexGrid 控件。界面如图 11-12 所示。窗体包含的控件及属性设置如表 11-10 所示。

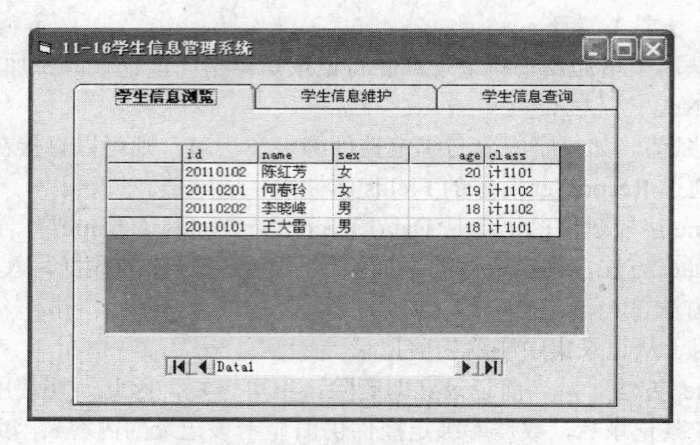

图 11-12 “学生信息浏览”选项卡

表 11-10 “学生信息浏览”选项卡控件属性值

控 件 名	控件属性	属 性 值
Data1	DatabaseName	d:\Student.mdb
	RecordSource	学生基本信息表
MSFlexGrid1	DataSource	Data1

（2）代码设计

本例中的本程序中控件的属性直接在“属性”窗口中进行了设计，因此不用设计任何代码。

运行程序，利用 MSFlexGrid 数据绑定控件可以实现学生基本信息的浏览。

2. 学生信息维护

学生信息维护主要包括学生信息添加、修改和删除。

（1）程序界面设计

在窗体第二个选项卡上添加一个 Data 控件、若干标签、若干按钮、一个下拉列表框，界面如图 11-13 所示，包含的控件及属性设置如表 11-11 所示。

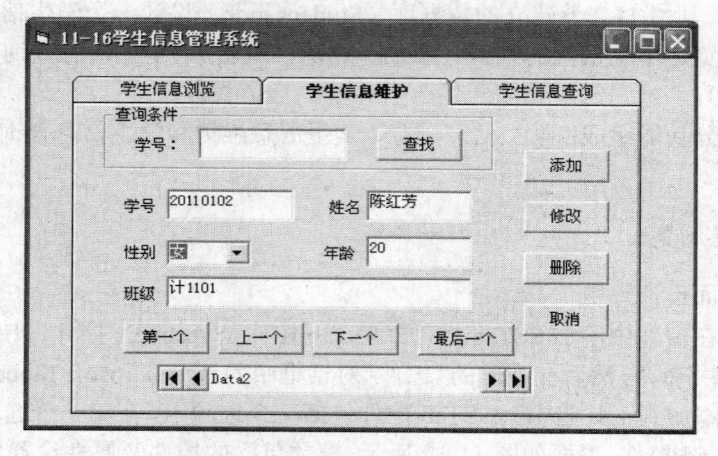

图 11-13 “学生信息维护”选项卡

表 11-11　“学生信息维护”选项卡控件属性值

控 件 名	控件属性	属 性 值
Data2	DatabaseName	d:\Student.mdb
	RecordSource	SELECT * FROM　学生基本信息表
Label1	Caption	学号
Label2		姓名
……		……
Label5		班级
Text1	DataSource	Data2
	DataField	ID
……	……	……
Text5	DataSource	Data2
	DataField	Class
Text6	Text	空
Combo1	ListIndex	0
Cmdadd	Caption	添加
Cmdedit	Caption	修改
Cmddel	Caption	删除
Cmdcancel	Caption	取消
Cmdsearch	Caption	查找

（2）代码设计

```
Private Sub Form_Load()
    Combo2.AddItem ("按姓名")                    ' 初始化查询条件列表框
    Combo2.AddItem ("按学号")
    Combo2.AddItem ("按班级")
    Combo1.AddItem ("男")                        ' 初始化性别列表框
    Combo1.AddItem ("女")
    Combo1.ListIndex = 0
    Combo2.ListIndex = 0
End Sub
Private Sub Cmdadd_Click()                       ' “添加”命令按钮
    Cmdedit.Enabled = Not Cmdedit.Enabled        ' 控制按钮的可用性
    Cmddel.Enabled = Not Cmddel.Enabled
    Cmdcancel.Enabled = Not Cmdcancel.Enabled
    Cmdfirst.Enabled = Not Cmdfirst.Enabled
    Cmdnext.Enabled = Not Cmdnext.Enabled
    Cmdlast.Enabled = Not Cmdlast.Enabled
    CmdPrevious.Enabled = Not CmdPrevious.Enabled
    If Cmdadd.Caption = "添加" Then
      Cmdadd.Caption = "确认"        ' 改变按钮标题，如是“添加”，改为“确认”
      mbookmark = Data2.RecordSet.Bookmark  ' 记住添加记录前的记录的书签
      Data2.RecordSet.AddNew               ' 调用 AddNew 方法，添加一条记录
      Text1.SetFocus
    Else
```

```
    If Text1.Text = "" Or Text2.Text = "" Or Text3.Text = "" Or _
     Text4.Text = ""  Or Text5.Text = "" Then      ' 判断字段是否为空
     MsgBox "字段不能为空"
     Exit Sub
    End If
    Cmdadd.Caption = "添加"                   ' 使按钮回到“添加”状态
    Data2.RecordSet.Update                   ' 调用 Update 方法，保存添加的数据
  End If
End Sub
Private Sub Cmdedit_Click()                  '“修改”命令按钮
  Cmdadd.Enabled = Not Cmdadd.Enabled
  Cmddel.Enabled = Not Cmddel.Enabled
  Cmdcancel.Enabled = Not Cmdcancel.Enabled
  If Cmdedit.Caption = "修改" Then
    Cmdedit.Caption = "确认"
    mbookmark = Data2.RecordSet.Bookmark
    Data2.RecordSet.Edit
    Text1.SetFocus
  Else
     Cmdedit.Caption = "修改"
     Data2.RecordSet.Update
  End If
End Sub
Private Sub Cmddel_Click()                   '“删除”命令按钮
  Dim message As Integer
  message = MsgBox("是否删除当前记录？", 4 + 32 + 256, "信息提示")
  If message = vbYes Then
    Data2.RecordSet.Delete                   ' 删除当前记录
    Data2.RecordSet.MoveNext                 ' 指针指向下一条记录
    If Data2.RecordSet.EOF Then Data2.RecordSet.MoveLast
  End If
End Sub
Private Sub Cmdcancel_Click()                ' “取消”命令按钮
  Cmdadd.Caption = "添加"                     ' 恢复按钮原始状态
  Cmdedit.Caption = "修改"
  Cmdadd.Enabled = True
  Cmdedit.Enabled = True
  Cmddel.Enabled = True
  Cmdcancel.Enabled = False
  Data2.UpdateControls                       ' 取消所做修改
  Data2.RecordSet.Bookmark = mbookmark
End Sub
Private Sub Cmdsearch_Click()                '“查找”命令按钮
  ' 如果输入的学号不为空，则显示所要查找的学生信息
```

```
    If Text6.Text <> "" Then
      Data2.RecordSource = "select * from 学生基本信息表 where _
      id='" & Text6.Text & "'"
    Else
    ' 如学号为空则显示所有学生的信息
      Data2.RecordSource = "select * from 学生基本信息表"
    End If
    Data2.Refresh                              ' 刷新
    If Data2.RecordSet.EOF Then                ' 如果记录集为空
      MsgBox ("输入的学号不存在，请重新输入")
      Text6.Text = ""
      Text6.SetFocus
    End If
End Sub

Private Sub Data2_Reposition()                 ' Data 控件的 Reposition 事件
    If Data2.EditMode = 2 Then
      Combo1.Text = "男"       ' 增加记录时，将 Combo1 的初始状态设置为"男"
    Else
      If Not Data2.RecordSet.EOF And Not Data2.RecordSet.BOF Then _
      Combo1.Text = Data2.RecordSet.Fields("sex").Value '取出"sex"字段的值
    End If
End Sub
```

其他命令按钮的代码，参见例 11.14。

运行程序，在文本框中（Text6）中输入学号，单击“查找”按钮，即可找到满足条件的记录；单击“删除”按钮，可以将当前记录删除；单击“修改”按钮，可以对当前记录进行修改，修改完成后，单击“保存”按钮（与“修改”为同一个按钮，只是标题不同）即可将修改的数据保存；单击“添加”按钮可以添加一条新的记录。程序运行结果如图 11-13 所示。

3. 学生信息查询

（1）程序界面设计

在第三个选项卡中添加一个 MSFlexGrid 控件、一个下拉列表框、一个文本框，界面如图 11-14 所示，控件的属性设置如表 11-12 所示。

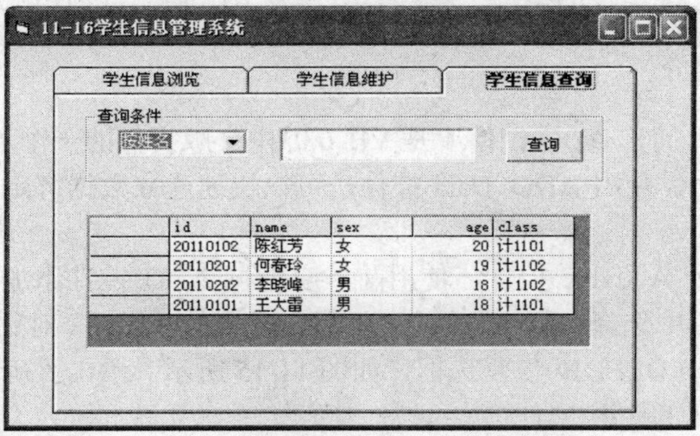

图 11-14 “学生信息查询”选项卡

表 11-12 “学生信息查询”选项卡控件属性值

控 件 名	控件属性	属 性 值
MSFlexGrid	DataSource	Data2
Combo2		
Text7	Text	空
Cmdquery	Caption	查询

（2）代码设计

```
Private Sub Cmdquery_Click()          ' “查询”命令按钮
    Dim wherestring As String
    If Text7.Text <> "" Then
      If Combo2.Text = "按姓名" Then
        wherestring = "where name='" & Text7.Text & "'"
      ElseIf Combo2.Text = "按班级" Then
        wherestring = "where class='" & Text7.Text & "'"
      Else
        wherestring = "where id='" & Text7.Text & "'"
      End If
    Else
      wherestring = ""                 ' 如果条件为空，则显示所有记录
    End If
    Data2.RecordSource = "Select * From 学生基本信息表 " & wherestring
    Data2.Refresh
End Sub
```

运行程序，选择查询条件（按学号、按姓名、按班级），在文本框中（Text7）输入条件，单击“查询”按钮，可以实现学生基本信息的查询功能。运行结果如图 11-14 所示。

11.5 使用 ADO 控件访问数据库

ADO Data 控件（简称 ADO 控件）与 Data 控件功能基本相似，但比 Data 控件使用更加灵活，本节将介绍 ADO 控件的属性、事件、方法及 ADO 控件的使用方法。

11.5.1 ADO 控件简介

ADO Data 控件（简称 ADO 控件）是 VB 6.0 中文版提供的一个 ActiveX 控件，与 VB 固有的 Data 控件相似，使用 ADO Data 控件，可以快速建立数据绑定控件和数据提供者之间的连接。

ADO 控件是一个 ActiveX 控件，使用前，应先将 ADO 控件添加到工具箱中，具体步骤是：在“工程”菜单中选择“部件”命令，然后在弹出的“部件”对话框中勾选“Microsoft ADO Data Control 6.0（OLEDB）”复选框，如图 11-15 所示。单击“确定”按钮，就可以将 ADO Data 控件添加到工具箱中。

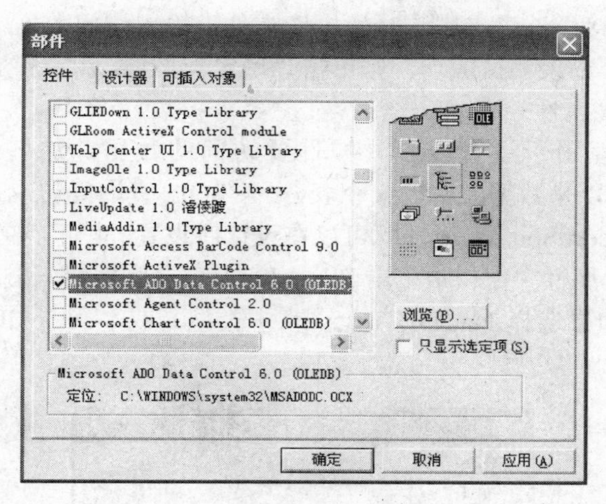

图 11-15 “部件”对话框

11.5.2 ADO 控件的属性、方法和事件

1. ADO 控件的属性

（1）ConnectionString 属性

ConnectionString 属性用于设置与数据库的连接。

设置 ConnectionString 属性的步骤如下。

1）在窗体上添加 ADO 控件，默认控件名为“ADODC1”。

2）选中 ADO 控件，在“属性”窗口中单击 ConnectionString 属性右侧的“…”按钮，出现如图 11-16 所示的对话框。ADO 通过以下 3 种不同的方式连接数据源。

- 使用连接字符串：单击“生成”按钮，通过选项设置产生连接数据库的字符串。
- 使用 Data Link 文件：通过一个连接文件来完成与数据库的连接。
- 使用 ODBC 数据资源名称：可以通过下拉式列表框，选择一个创建好的数据源名称（DSN）来连接数据库。

3）如选择“使用连接字符串”方式，单击“生成”按钮，出现如图 11-17 所示的“数据库链接属性”对话框，选择合适的 OLE DB 提供程序，如“Microsoft Jet 3.51 OLE DB Provider”，单击“下一步”按钮。

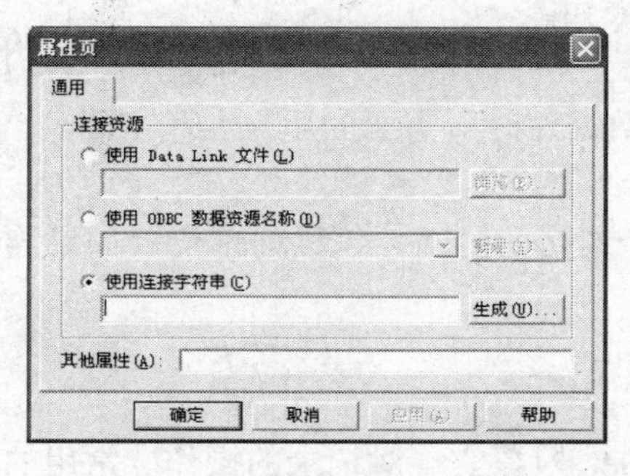

图 11-16 “属性页”对话框

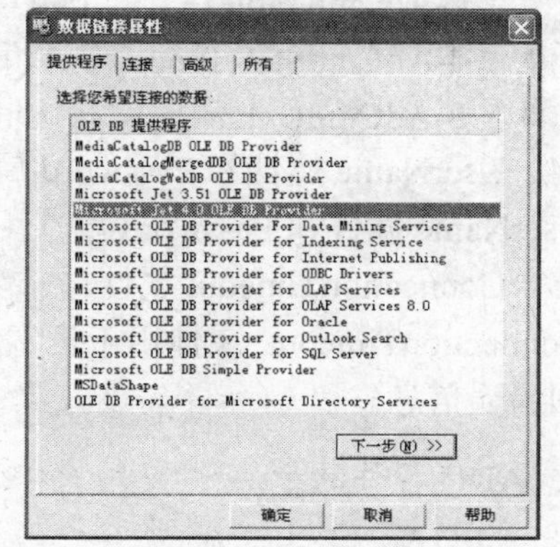

图 11-17 “数据链接属性”对话框

4）在打开的“连接”选项卡中选择数据库文件，输入访问数据库的用户名和口令，单击“测试连接”按钮，如果测试成功，则单击“确定”按钮。

（2）RecordSource 属性

RecordSource 属性用于设置 ADO 控件要访问的数据，这些数据构成记录集对象 RecordSet。该属性值可以是数据库中的某个表、一条 SQL 查询语句或存储过程（在 Command Type 属性中设定）。RecordSource 属性既可以在设计时设置，也可以在程序运行时进行设置。如在设计时设置，在“属性”窗口中单击 RecordSource 右侧按钮，出现图 11-18 所示的对话框，选择命令类型，如果选择 1-adCmdText（文本类型）或 8-adCmdUnknown（未知类型）则可以输入 SQL 语句。

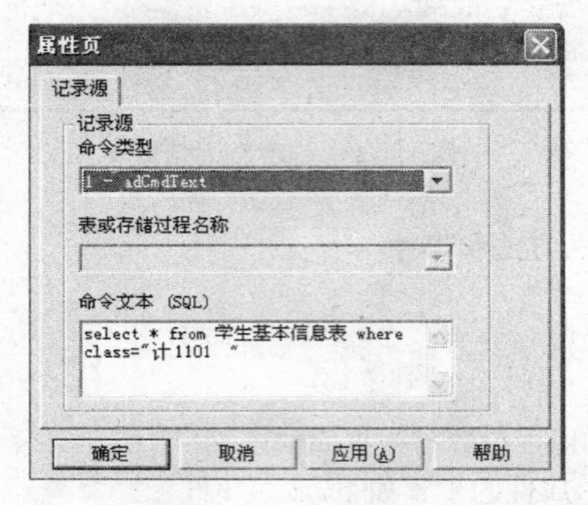

图 11-18 “RecordSource 属性”对话框

如果在程序运行时设置可以用如下语句：

显示班级为“计 1101”班的学生信息

```
Adodc1.CommandType = adCmdUnknown
Adodc1.RecordSource = "select * from 学生基本信息表 where class='计1101'"
Adodc1.Refresh
```

（3）CommandType 属性

用于指定 RecordSource 属性的取值类型。取值类型有如下 4 种。

- 1-AdCmdText: 记录集来源于 SQL 命令。
- 2-AdCmdTable: 记录集来源于数据库表。
- 4-AdCmdStoreProc：记录集来源于存储过程。
- 8-AdCmdUnknown：默认值，命令类型未知。

（4）UserName 属性和 Password 属性

UserName 属性和 Password 属性用于指定访问数据库时所需要的用户名和密码。

（5）ConnectionTimeout 属性

ConnectionTimeout 属性用于设置等待建立一个连接的时间，以秒为单位。如果连接超时返回错误信息。

2. ADO 控件的方法

ADO 控件和 Data 控件相似，也是通过 RecordSet 对象实现对记录的操作。常用的方法如下。

（1）MoveFirst、MoveLast、MoveNext、MovePrevious 方法

通过这四个方法，实现记录集的首记录、末记录、下一条记录、上一条记录的移动。例如：

```
Adodc1.RecordSet.MoveFirst          ' 指向记录集的首记录
Adodc1.RecordSet.MoveLast           ' 指向记录集的末记录
```

（2）Find 方法

Find 方法用于在记录集中查找满足条件的记录。

例如：

```
Str = InputBox("输入姓名")
Adodc1.RecordSet.Find "name='" & Str & "'"
```

（3）AddNew 方法

AddNew 方法用于增加一条新记录，并将记录指针指向该记录。

（4）Delete 方法

Delete 方法从记录集中删除当前记录。

（5）Update 方法

Update 方法用于将添加或修改记录的结果保存到数据库中。

（6）Close 方法

Close 方法用于关闭记录集，释放占用的系统资源。

3. ADO 控件的事件

（1）WillMove 事件和 MoveComplete 事件

WillMove 事件在移动记录之前发生。MoveComplete 事件在移动记录之后发生。WillMove 或 MoveComplete 事件可因对 RecordSet 进行如下操作而发生：Open、Move、MoveFirst、MoveLast、MoveNext、MovePrevious、Bookmark、AddNew、Delete、Requery 等。

例如，可以在 MoveComplete 事件中写入以下代码，其功能是在 ADO 控件上显示当前的记录号。

```
Adodc1.Caption=Adodc1.RecordSet.AbsolutePosition
```

（2）WillChangeField 事件和 FieldChangeComplete 事件

WillChangeField 事件在对 RecordSet 中的一个或多个字段值进行修改前发生。FieldChangeComplete 事件则在字段修改之后发生。

（3）WillChangeRecordSet 事件 和 RecordSetChangeComplete 事件

WillChangeRecordSet 事件在更改 RecordSet 前发生。RecordSetChangeComplete 事件在 RecordSet 更改后发生。

11.5.3 ADO 控件常用的数据绑定控件

ADO 控件常用的数据绑定控件除了 TextBox、CheckBox、Label、Image、PictureBox 等标准控件外，还有以下常用的几种数据绑定 ActiveX（.OCX）控件。

1. DataGrid 控件

DataGrid 控件与 ADO 控件配合使用，以网格的形式显示整个 RecordSet 对象中所有的

数据。利用 DataGrid 控件可以方便地实现数据的浏览和编辑。DataGrid 控件常用的属性是 DataSource，用于指定控件的数据源。该属性可以在设计时指定，也可以在运行中动态指定。DataGrid 控件是 ActiveX 控件，在“工程”菜单中选择“部件”命令，然后在弹出的“部件”对话框中勾选“Microsoft DataGrid Control 6.0（OLEDB）”复选框即可将其添加到工具箱中。

2. DataCombo 和 DataList 控件

DataCombo 和 DataList 控件与 ADO 控件绑定使用，其功能与 DBCombo 和 DBlist 控件的功能基本相同。DataCombo 和 DataList 控件常用的属性如下。

1）RowSource 和 DataSource：DataCombo 和 DataList 控件可以使用 RowSource 和 DataSource 两个数据源。RowSource 是填充列表的数据源，DataSource 是控件绑定的数据源。

2）ListField 属性：ListField 属性用来设置填充列表的字段。

3）BoundItem 属性：BoundItem 属性用来设置绑定的字段。

使用 DataCombo 和 DataList 控件时，在“工程”菜单中选择“部件”命令，然后在弹出的“部件”对话框中勾选“Microsoft Data Bound List Control 6.0（OLEDB）”复选框即可将其添加到工具箱中。

11.5.4 ADO 控件实例

下面以一个综合实例来介绍 ADO 控件的使用方法。

【例 11.17】 在 11.2 节建立的数据库（Student.mdb）中增加三个表：课程信息表、成绩表和成绩录入表。各表的结构如表 11-13～表 11-15 所示，并输入数据。利用 ADO 控件实现学生成绩的录入、修改、查询等功能。

表 11-13 课程信息表结构

字段说明	字 段 名	字段类型	字段长度
课程号	CourseID	字符	8
课程名	CourseName	字符	20

表 11-14 成绩表结构

字段说明	字 段 名	字段类型	字段长度
学号	ID	字符	8
课程名	CourseName	字符	20
分数	Score	数字	

表 11-15 成绩录入表结构

字段说明	字 段 名	字段类型	字段长度
学号	ID	字符	8
姓名	Name	字符	10
分数	Score	数字	

本例由三部分功能组成：学生成绩录入、学生成绩维护和学生成绩查询，下面介绍每一部分的实现方法。

1. 学生成绩录入

（1）程序界面设计

与例 11.16 类似，本例同样利用三个选项卡实现成绩的录入、修改、查询功能。在第一个选项卡中添加四个 Adodc 控件，两个下拉列表框、两个 DataGrid 控件和两个按钮，界面如图 11-19 所示，控件的属性如表 11-16。

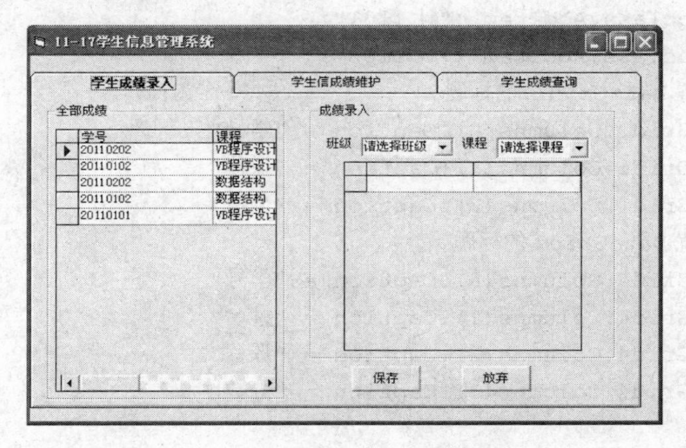

图 11-19　“学生成绩录入”选项卡

表 11-16　“学生成绩录入”选项卡控件属性值

控 件 名	控件属性	属 性 值
Adodc1	RecordSource	SELECT * FROM 成绩表
	ConnectionString	Provider=Microsoft.Jet.OLEDB.3.51;Persist Security Info=False;Data Source=d:\Student.mdb
	CommandType	8-adCmdUnknown
Adodc2	RecordSource	SELECT * FROM 学生基本信息表
	ConnectionString	同 adodc1
	CommandType	同 adodc1
Adodc3	RecordSource	课程表
	ConnectionString	同 adodc1
	CommandType	adCmdTable
Adodc4	RecordSource	SELECT * FROM 成绩录入表
	ConnectionString	同 adodc1
	CommandType	同 adodc1
DataGrid1	DataSource	Adodc1
DataGrid2	DataSource	Adodc4
Comboclass	Text	请选择班级
DataCombo1	BoundColumn	CourseID
	ListField	CourseName
	RowSource	Adodc3
	Text	请选择课程
CmdSave	Caption	保存
Cmdabandon	Caption	放弃

（2）代码设计

```
Private Sub Form_Load()
' 为“学生成绩查询”选项卡中的查询条件列表框 Cmbcondition 设置初始值
    Cmbcondition.AddItem ("按姓名")
    Cmbcondition.AddItem ("按学号")
```

```
    Cmbcondition.AddItem ("按班级")
    ' 为"学生成绩录入"选项卡中班级列表框 Comboclass 设置初始值
    Comboclass.AddItem ("计 1101")
    Comboclass.AddItem ("计 1102")
    ' 设置 DataGrid1.的标题
    DataGrid1.Columns(0).Caption = "学号"
    DataGrid1.Columns(1).Caption = "课程"
    DataGrid1.Columns(2).Caption = "分数"
    ' 设置 DataGrid4 的标题
    DataGrid4.Columns(0).Caption = "学号"
    DataGrid4.Columns(1).Caption = "姓名"
    DataGrid4.Columns(2).Caption = "课程"
    DataGrid4.Columns(3).Caption = "分数"
End Sub
Private Sub DataCombo1_Change()                          ' 选择课程名称
    Adodc4.RecordSource = "select * from 成绩录入表" ' 连接成绩录入表
    Adodc4.Refresh                                       ' 刷新记录集
    ' 清空临时表(成绩录入表)
    With Adodc4.RecordSet
      Do While .RecordCount > 0                       ' 如果成绩录入表中的记录不为空
        .MoveFirst                           ' 将记录指针移动到首记录
        .Delete                              ' 删除记录
    Loop
    .UpdateBatch                             ' 保存数据
End With
' 将所选班级人员的姓名、学号插入"成绩录入表"
Adodc2.RecordSource = "select * from 学生基本信息表 where _
class='" & Comboclass.Text & "'"        ' 根据所选班级，生成学生基本信息记录集
Adodc2.Refresh
Adodc2.RecordSet.MoveFirst
' 利用循环将所选班级的学生学号、姓名插入到"成绩录入表"中
Do While Not Adodc2.RecordSet.EOF
    Adodc4.RecordSet.AddNew                    ' 插入新记录
    Adodc4.RecordSet.Fields("id") =Adodc2.RecordSet.Fields("id").Value
    Adodc4.RecordSet.Fields("name")= _
    Adodc2.RecordSet.Fields("name").Value
    Adodc2.RecordSet.MoveNext
Loop
Adodc4.RecordSet.UpdateBatch             ' 保存数据
Adodc4.Refresh
Adodc4.RecordSet.MoveFirst
Set DataGrid2.DataSource = Adodc4    ' 显示"成绩录入表"中的数据
'  设置 DataGrid2 的标题及宽度
```

```
    DataGrid2.Columns(0).Caption = "学号"
    DataGrid2.Columns(1).Caption = "姓名"
    DataGrid2.Columns(2).Caption = "分数"
    DataGrid2.Columns(0).Width = 1000
    DataGrid2.Columns(1).Width = 1000
    ' 将光标定位到第一条记录的“分数”列
    DataGrid2.Col = 2
    DataGrid2.Row = 0
    DataGrid2.SetFocus
End Sub

Private Sub CmdSave_Click()            ' “保存”按钮
    Dim msg As Integer
    msg = MsgBox("“确认输入”后将无法取消，是否继续？", vbQuestion + vbYesNo,_
"提示")
    If msg = vbNo Then Exit Sub
' 将“成绩录入表”中的资料追加到“成绩表”中
    With Adodc4.RecordSet
      .MoveFirst
      Do Until .EOF
' 在“成绩表”中查找是否已有要插入的数据
SQL = "select * from 成绩表 where id='" & .Fields("id").Value _
 & "' and CourseName='" & DataCombo1.Text & "'"
        Adodc1.RecordSource = SQL
        Adodc1.Refresh
' 若“成绩表”中没有要插入的数据，则将当前记录插入到“成绩表”
      If Adodc1.RecordSet.EOF Then
        Adodc1.RecordSet.AddNew
        Adodc1.RecordSet("id") = .Fields("id").Value        ' 插入学号
        Adodc1.RecordSet("CourseName") = DataCombo1.Text   '插入课程名称
        Adodc1.RecordSet("score") = .Fields("score").Value '插入考试分数
        Adodc1.RecordSet.Update                    ' 保存数据
      End If
      .MoveNext
     Loop
    End With
' 插入完成后显示所有的记录
  Adodc1.RecordSource = "select * from 成绩表"
  Adodc1.Refresh
End Sub
```

运行程序，选择“班级”和“课程”，在 DataGrid2 中显示所选班级学生的学号、姓名，用于成绩的输入。成绩输入完成后，单击“保存”按钮，将录入的成绩添加到“成绩表”中，并在 DataGrid1 中显示所有已录入的成绩。

说 明

此例中“成绩录入表”是一个临时表，主要用于成绩的录入，单击“保存”按钮后，成绩将存入“成绩表”中，“成绩录入表”中的数据便可以删除。

2. 学生成绩维护

（1）程序界面设计

在第二个选项卡中添加一个 Adodc 控件、一个 DataGrid 控件、四个按钮、若干文本框和标签，界面如图 11-20 所示，控件的属性如表 11-17 所示。

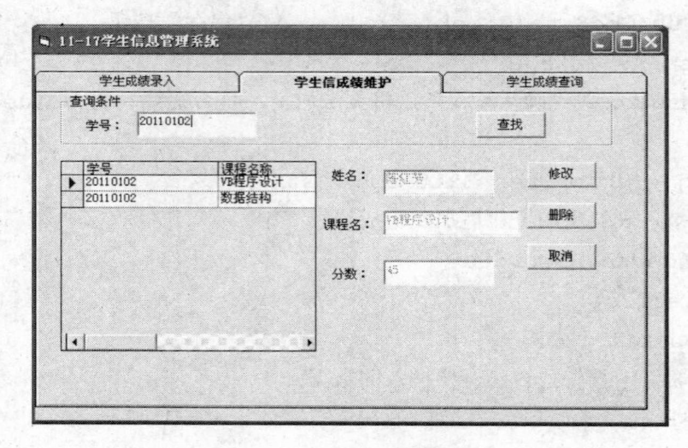

图 11-20 “学生成绩维护”选项卡

表 11-17 “学生成绩维护”选项卡控件属性值

控 件 名	控件属性	属 性 值
Adodc5	RecordSource	SELECT * FROM 成绩表
	ConnectionString	Provider=Microsoft.Jet.OLEDB.3.51;Persist Security Info=False; Data Source=d:\Student.mdb
	CommandType	adCmdUnknown
DataGrid3	DataSource	Adodc5
LabelId	Caption	学号:
LabelName	Caption	姓名:
LabelCourseName	Caption	课程名:
LabelScore	Caption	分数:
TxtId	Text	空
TxtName	Text	空
TxtSourseName	Text	空
TxtScore	Text	空
CmdSearch	Caption	查找
CmdEdit	Caption	修改
CmdDel	Caption	删除
CmdCancel	Caption	取消
CmdSearch	Caption	查找

（2）代码设计

```
Private Sub CmdSerach_Click()                    ' “查找”按钮
    Adodc5.RecordSource = "select * from 成绩表 where id='" & TxtId.Text & "'"
    Adodc5.Refresh
    Set DataGrid3.DataSource = Adodc5
    Adodc5.LockType = adLockReadOnly              ' 设置记录集为只读
    DataGrid3.Columns(0).Caption = "学号"
    DataGrid3.Columns(1).Caption = "课程名称"
    DataGrid3.Columns(2).Caption = "分数"
    If Adodc5.RecordSet.EOF Then
     MsgBox ("输入的学号不存在，请重新输入")
     TxtId.Text = ""
     TxtId.SetFocus
    End If
End Sub
Private Sub DataGrid3_Click()                    ' DataGrid 控件
    Adodc2.RecordSource = "select * from 学生基本信息表 where id='" _
& TxtId.Text & "'"
    Adodc2.Refresh
    If Not Adodc2.RecordSet.EOF Then             ' 输入的学号存在
' 将学号、姓名、分数写入文本框
      TxtName.Text = Adodc2.RecordSet.Fields("name").Value
      TxtCourseName.Text = Adodc5.RecordSet.Fields("coursename").Value
      TxtScore.Text = Adodc5.RecordSet.Fields("score").Value
    End If
End Sub
Private Sub CmdEdit_Click()                      ' “修改”按钮
    If CmdEdit.Caption = "修改" Then               ' 如果按钮标题为“修改”
      CmdEdit.Caption = "保存"                     ' 将按钮标题为“保存”
      CmdDel.Enabled = False                     ' 设置“删除”按钮为无效
      TxtScore.Enabled = True                    ' 设置 TxtScore 文本框有效
    Else                                         ' 如果按钮标题为“保存”
      Adodc5.RecordSet.Fields("score").Value = TxtScore.Text  ' 修改学生分数
      Adodc5.LockType = adLockBatchOptimistic         ' 修改记录集锁定类型
      Adodc5.RecordSet.Update                    ' 保存所做修改
      CmdEdit.Caption = "修改"                     ' 修改按钮的标题
      CmdDel.Enabled = True
      Adodc5.LockType = adLockReadOnly
      TxtScore.Enabled = False
    End If
End Sub
Private Sub Cmddel_Click()                       ' “删除”按钮
    Dim intret As Integer
```

```
    intret = MsgBox("是否删除当前记录？", 4 + 32 + 256, "警示")
    If intret = vbYes Then
      Adodc5.RecordSet.Delete
      If Adodc5.RecordSet.RecordCount > 0 Then Adodc5.RecordSet.MoveNext
    End If
End Sub
Private Sub cmdCancel_Click()                    ' "取消"按钮
    Cmdedit.Caption = "修改"                      ' 恢复按钮初始状态
    Cmdedit.Enabled = True
    Cmddel.Enabled = True
    TxtScore.Text = Adodc5.RecordSet.Fields("score").Value ' 显示原分数
    TxtScore.Enabled = False
End Sub
```

运行程序，在 TxtId 文本框中输入“学号”后单击“查找”按钮，在 DataGrid3 中显示出所要维护的学生信息，选择所要修改的记录，单击“修改”按钮可以修改学生的成绩，修改完成后再单击一次该按钮（此时按钮显示“保存”），保存所做的修改。单击“删除”按钮可以删除所选记录。运行结果如图 11-17 所示。

3. 学生成绩查询

（1）程序界面设计

在第三个选项卡中添加一个下拉列表框、一个文本框、一个 Adodc 控件、一个 DataGrid 控件和一个按钮，界面如图 11-21 所示，控件的属性如表 11-18 所示。

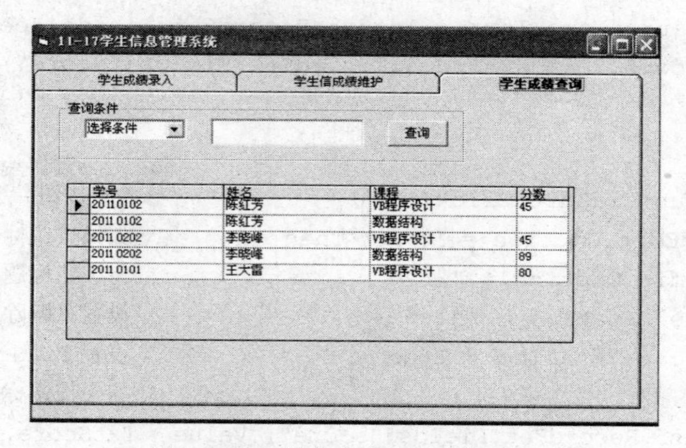

图 11-21 “学生成绩查询”选项卡

表 11-18 “学生成绩查询”选项卡控件属性值

控 件 名	控件属性	属 性 值
Adodc6	ConnectionString	Provider=Microsoft.Jet.OLEDB.3.51;Persist Security Info=False; Data Source=d:\Student.mdb
	CommandType	adCmdUnknown
DataGrid4	DataSource	Adodc6
CmbCondition	Text	请选择条件
TxtCondition	Text	空
CmdQuery	Caption	查询

（2）程序代码

```
Private Sub CmdQuery_Click()                          '"查询"按钮
    Dim wherestring As String
    If TxtCondition.Text <> "" Then
      If CmbCondition.Text = "按姓名" Then
        wherestring = "where 学生基本信息表.name='" & Txtcondition.Text & "'"
      ElseIf CmbCondition.Text = "按班级" Then
        wherestring = "where 学生基本信息表.class='" & Txtcondition.Text & "'"
      Else
       wherestring = "where 学生基本信息表.id='" & Txtcondition.Text & "'"
      End If
      Adodc6.RecordSource = "select 成绩表.id,学生基本信息表.name, _
      成绩表.coursename,成绩表.score from 成绩表,学生基本信息表 " _
      & wherestring & " and 成绩表.id=学生基本信息表.id"
      Adodc6.Refresh
    Else
      MsgBox ("请输入条件")
      TxtCondition.SetFocus
    End If
End Sub
```

运行程序，选择“查询”条件，在文本框 TxtCondition 中输入姓名、学号或班级，单击“查询”按钮，可以实现学生成绩的按姓名、学号或班级查询。运行结果如图 11-21 所示。

11.6 报 表 制 作

在数据库系统开发中，经常需要制作报表，报表的制作方法很多，在 VB 6.0 中可以使用数据报表设计器（Data Report Designer）制作报表。

11.6.1 报表设计器（Data Report 控件）

使用报表设计器之前应选择“工程”菜单中的“添加 Data Report”命令，将 Data Report 对象（默认的对象名为 DataReport1）添加到工程中，同时出现报表设计窗体，如图 11-22 所示。

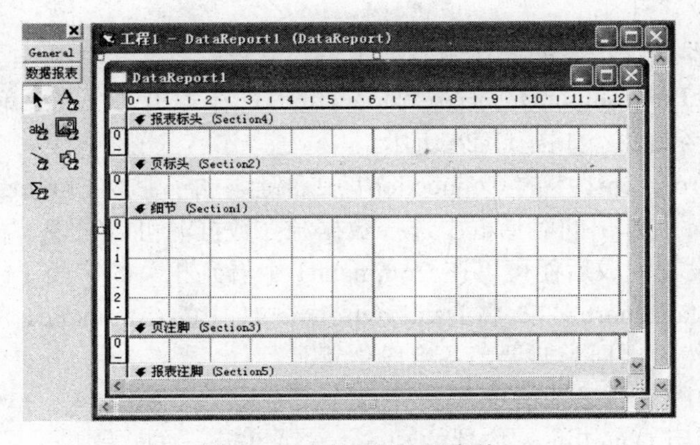

图 11-22 报表设计器窗体

Data Report 控件一共由 5 个区组成，分别是报表标头、页标头、细节、页注脚和报表注脚。报表标头和报表注脚分别位于整个报表的最上部和最下部，其中的内容出现于整个报表的每一页，因此可以放置一些报表名称，时间之类的固定文本；页标头和页注脚只能出现在当前页的最上部和最下部，可以放置页码等；细节区是用来进行数据显示的区域，通过在此区域内放置显示控件以控制报表的实际显示输出。

Data Report 控件工具箱包括 TextBox 控件、Label 控件、Image 控件、Shape 控件和 Function 控件。TextBox 控件用来显示文本，并可以设置文本格式；Label 控件用来在报表中显示信息；Image 控件用来在报表中显示图形；Shape 控件用来在报表中绘制图形；Function 控件用来在报表时计算函数或表达式的值。

11.6.2 数据环境

Data Report 控件的数据源不是数据控件而是数据环境（Data Environment），在“工程”菜单中选择“添加 Data Environment”命令即可将数据环境添加进应用程序中。每一个数据环境都是一个树状层次结构，如图 11-23 所示。数据环境有两个重要的对象：Connection 和 Command 对象，前者连接指定的数据库，后者连接指定的数据表。设置时右击相应的对象，在弹出的快捷菜单中选择“属性”命令，即可进行设置。设置完成后，就可以把数据环境作为数据源了。将 Data Report 的 DataSource 属性设置为数据环境对象，把 DataMember 属性设置为数据环境对象的 Command 对象即可。

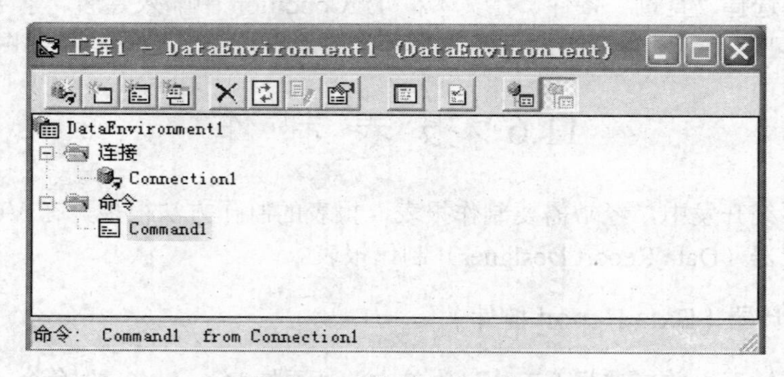

图 11-23 “数据环境”窗口

11.6.3 报表的设计方法

利用报表设计器设计报表的操作步骤如下。

1）建一个 DataEnvironment1，右击 Connection1，在弹出的快捷菜单中选择“属性”命令，设置数据库连接属性，如图 11-24 所示。

2）在 DataEnvironment1 中的 Connection1 中右键添加子命令 Command1，在 Command1 上右击，选择属性，在弹出的对话框中选择数据源（数据源可以是表、视图或 SQL 语句），如图 11-25 所示。设置完成后便可以在 Command1 中看到相关的字段了。

3)新建一个 Data Report 对象，将 DataEnvironment1 中的 Command1 直接拖到 DataReport 对象中的细节区，然后根据需要调整各字段位置。

4）设计报表中的其他显示信息。

5）在程序中利用 Data Repor 控件的 Show 方法显示、打印报表。

例如：DataReport1.Show

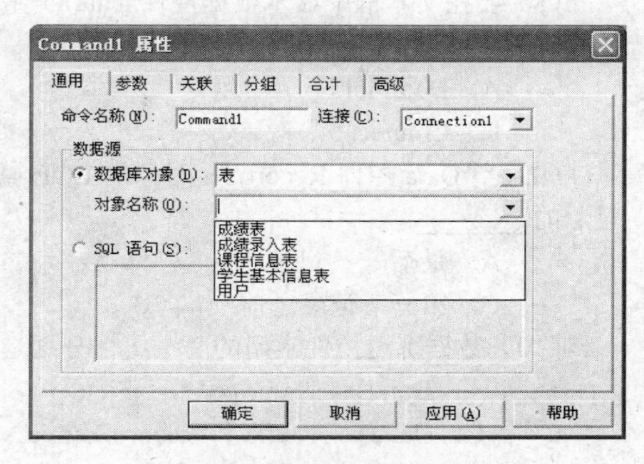

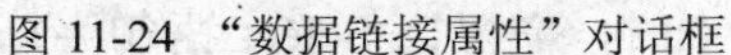
图 11-24 “数据链接属性”对话框　　　　图 11-25 “Command 属性”对话框

11.7　习　　题

1. 选择题

（1）DB、DBMS 和 DBS 三者之间的关系是________。

A．DB 包括 DBMS 和 DBS　　　　B．DBS 包括 DB 和 DBMS

C．DBMS 包括 DB 和 DBS　　　　D．不能相互包括

（2）视图是一个“虚表”，视图的构造基于________。

A．基本表　　　　B．视图

C．基本表或视图　　　　D．数据字典

（3）用二维表结构表示实体以及实体间联系的数据模型称为________。

A．网状模型　　　　B．层次模型

C．关系模型　　　　D．面向对象模型

（4）SQL 语句中 SELECT * FROM　STUDENT 中的“*”表示________。

A．所有记录　　　　B．所有字段

C．所有表　　　　D．所有数据库

（5）SQL 语言中，SELECT 语句的执行结果是________。

A．属性　　　　B．表

C．记录　　　　D．数据库

（6）要在 GZ 表中，选出年龄在 20 至 25 岁的记录，则实现的 SQL 语句为________。

A．SELECT FROM GZ WHERE 年龄 BETWEEN 20, 25

B．SELECT FROM GZ WHERE 年龄 BETWEEN 20 AND 25

C．SELECT * FROM GZ WHERE 年龄 BETWEEN 20 OR 25

D．SELECT * FROM GZ WHERE 年龄 BETWEEN 20 AND 25

（7）要利用 Data 控件返回数据库中的记录集，则需要设置________属性。

A．Connect　　B．DatabaseName

C．RecordSource　　D．RecordType

（8）要在文本框中显示数据控件 Data1 连接的数据库的表中的字段，应将其________属性设置为“Data1”。

A．DataField　　B．RecordSource

C．Connect　　D．DataSource

（9）当 Data 控件 RecordSet 对象的 EOF 属性为 True 时，表示记录指针处于 RecordSet 对象的________。

A．最后一条记录之后　　B．最后一条记录

C．第一条记录之前　　D．第一条记录

（10）数据绑定控件常用的两个属性分别是________。

A．DataBaseName 和 DataField　　B．DataSource 和 DataField

C．DataBaseName 和 RecordSource　　D．DataSource 和 DataFormat

（11）Data 控件中使用 SQL 的 Select 语句进行查询时，需要把 Select 语句字符串赋给 Data 控件的________属性。

A．RecordSetType　　B．DataSource

C．RecordSource　　D．DataField

（12）ADO 控件的 RecordSource 属性表示________。

A．与 ADO 连接的数据库　　B．与数据库的连接方式

C．数据库类型　　D．ADO 控件数据的来源

（13）下列控件中________是 ActiveX 控件。

A．DBcomboBox　　B．Textbox

C．ComboBox　　D．CheckBox

（14）DataGrid 控件用来和________数据控件绑定使用。

A．Data 控件　　B．ADO 控件

C．DAO 控件　　C．Access

（15）通过设置 ADO 控件的________属性可以建立该控件到数据源的连接。

A．RecordSource　　B．RecordSet

C．ConnectionString　　D．DataBase

2. 填空题

（1）数据库（Data Base，DB），是指存放数据的仓库，它具有__________、__________、__________特点。

（2）数据库由若干__________组成，表是由若干__________和__________构成。

（3）查询“学生”表中的学生姓名为“王宏”的学生记录，对用的 SQL 语句是__________。

（4）记录集的__________属性返回当前指针值。

（5）利用数据绑定控件显示 ADO 控件所连接的记录集，则应该设置数据绑定控件的__________属性。

（6）Data 控件的__________属性用来设置所连接的数据库的名称及位置。

（7）要使数据绑定控件能够显示数据库记录集中的数据，必须使用__________属性设置数据源，使用__________属性设置要连接的数据源字段的名称。

（8）在数据库中插入记录使用 SQL 中的__________命令。

（9）使用 Select 语句从工资表中查询所有女职工的姓名和实发工资，正确的写法是__________。

（10）ADO 控件的__________属性用于设置与数据库的连接。

3. 编程题

（1）设计一个“通讯录”管理系统，能够实现记录的添加、删除、查找、编辑及报表打印等功能。

（2）设计一个学生成绩管理系统，要求实现学生成绩的录入、查询、修改、打印及成绩统计功能。

第12章 多媒体及网络编程

本章重点

☑ ShockwaveFlash 控件及其应用。
☑ WindowsMediaPlayer 控件及其应用。
☑ WebBrowser 控件及其应用。
☑ InternetTransfer 控件及其应用。

本章难点

☑ WindowsMediaPlayer 控件及其应用。
☑ InternetTransfer 控件及其应用。

随着多媒体技术和网络技术的发展，许多系统涉及网络和多媒体系统的开发。本章主要介绍 VB 多媒体程序设计的方法、思路和 VB 网络编程技术。

12.1 ShockwaveFlash 控件及其应用

Flash 是一款功能强大的多媒体工具，它不仅仅可以制作出丰富多彩的网络动画，而且还能打造出精彩的 MTV。在 VB 程序中，可以通过使用 ShockwaveFlash 控件来播放动画，使用 ShockwaveFlash 控件可以对 Flash 动画实现播放、暂停、上一帧和下一帧等功能。在使用前应首先在菜单栏中选择“工程”→“部件”命令，在弹出的部件对话框中选择“控件”选项卡，最后在该选项卡中勾选 Shockwave Flash 复选框，将其添加到工具箱中。

12.1.1 ShockwaveFlash 控件属性

ShockwaveFlash 控件的主要属性包括 AlignMode、Scale、Playing、Movie、Loop、Menu 和 TotalFrames。

1. AlignMode 属性

AlignMode 属性用于控制 Flash 动画显示位置，属性设置只能为整数，取值范围及含义如表 12-1 所示。

表 12-1 AlignMode 属性取值及含义

设置值	说明	设置值	说明
0	当前位置	3	当前位置居中
1	当前位置靠左	4	当前位置靠上
2	当前位置靠右	5	左上

续表

设置值	说　明	设置值	说　明
6	右上	11	下方居中
7	上方居中	12	当前位置垂直居中
8	当前位置靠下	13	靠左垂直居中
9	左下	14	靠右垂直居中
10	右下	15	中央位置

2. Scale 属性

Scale 属性用于控制 Flash 动画显示比例，属性设置为字符串，取值及含义如表 12-2 所示。

表 12-2　Scale 属性取值及含义

设置值	说　明	设置值	说　明
ShowAll	显示全部	ExactFit	拉伸到整个画面
NoBorder	无边框模式	NoScale	原始大小

3. Playing 属性

Playing 属性用于控制在加载 Flash 动画时，是否自动播放 Flash 动画。

4. Movie 属性

Movie 属性用于设置 Flash 动画文件所在的位置，属性设置为字符串。例如，用 Movie 属性加载程序所在文件夹下的“桃花朵朵开.swf”Flash 动画并进行播放，先将 Playing 属性设置为 True，其实现效果如图 12-1 所示。

图 12-1　Flash 播放器

程序代码如下：

```
Private Sub Form_Load()
    ShockwaveFlash1.Playing =True
    'App.Path 为应用程序所在路径
    ShockwaveFlash1.Movie = App.Path & "\桃花朵朵开.swf"
End Sub
```

5. Loop 属性

Loop 属性用于控制播放 Flash 动画时，是否循环播放。

6. Menu 属性

Menu 属性用于控制是否显示右键菜单，建议设为 True。

7. TotalFrames

TotalFrames 属性用于返回 ShockwaveFlash 控件加载的 Flash 动画的总帧数。

12.1.2 ShockwaveFlash 控件方法

ShockwaveFlash 控件的主要方法包括 Back、Forward、Play、Stop 和 FrameNum。

1. Back 方法

Back 方法用于跳到 ShockwaveFlash 控件中的 Flash 动画的上一帧。

注 意

向上跳转一帧后，控件播放的 Flash 动画自动暂停。当跳到 Flash 动画的第一帧时，此方法无效。

2. Forward 方法

Forward 方法用于跳到 ShockwaveFlash 控件中的 Flash 动画的下一帧。

注 意

向下跳转一帧后，控件播放的 Flash 动画自动暂停。当跳到 Flash 动画的最后一帧时，此方法无效。

3. Play 方法

Play 方法用于播放 ShockwaveFlash 控件加载的 Flash 动画。

4. Stop 方法

Stop 方法用于暂停 ShockwaveFlash 控件加载的正在播放的 Flash 动画。

5. FrameNum 方法

FrameNum 方法用于返回 ShockwaveFlash 控件中的 Flash 动画播放帧的位置。

12.1.3 ShockwaveFlash 控件应用

【例 12.1】 用 ShockwaveFlash 控件编写一个简易的 Flash 动画播放器。

（1）程序界面设计

新建工程，选择“工程”菜单下的“部件”命令，在“部件”对话框的“控件”列表中勾选“Shockwaveflash”复选框、“Microsoft Common Dialog Control 6.0（SP3）”复选框、“Microsoft Windows Common Controls 6.0（SP3）”复选框，然后单击“确定”按钮。再在

窗体中分别加入 1 个 CommonDialog 控件、1 个 Slider 控件、3 个 Label 控件和 6 个 CommandButton 控件。界面如图 12-2 所示，属性设置如表 12-3 所示。

图 12-2　Flash 动画播放器

表 12-3　控件属性值

控 件 名	控件属性	属 性 值
Form1	Caption	Flash 动画播放器
CommonDialog1	DialogTitle	打开 Flash 动画文件
	Filter	Flash 动画（*.swf）|*.swf
	FilterIndex	1
	MaxFileSize	10240
Slider1	SelectRange	True
	SmallChange	10
	LargeChange	10
	TickFrequency	20
	TextPosition	1－SldBelowRight
Label1	Caption	0 帧
Label2	Caption	帧
Label3	Caption	帧
CmdOpen	Caption	打开
CmdPlay	Caption	播放
CmdPause	Caption	暂停
CmdPreFrame	Caption	上一帧
CmdNextFrame	Caption	下一帧
CmdExit	Caption	退出
ShockwaveFlash1		
Timer1	Interval	20

（2）代码设计

```
Option Explicit
Private Sub CmdOpen_Click()                    '打开
```

```
    On Error GoTo ExitOpen
    CommonDialog1.Flags = cdlOFNAllowMultiselect Or _
    cdlOFNFileMustExist Or cdlOFNExplorer
    CommonDialog1.FileName = ""
    CommonDialog1.ShowOpen                    ' 显示“打开”对话框
    ShockwaveFlash1.Movie = CommonDialog1.FileName
    CmdPlay_Click
    ExitOpen:
End Sub

Private Sub CmdPlay_Click()                   ' 开始播放
    Form1.Caption = CommonDialog1.FileName + " - Flash 动画播放器"
    ShockwaveFlash1.Playing = True
    ' 显示滑动条的状态
    Slider1.Max = ShockwaveFlash1.TotalFrames
    Label2.Caption = Str(Slider1.Max / 2) + "帧"
    Label3.Caption = Str(Slider1.Max) + "帧"
End Sub

Private Sub CmdPause_Click()                  ' 暂停播放
    ShockwaveFlash1.Stop
End Sub

Private Sub CmdPreFrame_Click()               ' 跳到动画的上一帧
    ShockwaveFlash1.Back
End Sub

Private Sub CmdNextFrame_Click()              ' 跳到动画的下一帧
    ShockwaveFlash1.Forward
End Sub

Private Sub CmdExit_Click()                   ' 退出程序
    End
End Sub

Private Sub Slider1_Scroll()
    ' 当用户拖动滑动条时，将播放帧数设置为滑动条中的值。
    ShockwaveFlash1.FrameNum = Slider1.Value
End Sub

Private Sub Form_Unload(Cancel As Integer)
  End                                         ' 结束程序
End Sub

Private Sub Timer1_Timer()
    ' 在滑动条上显示当前播放的帧
    Slider1.Value = ShockwaveFlash1.FrameNum
End Sub
```

12.2　WindowsMediaPlayer 控件及其应用

WindowsMediaPlayer 控件属于 ActiveX 控件，在使用前应首先在菜单栏中选择“工程”菜单中的“部件”命令，在弹出的“部件”对话框中选择“控件”选项卡，最后在该选项卡中勾选“Windows Media Player”复选框，将其添加到工具箱中。

12.2.1　WindowsMediaPlayer 控件属性

MediaPlayer 控件的主要属性包括 URL、uiMode、playState、fullScreen 等。

1. URL 属性

URL 属性用于设置媒体位置，本机或网络地址，该属性为字符串型。

2. uiMode 属性

uiMode 属性用于设置播放器界面模式，可为 Full、Mini、None、Invisible，该属性为字符串型。

3. playState 属性

playState 属性用于设置或返回播放器的播放状态，其中 1 表示停止，2 表示暂停，3 表示播放，6 表示正在缓冲，9 表示正在连接，10 表示准备就绪，该属性值为整形。

4. fullScreen 属性

fullScreen 属性用于控制播放器是否全屏显示，该属性值为逻辑型。

12.2.2　WindowsMediaPlayer 控件方法

WindowsMediaPlayer 控件的主要方法包括 controls 和 settings 等。

1. Controls 方法

Controls 方法用于完成对播放器的基本控制，其中：

- controls.play:　播放
- controls.pause:　暂停
- controls.stop:　停止
- controls.fastForward:　快进
- controls.fastReverse:　快退
- controls.next:　下一曲
- controls.divvious:　上一曲

2. settings 方法

settings 方法用于完成对播放器的基本设置，其中：

- settings.volume:　音量
- settings.autoStart:　是否自动播放

- settings.mute:　　　　　是否静音
- settings.playCount:　　　播放次数

12.2.3 WindowsMediaPlayer 控件应用

【例 12.2】 用 WindowsMediaPlayer 控件编写一个简易媒体播放器。

（1）程序界面设计

新建工程，选择“工程”菜单下的“部件”命令，在“部件”对话框的“控件”列表中勾选“Windows Media Player”复选框和“Microsoft Common Dialog Control 6.0（SP3）”复选框，然后单击“确定”按钮。再在窗体中分别加入1 个 CommonDialog 控件、1 个 Windows Media Player 控件、5 个 CommandButton 控件。界面如图 12-3 所示，属性设置如表 12-4 所示。

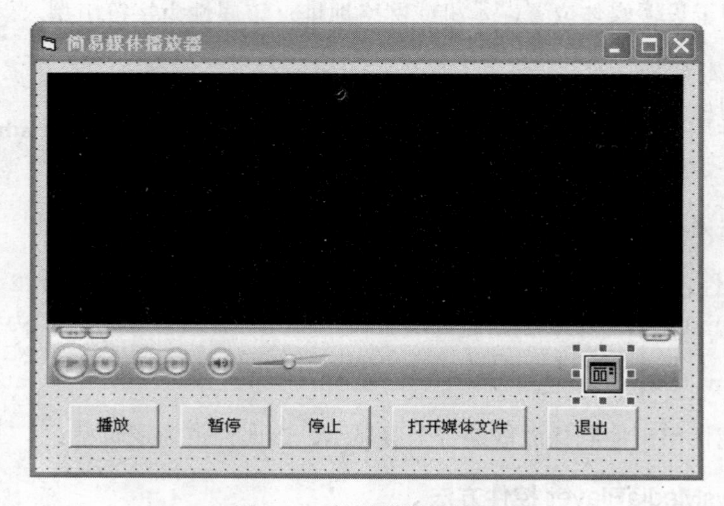

图 12-3　简易媒体播放器

表 12-4　控件属性值

控 件 名	控件属性	属 性 值
Form1	Caption	简易媒体播放器
CommonDialog1	DialogTitle	打开媒体文件
CommandPlay	Caption	播放
CommandPause	Caption	暂停
CommandStop	Caption	停止
CommandOpen	Caption	打开媒体文件
CommandExit	Caption	退出

（2）代码设计

```
Option Explicit
Private Sub CommandExit_Click()                ' 退出程序
    End
End Sub
```

```
Private Sub CommandOpen_Click()            ' 调用打开媒体文件
    On Error GoTo ExitOpen
    CommonDialog1.Flags = cdlOFNAllowMultiselect Or _
    cdlOFNFileMustExist Or cdlOFNExplorer
    CommonDialog1.FileName = ""
    CommonDialog1.ShowOpen                 ' 显示“打开”对话框
    WindowsMediaPlayer1.URL = CommonDialog1.FileName
    CommandPlay_Click                      ' 调用播放事件
    ExitOpen:
End Sub

Private Sub CommandPause_Click()            ' 暂停
    WindowsMediaPlayer1.Controls.pause
End Sub

Private Sub CommandPlay_Click()             ' 播放
    WindowsMediaPlayer1.Controls.play
End Sub

Private Sub CommandStop_Click()             ' 停止
    WindowsMediaPlayer1.Controls.stop
End Sub
```

12.3 WebBrowser 控件及其应用

WebBrowser 控件是 ActiveX 控件，在使用前应首先在菜单栏中选择“工程”菜单中的“部件”命令，在弹出的“部件”对话框中选择“控件”选项卡，最后在该选项卡中勾选 Microsoft Internet Controls 复选框，将其添加到工具箱中。

12.3.1 WebBrowser 控件属性

MediaPlayer 控件的主要属性包括 LocationName 和 LocationURL。

1. LocationName 属性

LocationName 属性用于返回访问 Web 页的标题名称。

2. LocationURL 属性

LocationURL 属性用于返回访问 Web 页的 URL 地址。

12.3.2 WebBrowser 控件方法

MediaPlayer 控件的主要方法包括 GoBack、GoForward、GoHome、Navigate、Refresh 和 Stop。

1. GoBack 方法

GoBack 方法用于返回到上一页浏览过的网页页面。

2. GoForward 方法

GoForward 方法用于返回到下一页浏览过的网页页面。

3. GoHome 方法

GoHome 方法用于显示网站主页。

注 意

只有在 Internet Explorer 的 Internet 选项当中设置了网站的默认主页时，该函数才起作用。

4. Navigate 方法

Navigate 方法用于确定所要浏览的网页。
例如：浏览网易网站主页代码如下。

```
Private Sub Command1_Click()
   WebBrowser1.Navigate "www.163.com"
End Sub
```

5. Refresh 方法

Refresh 方法用于刷新正在浏览的网页。

6. Stop 方法

Stop 方法用于停止连接网页。

注 意

只有在浏览请求连接网页的过程中，停止操作才有效。

12.3.3 WebBrowser 控件应用

【例 12.3】 用 WebBrowser 控件编写一个简易 IE 浏览器。

（1）程序界面设计

新建工程，选择“工程”菜单下的“部件”命令，在“部件”对话框的“控件”列表中勾选“Microsoft Internet Controls”复选框，然后单击“确定”按钮。再在窗体中分别加入 1 个 WebBrowser 控件、6 个 CommandButton 控件，1 个 Label 控件和 1 个 TextBox 控件。界面如图 12-4 所示，属性设置如表 12-5 所示。

图 12-4 简易 IE 浏览器

表 12-5　控件属性值

控 件 名	控件属性	属 性 值
Form1	Caption	简易 IE 浏览器
Label1	Caption	地址
Text1	Caption	空
CommandBack	Style	1-Graphical
	Picture	Back.bmp
CommandForward	Style	1-Graphical
	Picture	Forward.bmp
CommandStop	Style	1-Graphical
	Picture	Forward.bmp
CommandRefresh	Style	1-Graphical
	Picture	Refresh.bmp
CommandHome	Style	1-Graphical
	Picture	Home.bmp
CommandLink	Style	1-Graphical
	Picture	Link.bmp

（2）代码设计

```
Option Explicit
Private Sub CommandBack_Click()
   WebBrowser1.GoBack
End Sub

Private Sub CommandForward_Click()
   WebBrowser1.GoForward
End Sub

Private Sub CommandHome_Click()
   WebBrowser1.GoHome
End Sub

Private Sub CommandLink_Click()
   WebBrowser1.Navigate Text1.Text
End Sub

Private Sub CommandRefresh_Click()
   WebBrowser1.Refresh
End Sub

Private Sub CommandStop_Click()
   WebBrowser1.Stop
End Sub
```

12.4　InternetTransfer 控件及其应用

InternetTransfer 控件支持超文本传输协议（HTTP）和文件传输协议（FTP）。在使用前应首先在菜单栏中选择“工程”菜单中的“部件”命令，在弹出的“部件”对话框中选择“控件”选项卡，最后在该选项卡中勾选“Microsoft Internet Transfer Control 6.0”复选框，将其添加到工具箱中。

12.4.1 InternetTransfer 控件属性

InternetTransfer 控件的主要属性包括：AccessType、Document、Password、Protocol、RemoteHost、RemotePort、URL 和 UserName。

1. AccessType 属性

AccessType 属性用于设置或返回一个值，决定该控件用来与 Internet 网进行通信的访问类型（通过代理访问或直接访问）。正在处理异步请求时，该值可以改变，但直到创建了下一个连接时，改变才会生效。该属性类型为整数（枚举型），取值范围及含义如表 12-6 所示。

表 12-6 AccessType 属性取值及含义对照表

设置值	常 数	说 明
0	icUseDefault	默认，控件使用在注册表中找到的默认设置值来访问 Internet 网
1	icDirect	直接连到 Internet 网
2	icNamedProxy	命名代理，指示控件使用 Proxy 属性中指定的代理服务器

2. Document 属性

Document 属性用于返回或设置与 Execute 方法一起使用的文件或文档。

注 意

如果未指定该属性，将返回服务器中的默认文档。

3. Password 属性

Password 属性用于设置或返回一个密码，该密码将和请求一道被发送，用以在远程计算机上登录。

注 意

如果该属性为空，控件将发送一个默认的密码。

4. Protocol 属性

Protocol 属性用于设置或返回一个值，指定和 Execute 方法一起使用的协议。该属性类型为整数（枚举型），取值范围及含义如表 12-7 所示。

5. RemoteHost 属性

RemoteHost 属性用于返回或设置远程计算机，控件向它发送数据或从它那里接收数据。属性值既可以是主机名（比如 ftp://ftp.microsoft.com），也可以是 IP 地址（比如“100.0.1.1”）。

注 意

在指定该属性时，应更新 URL 属性来显示新值。如果更新 URL 的主机部分，则也要更新该属性来反映新值。

表 12-7　Protocol 属性取值及含义对照表

设置值	常 数	说 明
0	icUnknown	未知的
1	icDefault	默认协议
2	icFTP	FTP（文件传输协议）
3	icReserved	为将来预留
4	icHTTP	HTTP（超文本传输协议）
5	icHTTPS	安全 HTTP

6. RemotePort 属性

RemotePort 属性用于返回或设置要连接的远程端口号。

在设置 Protocol 属性时，将对每个协议的 RemotePort 属性自动设置成适当的默认端口（HTTP 默认端口 80，FTP 默认端口 21）。

7. URL 属性

URL 属性用于设置或返回 Execute 或 OpenURL 方法使用的 URL。

注 意

调用 OpenURL 或 Execute 方法会改变该属性的值。

8. UserName 属性

UserName 属性用于设置或返回与请求一起发送到远程计算机的名称。

注 意

如果该属性为空，当提出请求时，该控件将把 anonymous 作为用户名来发送。

12.4.2 InternetTransfer 控件方法

InternetTransfer 控件的主要方法包括 Cancel、Execute、GetChunk、GetHeader 和 OpenURL。

1. Cancel 方法

Cancel 方法用于取消当前请求，并关闭当前创建的所有连接。

2. Execute 方法

Execute 方法用于执行对远程服务器的请求，只能发送对特定的协议有效的请求。
格式：object.Execute url, operation, data, requestHeaders
说明：各参数含义如表 12-8 所示。

3. GetChunk 方法

GetChunk 方法用于从 StateChanged 事件中检索数据，把 Execute 方法当作 GET 操作来调用之后使用该方法。

4. GetHeader 方法

GetHeader 方法用于检索 HTTP 文件的标头文本。
格式：object.GetHeader（hdrName）
hdrName 参数含义如表 12-9 所示。

表 12-8 Execute 方法参数含义对照表

设置值	说明
url	可选的，字符串，指定控件将要连接的 URL。如果这里未指定 URL，将使用 URL 属性中指定的 URL
Operation	可选的，字符串，指定将要执行的操作类型
Data	可选的，字符串，指定用于操作的数据
requestHeaders	可选的，字符串，指定由远程服务器传来的附加的标头。它们的格式为：header name: header value vbCrLf

表 12-9 hdrName 参数含义对照表

设置值	说明
Date	返回文档传输的日期和时间，返回的数据格式为：Wednesday, 27-April-96 19:34:15 GMT
MIME-version	返回 MIME 协议的版本号，目前为 1.00
Server	返回服务器的名称
Content-length	返回数据的字节长度
Content-type	返回数据的 MIME 的当前类型
Last-modified	返回最后一次修改文档的日期和时间。返回的数据格式为：Wednesday, 27-April-96 19:34:15 GMT

5. OpenURL 方法

OpenURL 方法用于打开并返回指定 URL 的文档，文档以变体型返回。该方法完成时，URL 的各种属性（以及该 URL 的一些部分，如协议）将被更新，以符合当前的 URL。
格式：object.OpenUrl url ,datatype
各参数含义如表 12-10 所示。

表 12-10 OpenURL 方法参数含义对照表

设置值	说明
url	必需的，被检索文档的 URL
datatype	可选的，整数，指定数据类型（0：默认值，把数据作为字符串来检索；1：把数据作为字节数组来检索）

12.4.3 InternetTransfer 控件应用

下面用 InternetTransfer 控件编写一个简易 FTP 连接器。在介绍实例之前首先介绍一下 StateChanged 事件，该事件是 InternetTransfer 控件的唯一事件，连接中状态发生改变时，就会引发该事件。

格式：object_StateChanged（ByVal State As Integer）

State 取值范围及含义如表 12-11 所示。

表 12-11　State 参数含义对照表

设置值	常　数	说　明
0	icNone	无状态可报告
1	icHostResolvingHost	该控件正在查询所指定的主机的 IP 地址
2	icHostResolved	该控件已成功地找到所指定的主机的 IP 地址
3	icConnecting	该控件正在与主机连接
4	icConnected	该控件已与主机连接成功
5	icRequesting	该控件正在向主机发送请求
6	icRequestSent	该控件发送请求已成功
7	icReceivingResponse	该控件正在接收主机的响应
8	icResponseReceived	该控件已成功地接收到主机的响应
9	icDisconnecting	该控件正在解除与主机的连接
10	icDisconnected	该控件已成功地与主机解除了连接
11	icError	与主机通信时出现了错误
12	icResponseCompleted	该请求已经完成，并且所有数据均已接收到

【例 12.4】 用 InternetTransfer 控件编写一个简易 FTP 连接器。

（1）程序界面设计

新建工程，选择“工程”菜单中的“部件”命令，在“部件”对话框的“控件”列表中勾选“Microsoft Internet Transfer Control 6.0”复选框，然后单击“确定”按钮。再在窗体中分别加入 1 个 Frame 控件，并在该容器控件中添加 3 个 Label 控件及 3 个 TextBox 控件、2 个 CommandButton 控件，1 个 Label 控件和 1 个 Transfer 控件。界面如图 12-5 所示，属性设置如表 12-12 所示。

图 12-5　连接文件服务器窗口

表 12-12　控件属性值

控件名	控件属性	属性值
Form1	Caption	连接文件服务器
TextServer	Text	空
TextUser	Text	空
TextPassword	Text	空
LabelStatus	Caption	空
CommandConnect	Caption	连接
CommandDisconnect	Caption	断开

（2）代码设计

```
Option Explicit
Private Sub CommandConnect_Click()
   Inet1.Protocol = icFTP                    ' FTP 协议
   Inet1.RemoteHost = TextServer.Text        ' 服务器名
   Inet1.RemotePort = 21                     ' 端口号为 21
   Inet1.UserName = TextUser.Text            ' 用户名
   Inet1.Password = TextPassword.Text        ' 密码
   Inet1.Execute
End Sub

Private Sub CommandDisconnect_Click()
   Inet1.Cancel
End Sub

Private Sub Inet1_StateChanged(ByVal State As Integer)
   Select Case State
     Case 1
       LabelStatus.Caption = "等待连接中……"
     Case 2
       LabelStatus.Caption = "服务器关闭"
     Case 3
       LabelStatus.Caption = "发送连接请求……"
     Case 4
       LabelStatus.Caption = "连接成功"
     Case 9
       LabelStatus.Caption = "断开连接……"
     Case 10
       LabelStatus.Caption = "已经断开"
     Case 11
       LabelStatus.Caption = "连接错误"
   End Select
End Sub
```

12.5 习　题

1. 填空题

（1）ShockwaveFlash 控件__________属性返回加载的 Flash 动画的总帧数；调用__________方法跳到 Flash 动画的下一帧。

（2）WindowsMediaPlayer 控件 Balance 属性设置或返回指定立体声媒体文件的播放声道，设置媒体文件为左声道时该属性值为__________。

（3）InternetTransfer 控件支持__________协议和__________协议。

（4）设置 InternetTransfer 控件的 Protocol 属性为 HTTP 时，RemotePort 属性自动设置为默认端口__________；为 FTP 时 RemotePort 属性自动设置为默认端口__________。

2. 编程题

（1）利用 InternetTransfer 控件编程实现下载 URL 文档。
（2）利用 ShockwaveFlash 控件编写一个简易 Flash 动画播放器。
（3）利用 WindowsMediaPlayer 控件编写一个简易媒体播放器。
（4）利用 WebBrowser 控件编写一个简易 IE 浏览器。

参考文献

龚沛曾．2004．Visual Basic 程序设计与应用开发教程[M]．北京：高等教育出版社．

龚沛曾．2010．Visual Basic．NET 程序设计教程[M]．北京：高等教育出版社．

刘炳文．2009．Visual Basic 程序设计教程 [M]．4 版．北京：清华大学出版社．

罗朝盛．2008．Visual Basic 6.0 程序设计实用教程[M]．2 版．北京：清华大学出版社．

潘地林．2009．Visual Basic 程序设计 [M]．2 版．北京：高等教育出版社．

童爱红，侯太平．2004．Visual Basic 数据库编程[M]．北京：清华大学出版社．

王新民．2003．Visual Basic 程序设计与数据库应用[M]．北京：电子工业出版社．

谢步瀛．2004．Visual Basic 计算机绘图实用技术[M]．北京：电子工业出版社．

新远工作室．1998．Visual Basic 6.0 控件参考手册[M]．北京：北京希望出版社．

新远工作室．1998．Visual Basic 6.0 语言参考手册[M]．北京：北京希望出版社．

周元哲．2011．Visual Basic 程序设计语言[M]．北京：清华大学出版社．